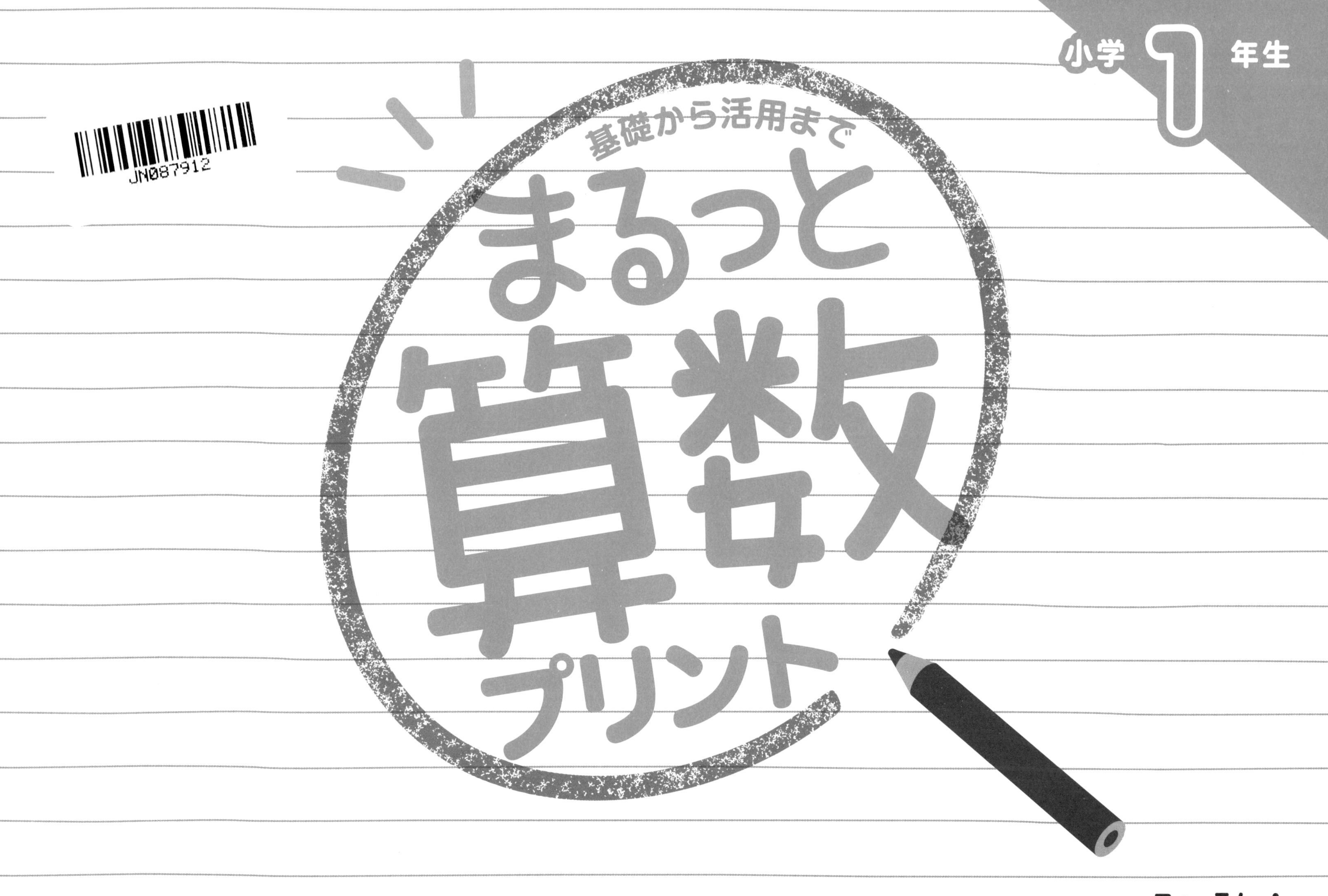

フォーラム・A

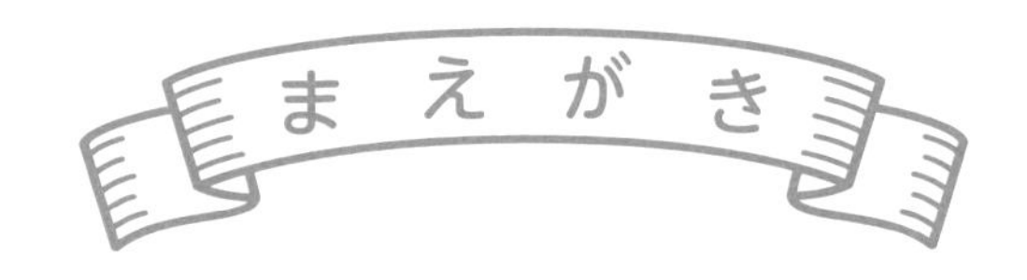

2020年4月からの新教育課程にあわせて編集したのが本書です。本シリーズは小学校の算数の内容をすべて取り扱っているので「まるっと算数プリント」と命名しました。

はじめて算数を学ぶ子どもたちも、ゆっくり安心して取り組めるように、問題の質や量を検討しました。算数の学習は積み重ねが大切だといわれています。1日10分、毎日の学習を続ければ、算数がおもしろくなり、自然と学習習慣も身につきます。

また、内容の理解がスムースにいくように、図を用いたりして、わかりやすいくわしい解説を心がけました。重点教材は、念入りにくり返して学習できるように配慮して、まとめの問題でしっかり理解できているかどうか確認できるようにしています。

各学年の内容を教科書にそって配列してありますので、日々の家庭学習にも十分使えます。

このようにして算数の基礎基本の部分をしっかり身につけましょう。

算数の内容は、これら基礎基本の部分と、それらを活用する力が問われます。教科書は、おもに低学年から中学年にかけて、計算力などの基礎基本の部分に重点がおかれています。中学年から高学年にかけて基礎基本を使って、それらを活用する力に重点が移ります。

本書は、活用する力を育てるために「特別ゼミ」のコーナーを新設しました。いろいろな問題を解きながら、算数の考え方にふれていくのが一番よい方法だと考えたからです。楽しみながらこれらの問題を体験して、活用する力を身につけましょう。

本書を、毎日の学習に取り入れていただき、算数に興味をもっていただくとともに活用する力も伸ばされることを祈ります。

特別ゼミ　算数を楽しむ問題

右のように9個の部屋のある家で、1つの部屋にはコウモリがすんでいます。どの部屋も1回だけ通り、コウモリの部屋は通らないで行く方法を考えます。はじめは9個の部屋、次は16個の部屋へと発展します。自分で問題を作ることもできますので、算数のおもしろさを体験できます。

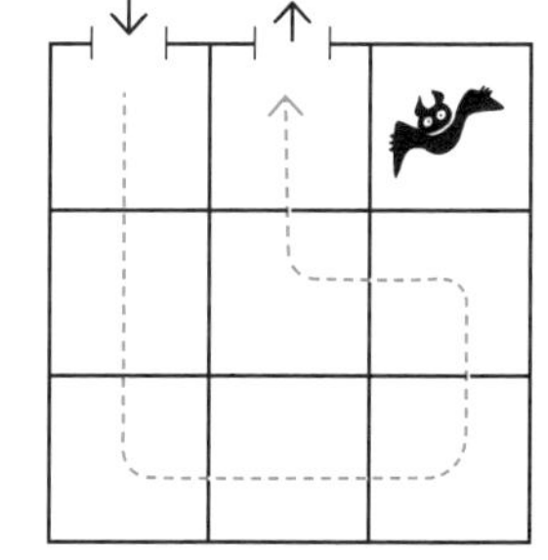

目　次

1 5までのかず ①

学習日　月　日　なまえ

1 おなじ　なかまに　おなじ　いろを　ぬりましょう。

2 おなじ　なかまに　おなじ　いろを　ぬりましょう。

5までのかず ②

学習日　月　日　なまえ

1 えの　かずは　いくつですか。

①  すいかは 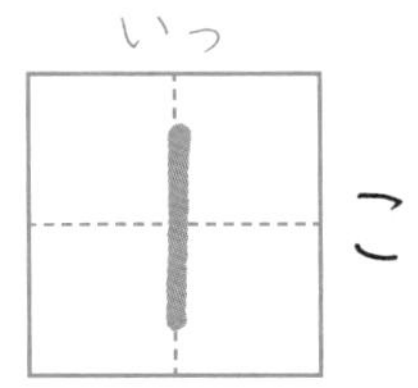 こ

② 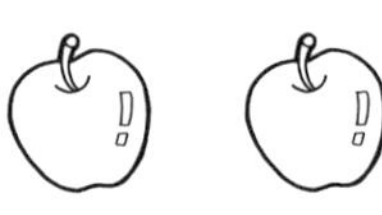 りんごは 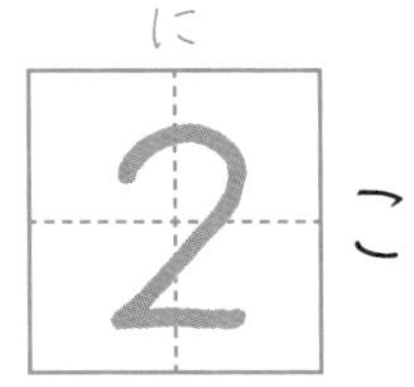 こ

③  みかんは 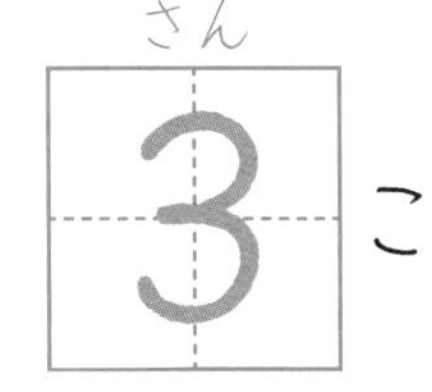 こ

④  ももは 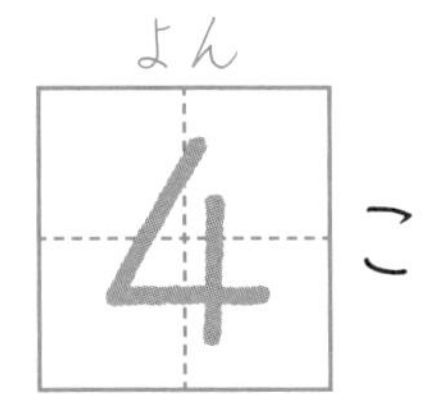 こ

⑤  いちごは 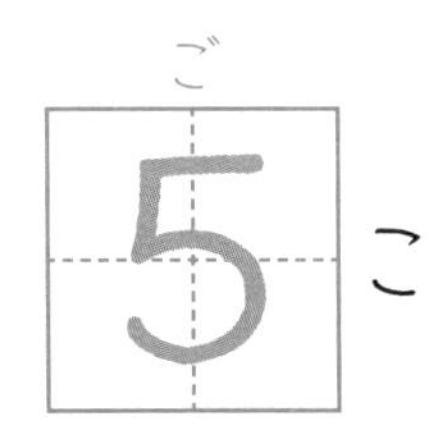 こ

2 すうじの　れんしゅうを　しましょう。

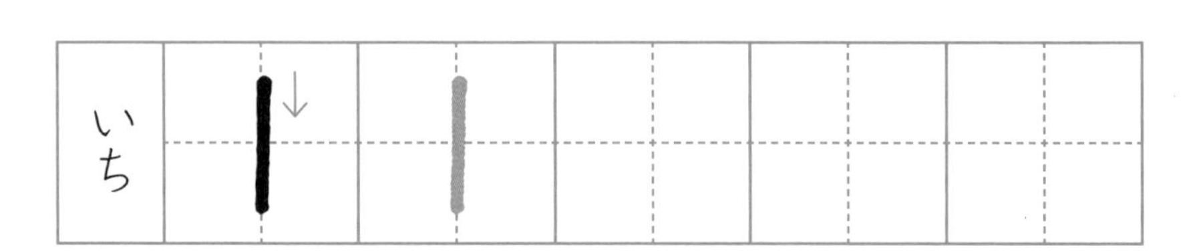

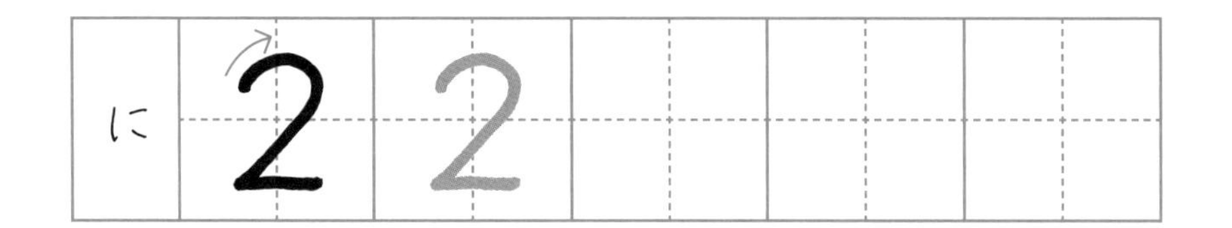

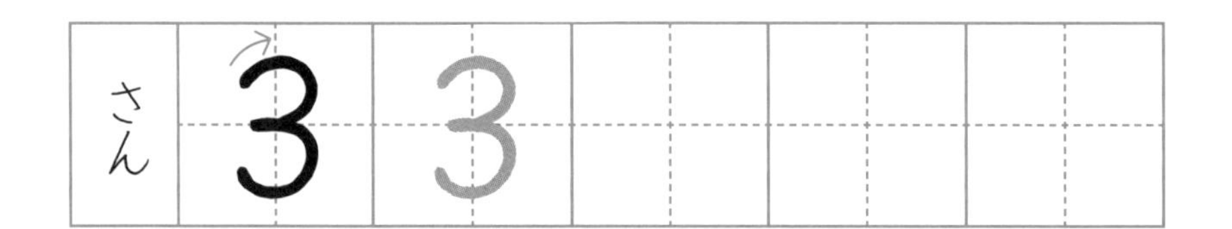

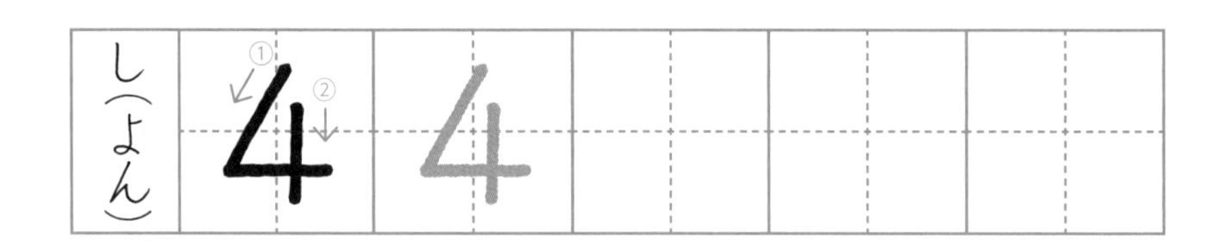

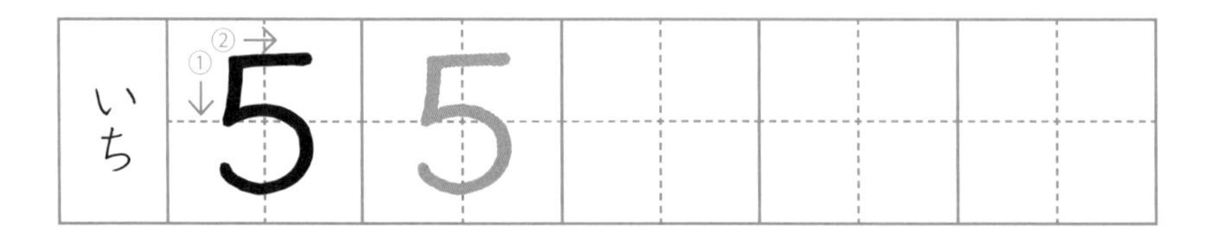

5までのかず ③

学習日　月　日　なまえ

いろをぬろう　わからない　だいたいできた　できた!

1 おなじ　かずを　せんで　むすびましょう。

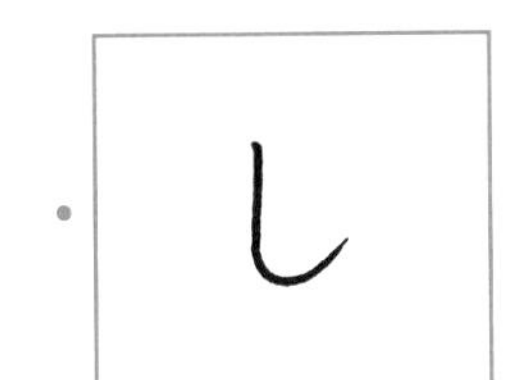

いち
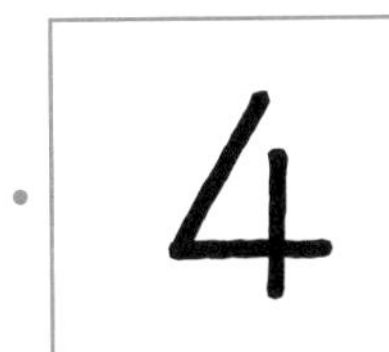

さん
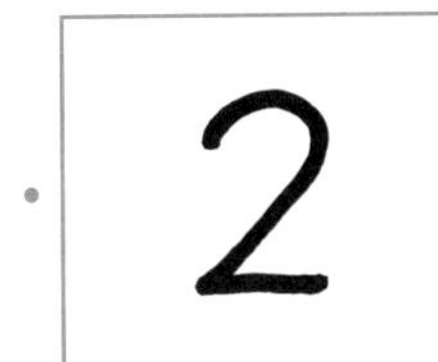

に

ご

2 さいころの　めの　かずは　いくつですか。□に　かきましょう。

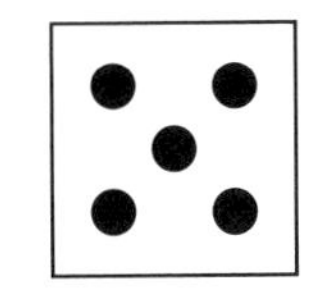
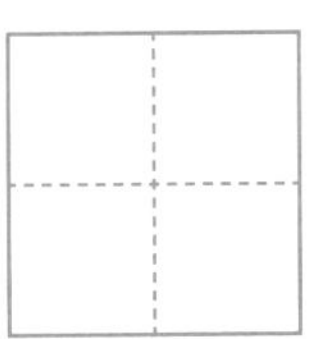

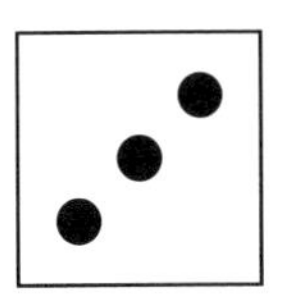
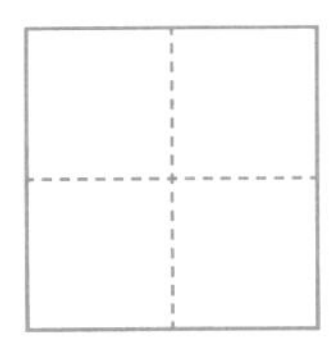

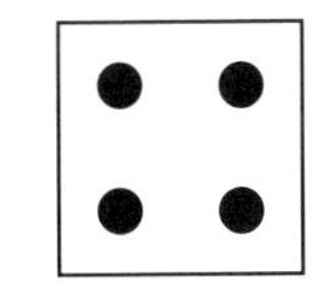
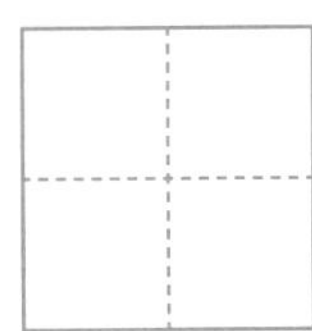

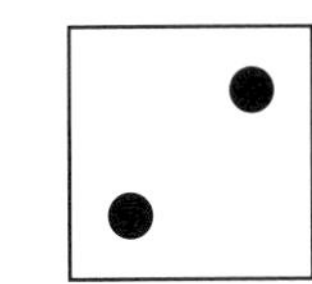
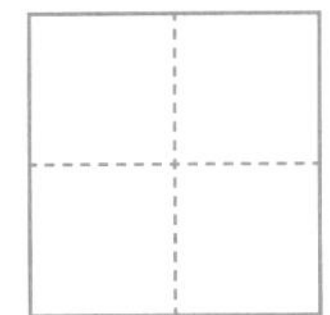

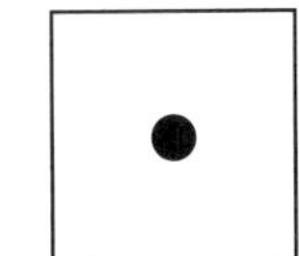
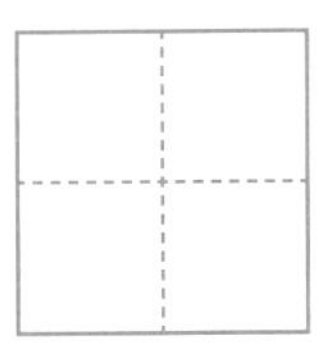

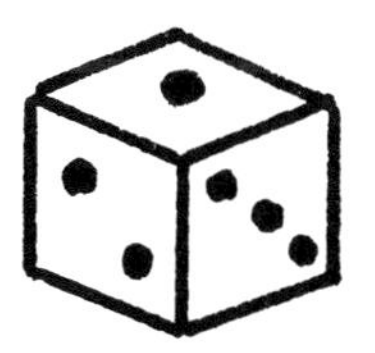

1 5までのかず ④

学習日　月　日　なまえ

1 えの　かずは　いくつですか。

① 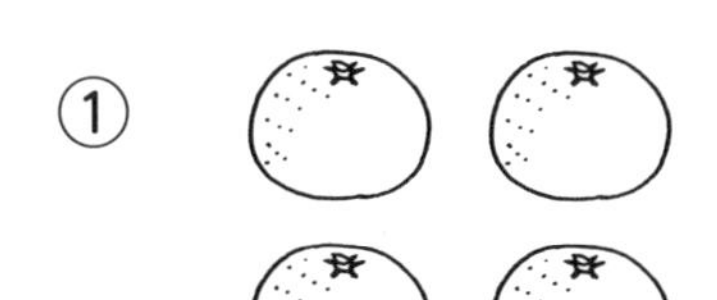 みかんは 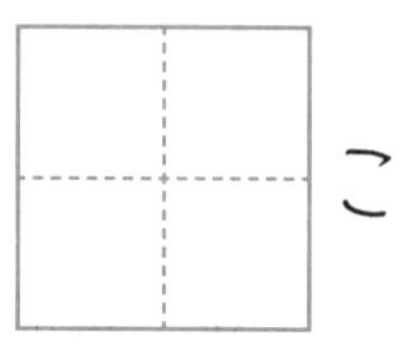 こ

②  めろんは 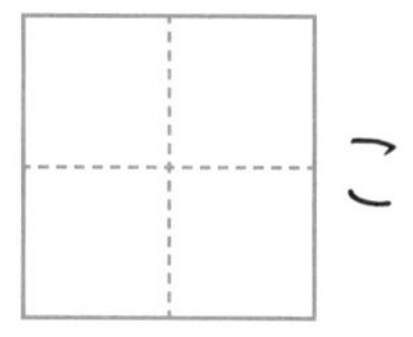 こ

③ 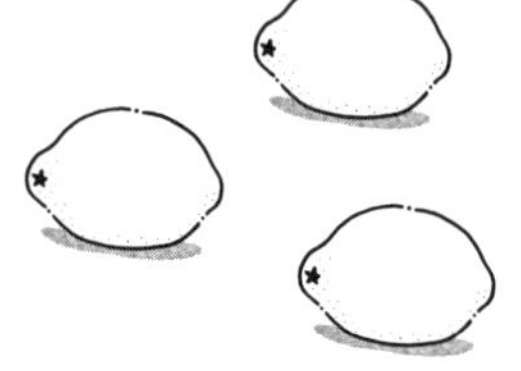 れもんは 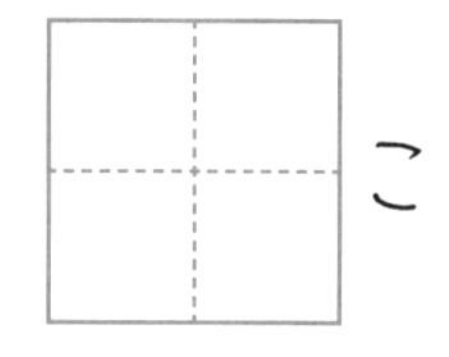 こ

④  いちごは 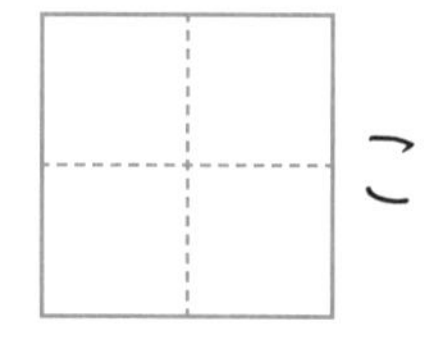 こ

⑤  ももは 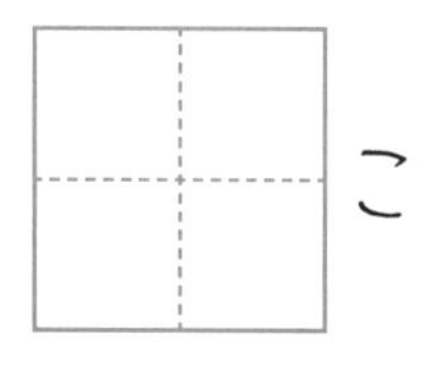 こ

2 えの　かずと　おなじ　かずの　タイルを　せんで　つなぎましょう。

①  ・　・ 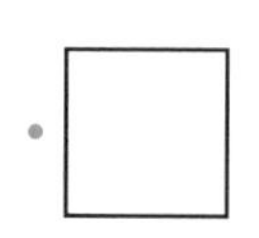

②  ・　・ 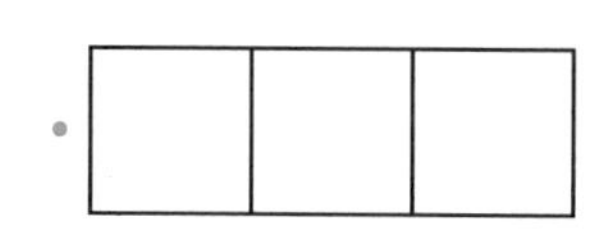

③ 

・　・ 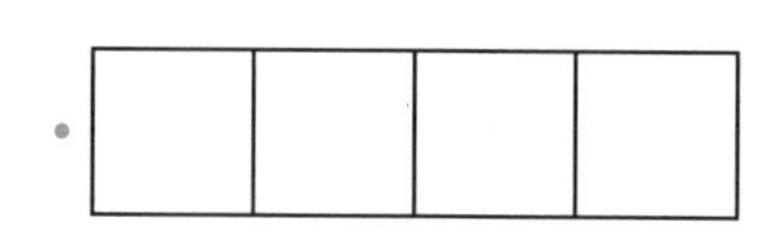

④  ・　・

⑤ 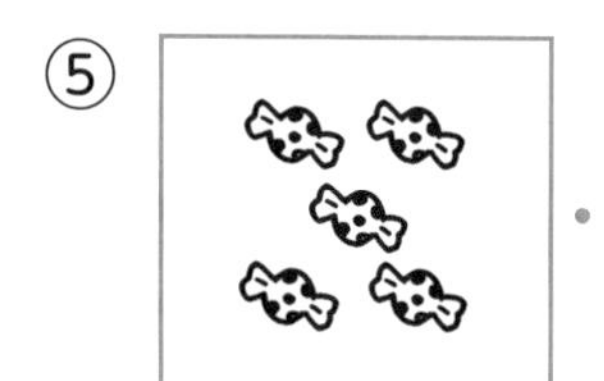 ・　・ 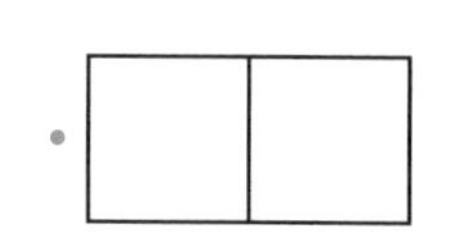

5までのかず ⑤

学習日　月　日　なまえ

1 タイル（たいる）の　かずは　いくつですか。

① 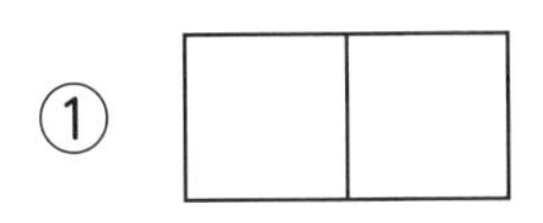 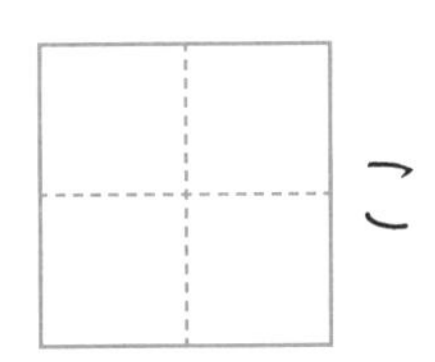 こ

② 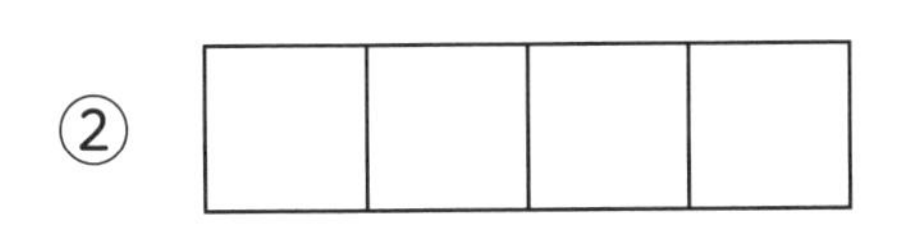 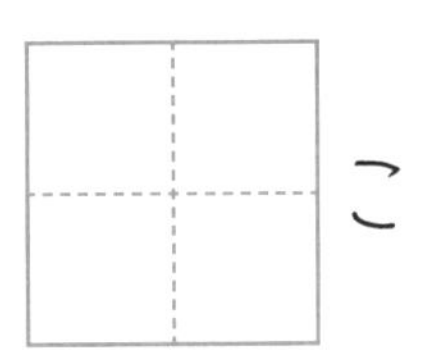 こ

③ 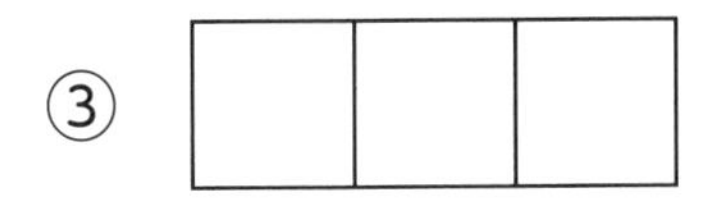 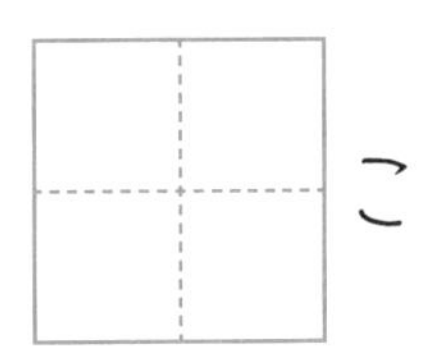 こ

④ 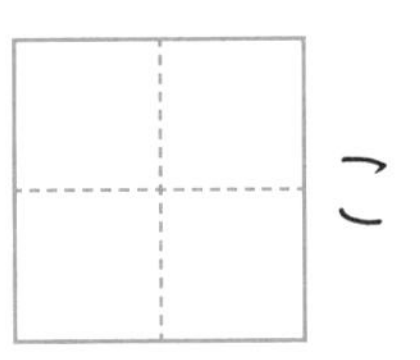 こ

⑤ 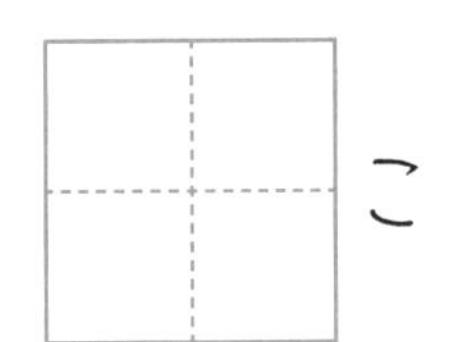 こ

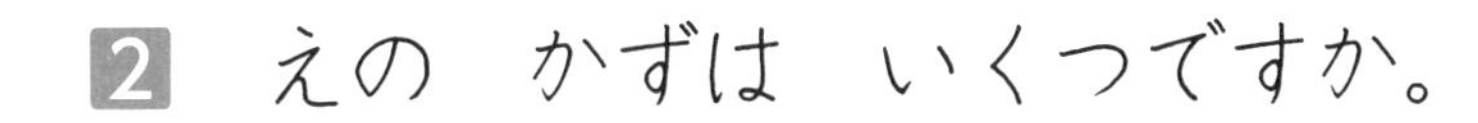

2 えの　かずは　いくつですか。

①  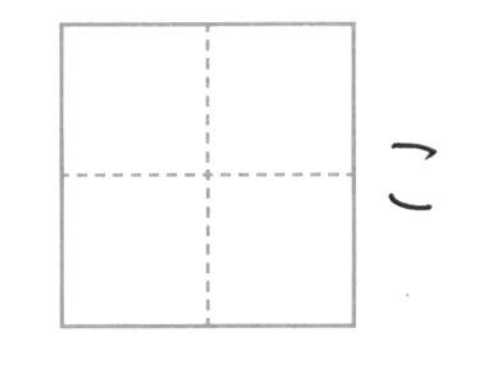 こ

② 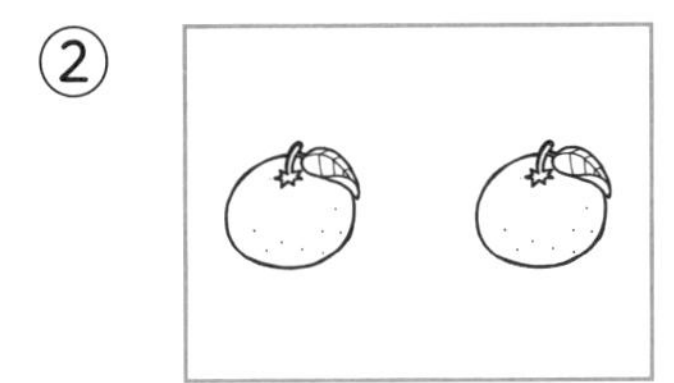 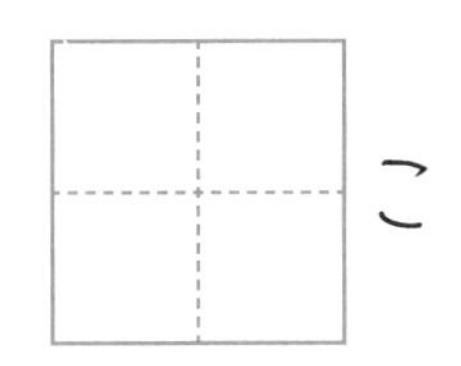 こ

③ 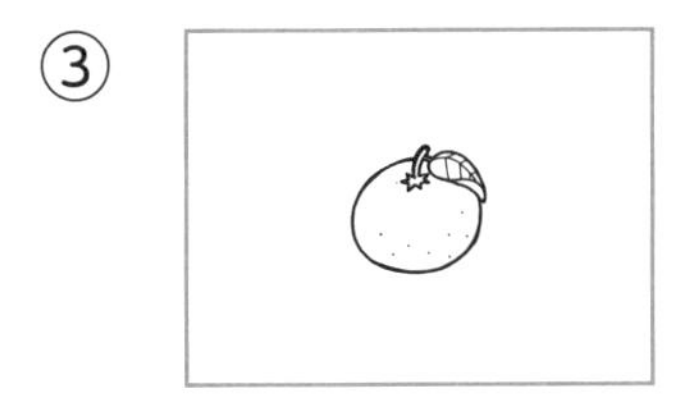 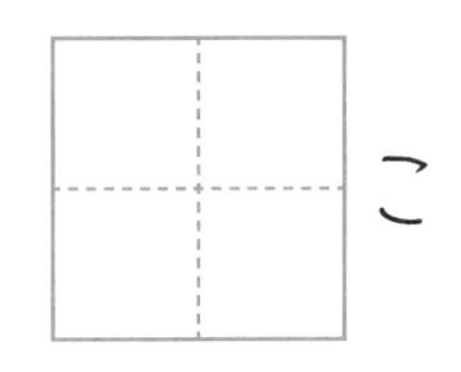 こ

④  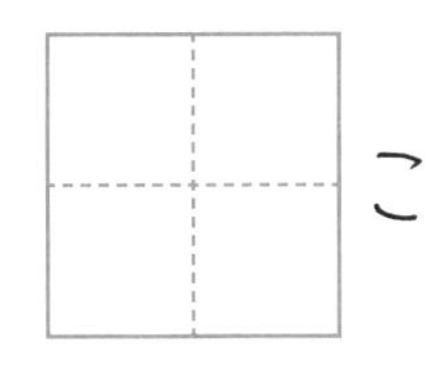 こ

⑤ 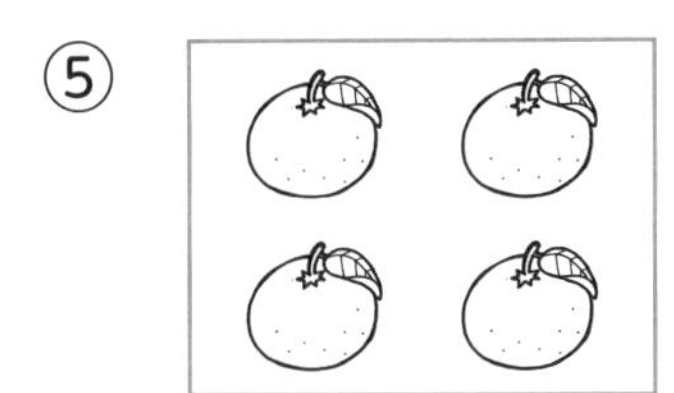 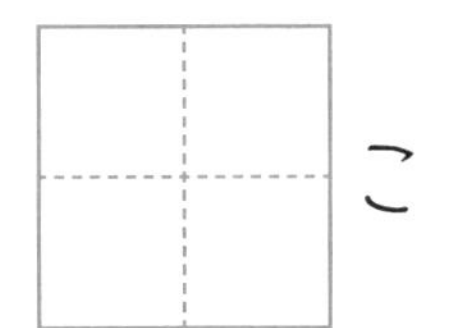 こ

1 5までのかず ⑥

学習日　月　日　なまえ

いろを ぬろう

1 つみきは　いくつ　ありますか。

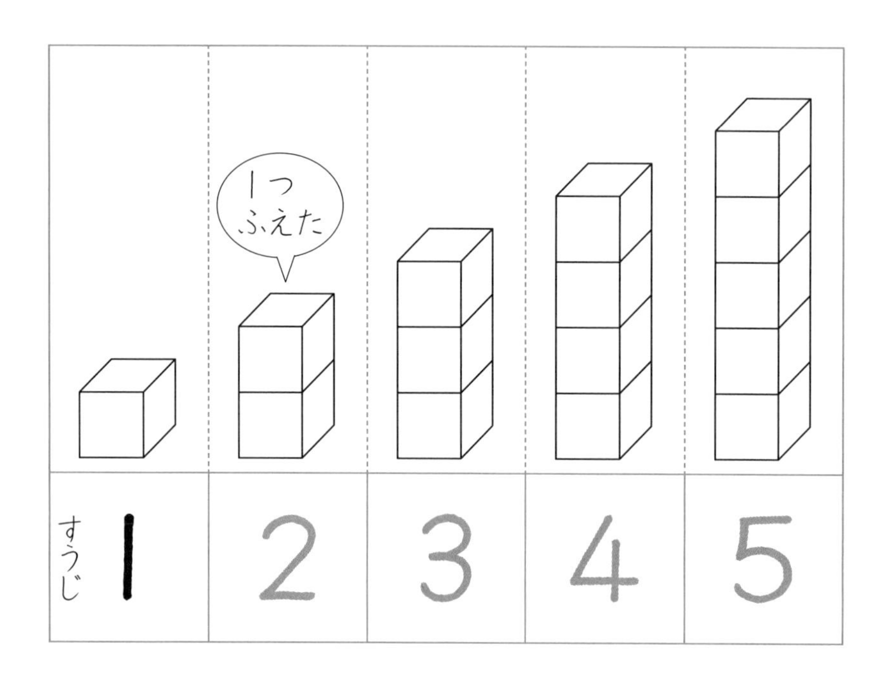

2 □に　あてはまる　かずを　かきましょう。

1 → 2 → 3 → 4 → 5

□ → 2 → □ → 4 → □

3 えの　かずを　かぞえて、すうじで　かきましょう。

① (　　) ② (　　) ③ (　　) ④ (　　) ⑤ (　　)

5までのかず ⑦

学習日　月　日　なまえ

 ひとつ　ふえた　かずを　かきましょう。

①
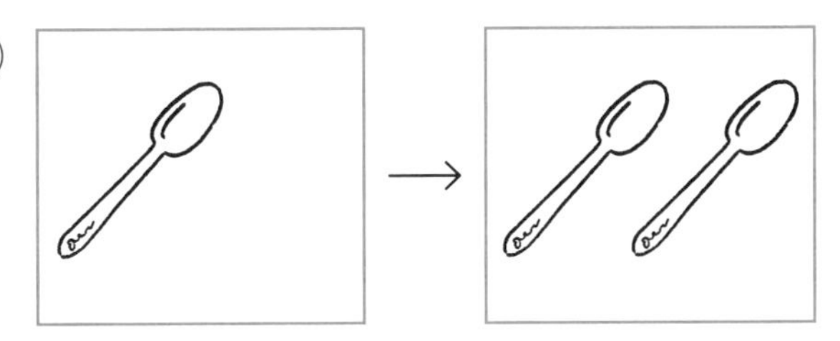
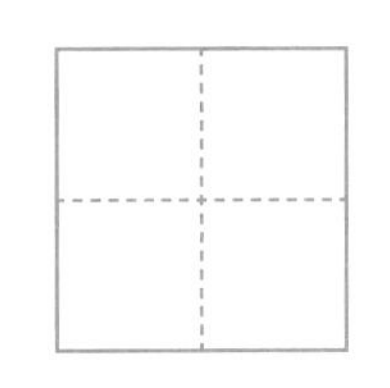

②
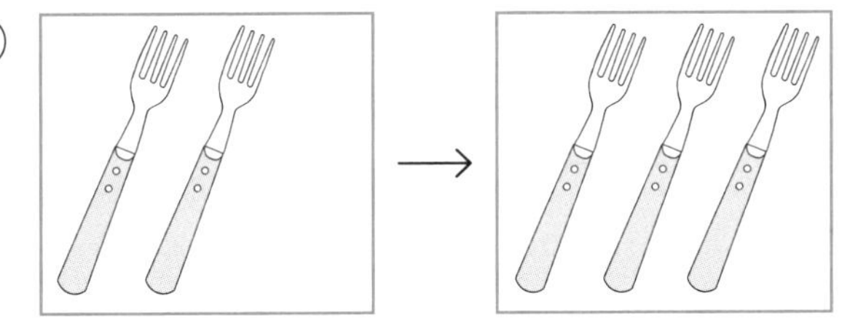
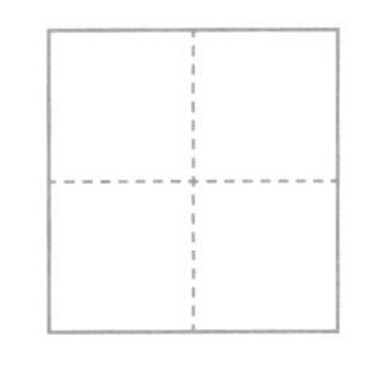

③
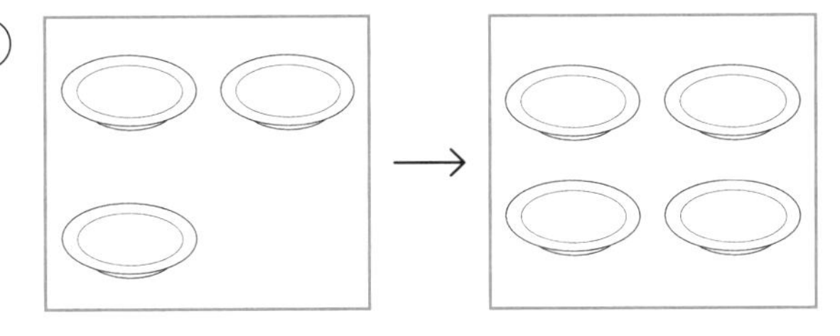
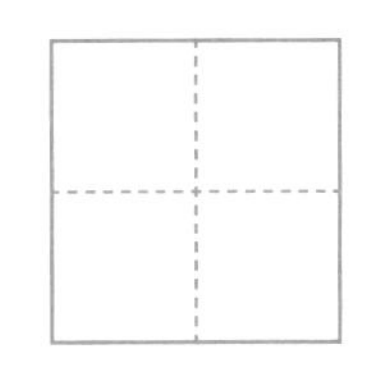

④
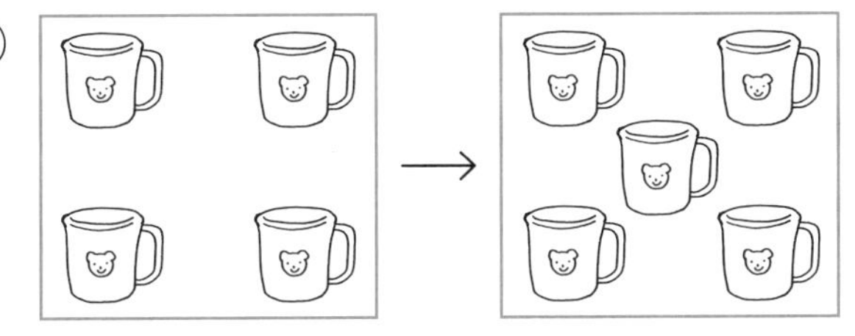
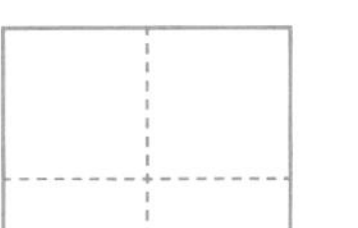

2 ひとつ　おおきい　かずを　かきましょう。

①
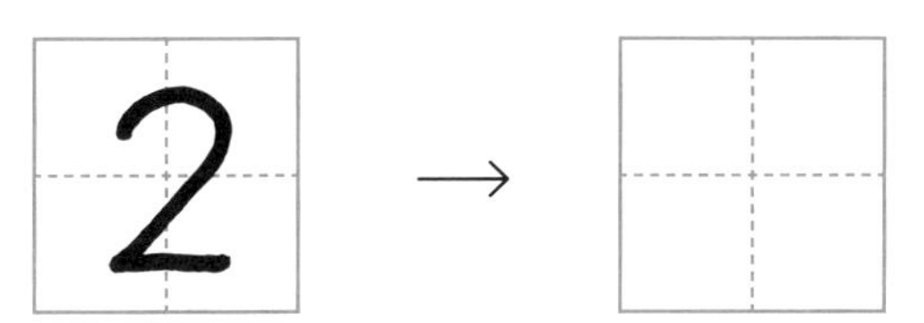

②
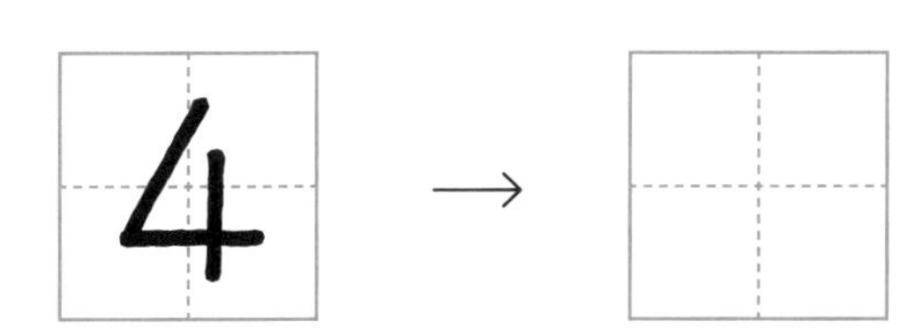

③
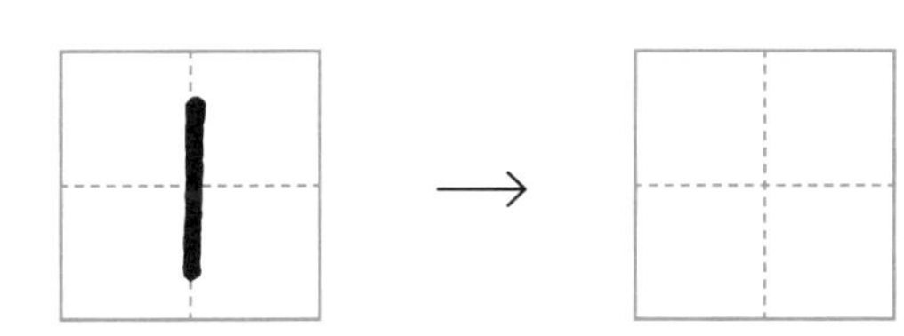

④
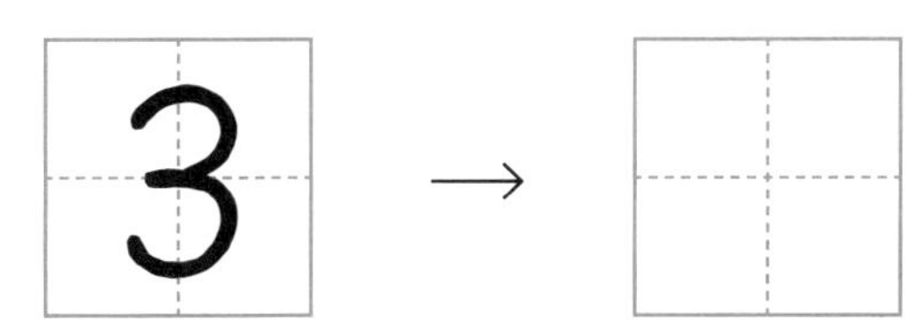

5までのかず ⑧

学習日 月 日 なまえ

1 ひとつ へった かずを かきましょう。

①
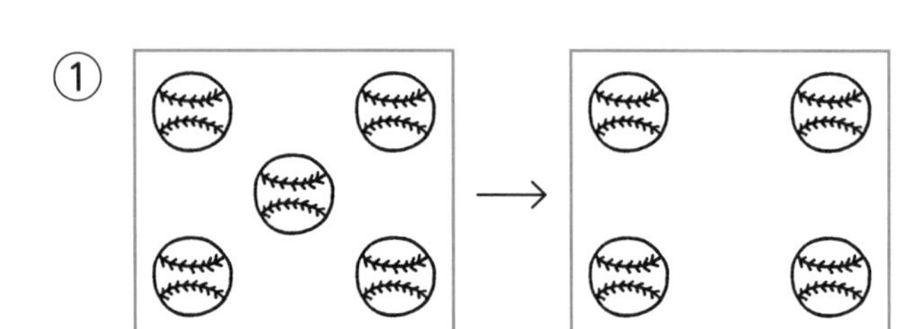

②
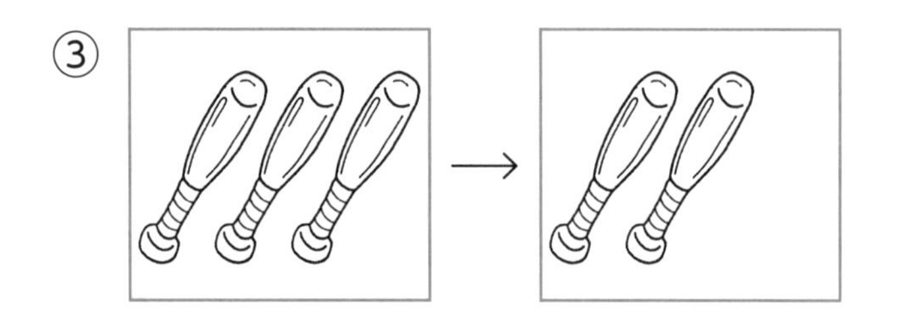

③
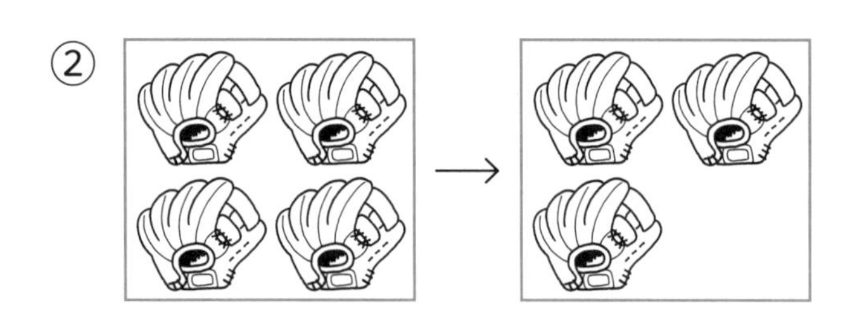
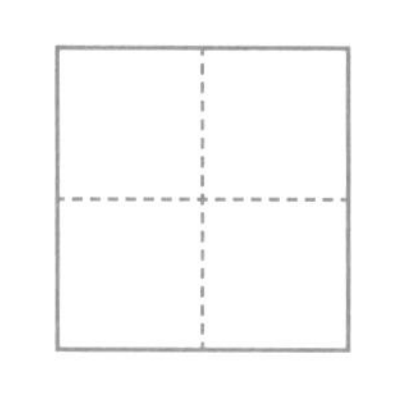

④
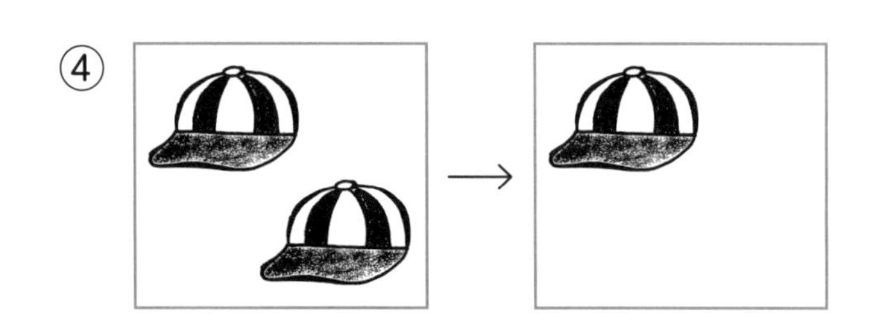
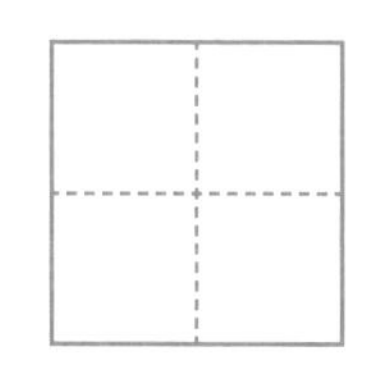
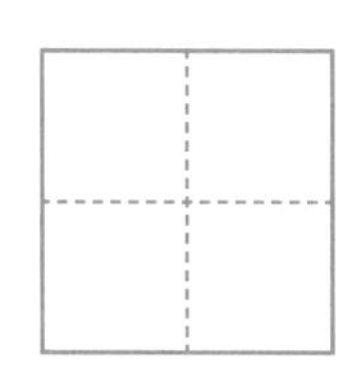

2 ひとつ ちいさい かずを かきましょう。

① 3 →
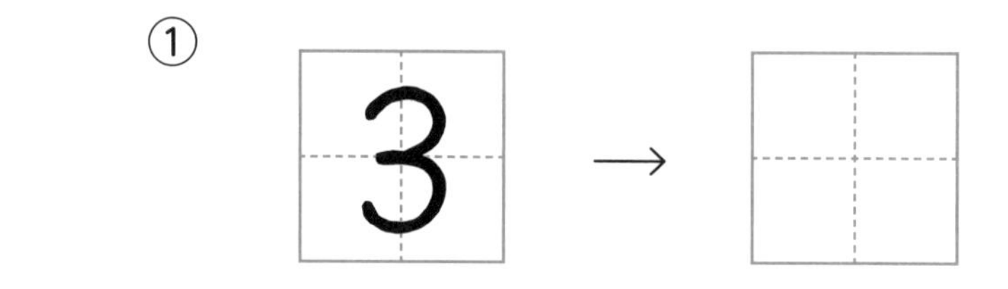

② 5 →
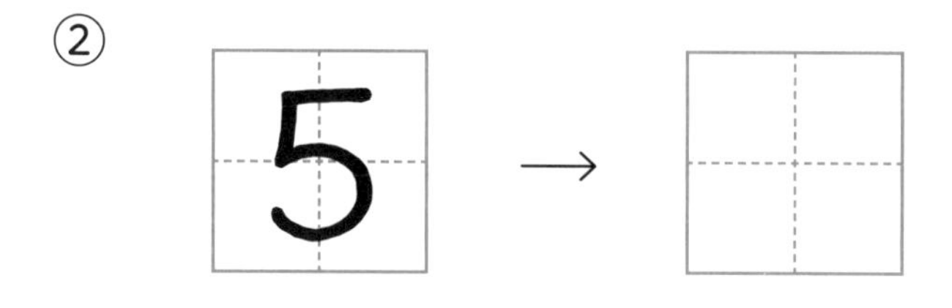

③ 2 →
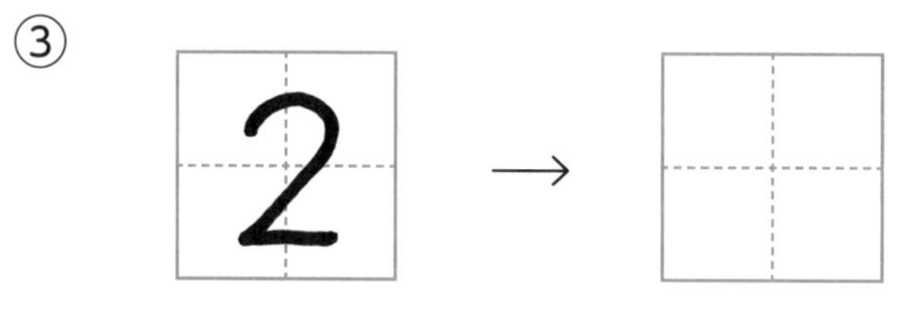

④ 4 →
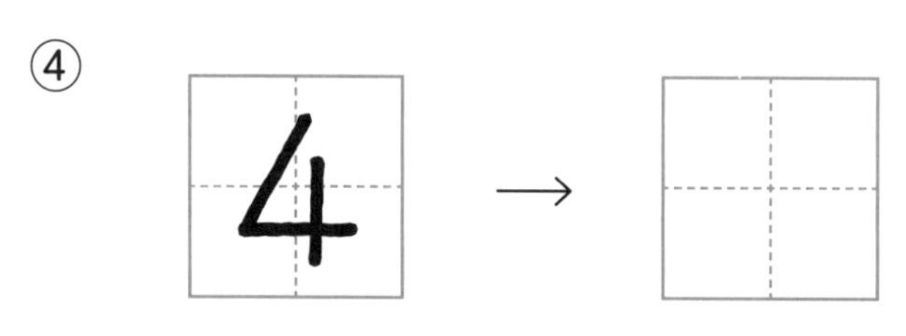

10までのかず ①

学習日　月　日　なまえ

1 えの　かずは　いくつですか。

① すいかは 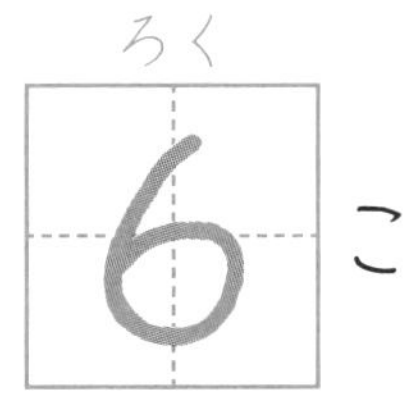 こ

② りんごは 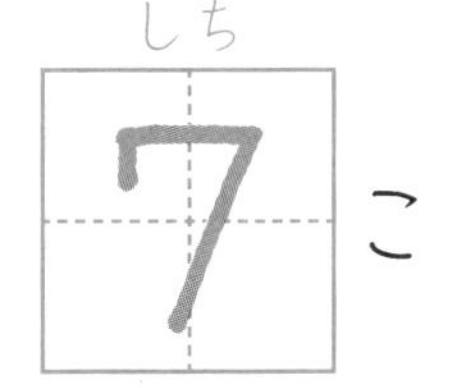 こ

③ みかんは 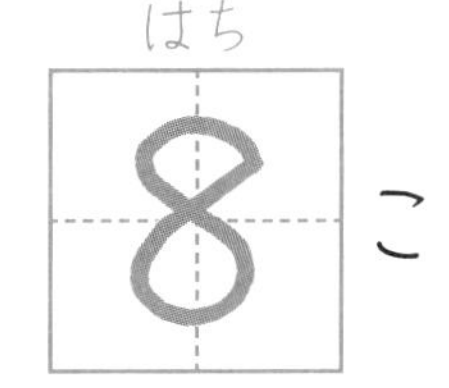 こ

④ ももは 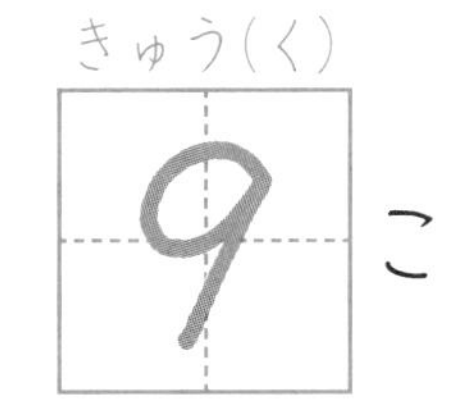 こ

⑤ いちごは 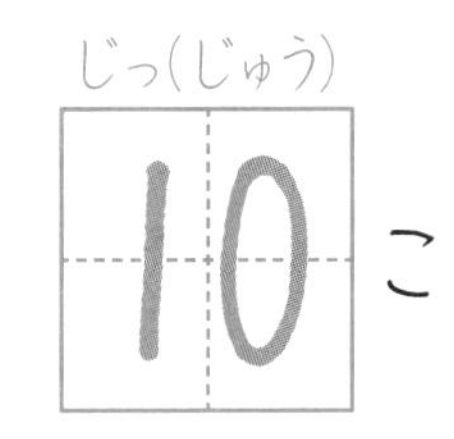 こ

2 すうじの　れんしゅうを　しましょう。

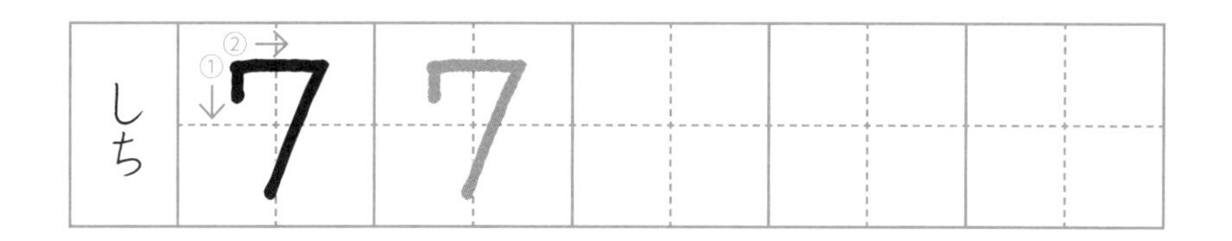
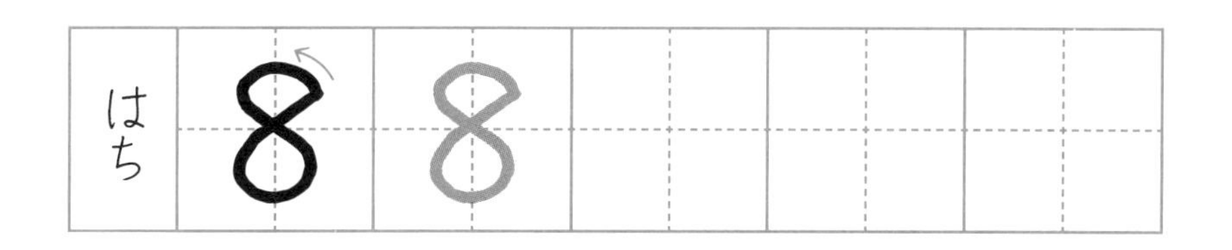
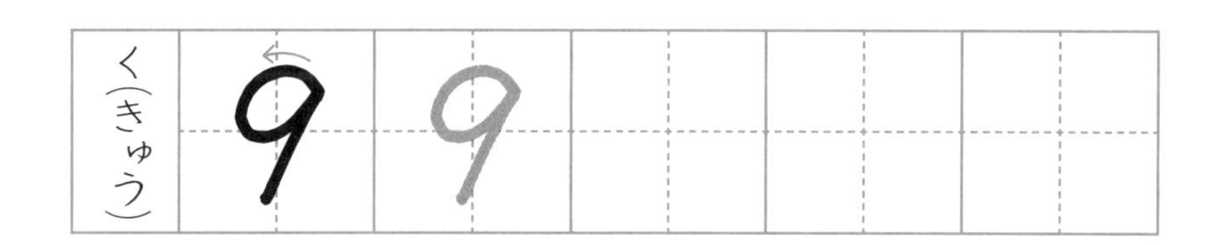
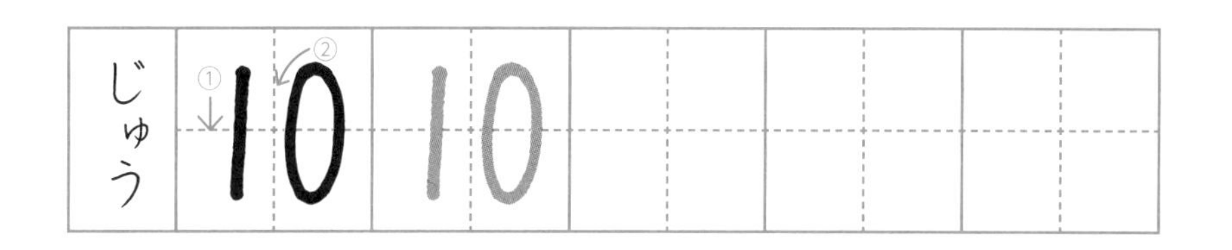

10までのかず ②

学習日　月　日　なまえ

1 タイルの　かずを　かぞえて　すうじで　かきましょう。

① 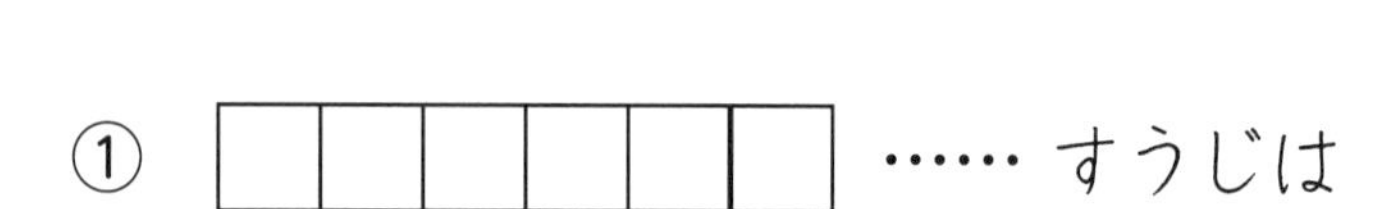 …… すうじは 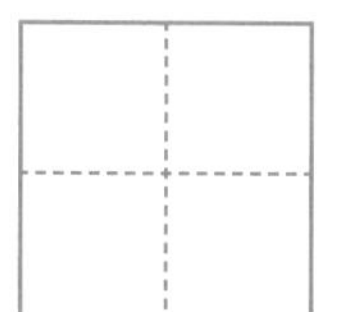

② 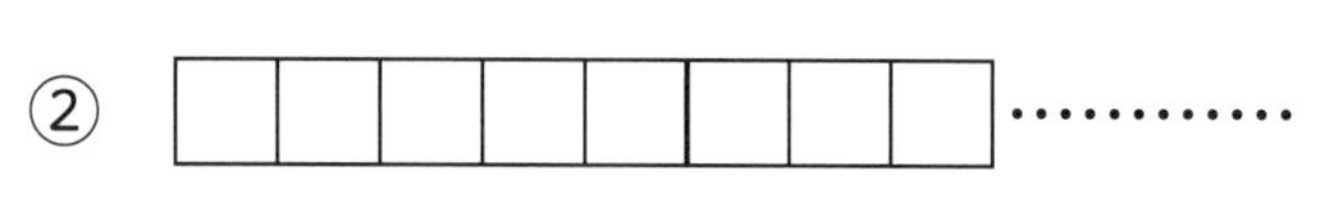 ………… 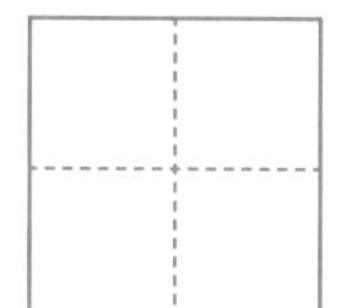

③ 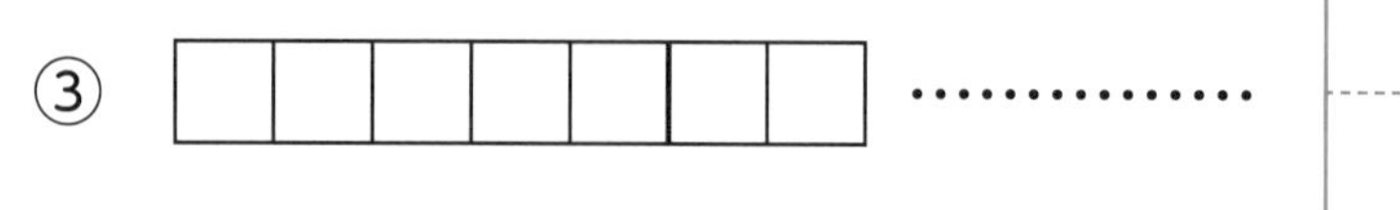 …………… 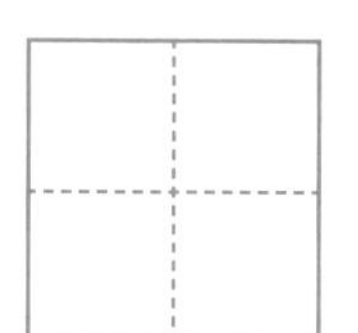

④ 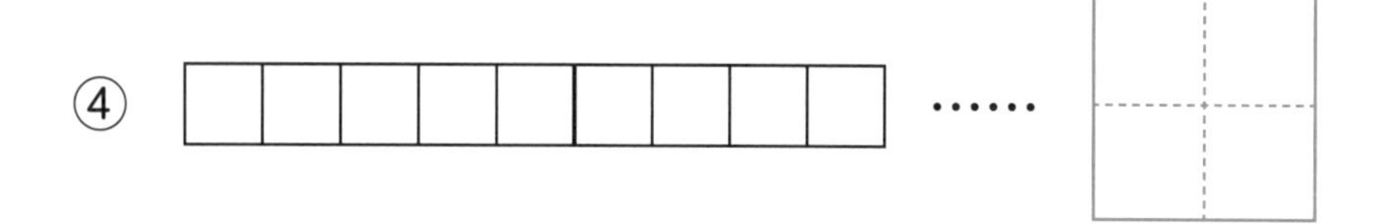 ……

⑤ 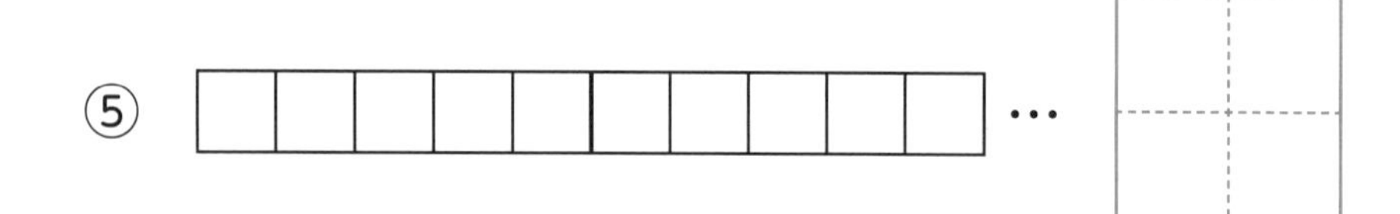 …

2 えの　かずと　おなじ　かずの　つみきを　せんで　つなぎましょう。

① 

② 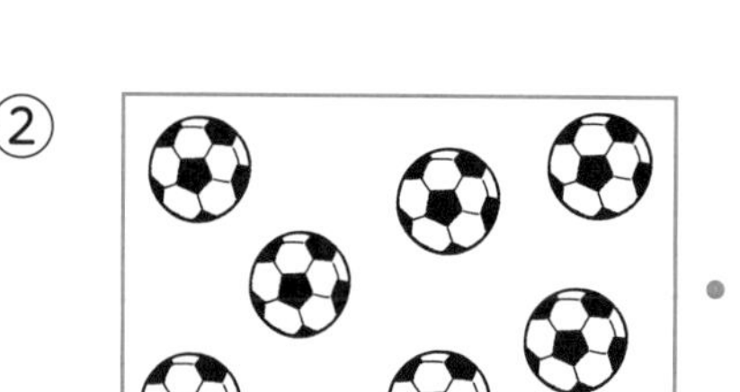 

③  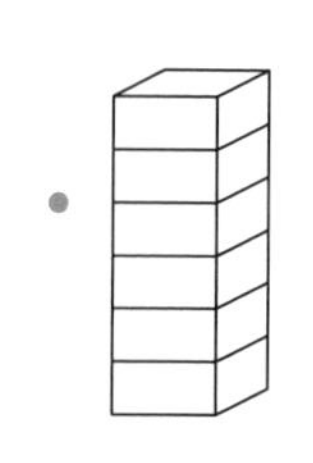

④ 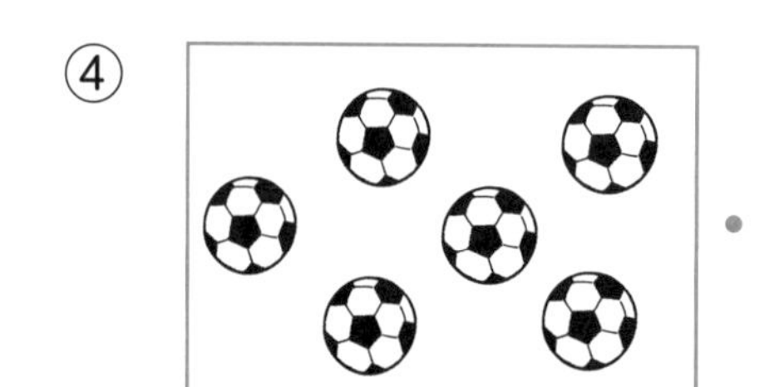 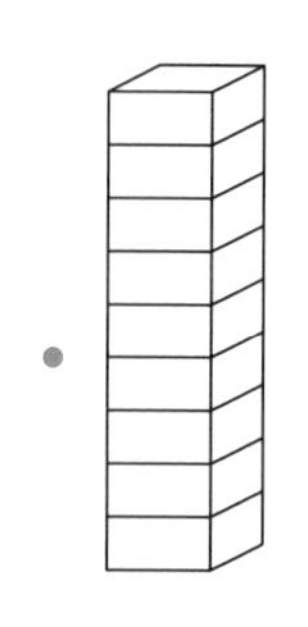

2 10までのかず ③

学習日　月　日　なまえ

いろを ぬろう　わからない　だいたい できた　できた！

1 ひとつ　ふえた　かずを　かきましょう。

①
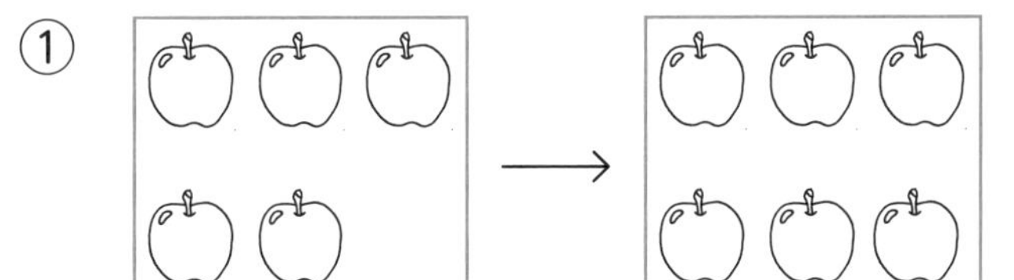
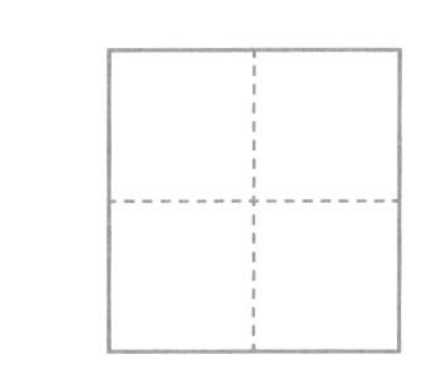

②
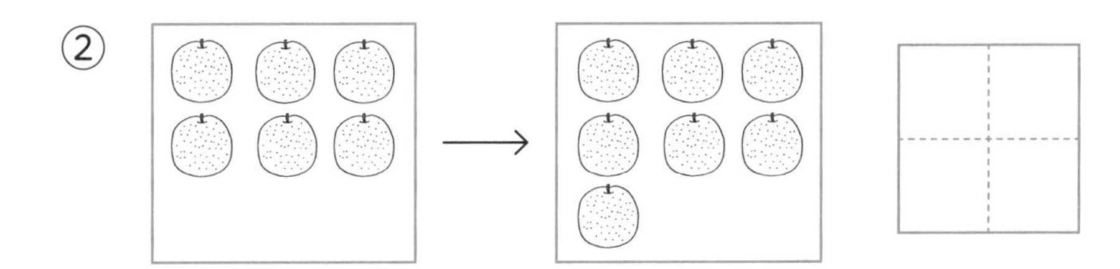

③
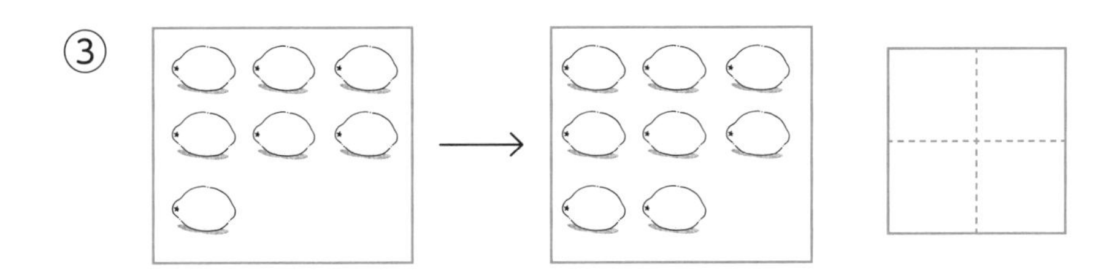

④
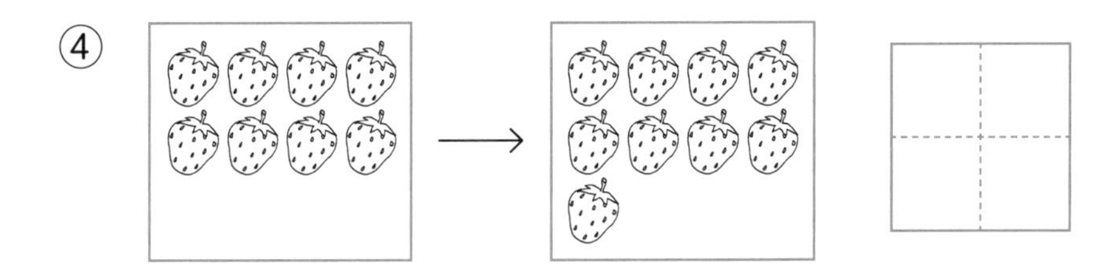

2 ひとつ　おおきい　かずを　かきましょう。

① 5 →

②
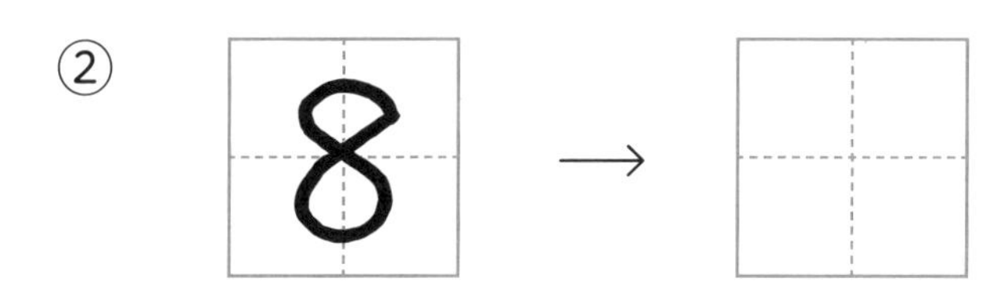

③
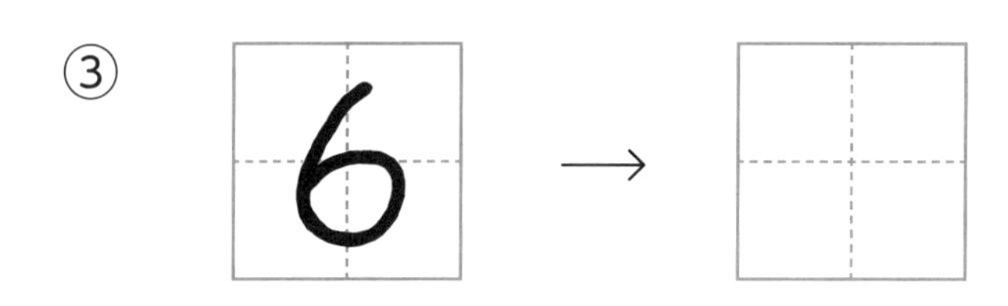

④
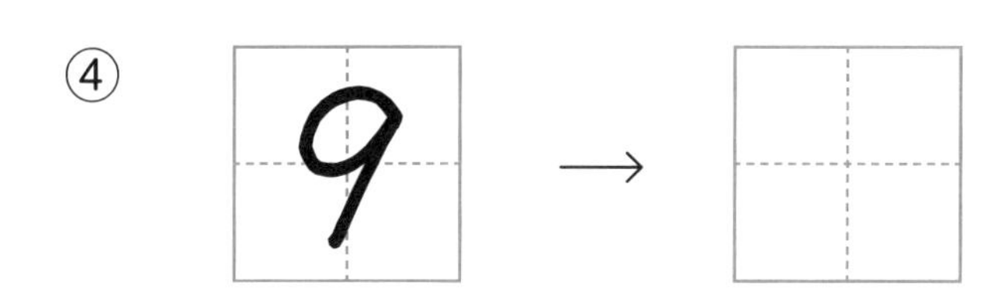

⑤
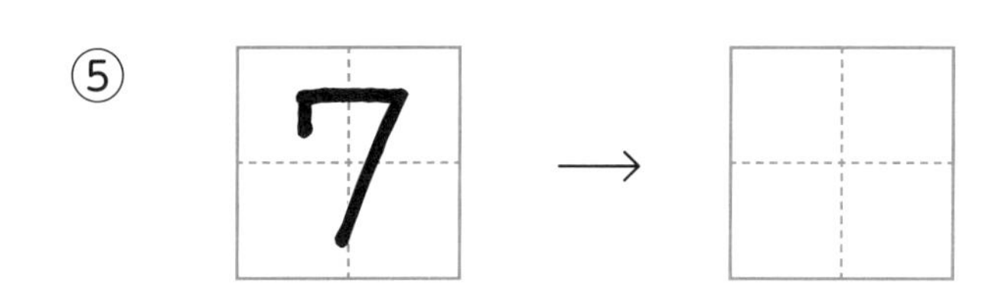

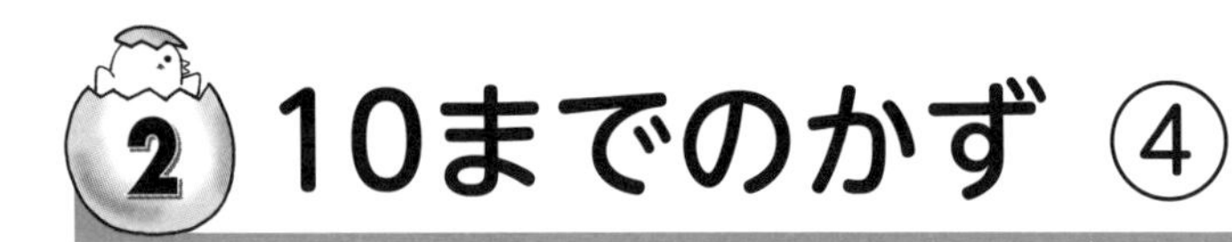

2 10までのかず ④

学習日　　月　　日　なまえ

1 ひとつ へった かずを かきましょう。

①
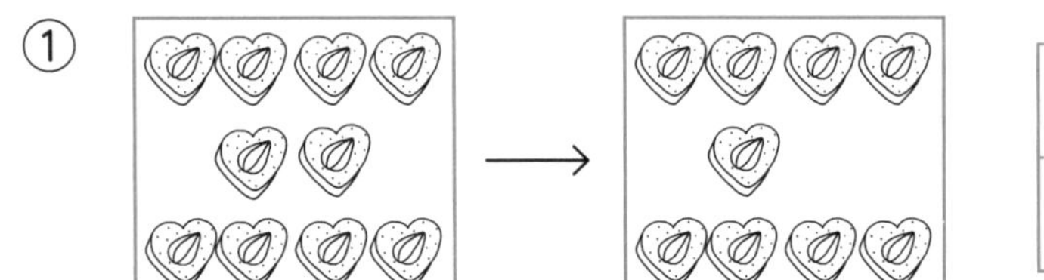
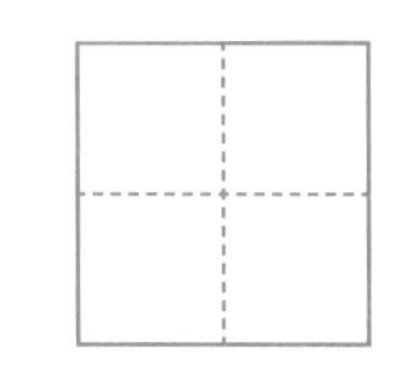

②
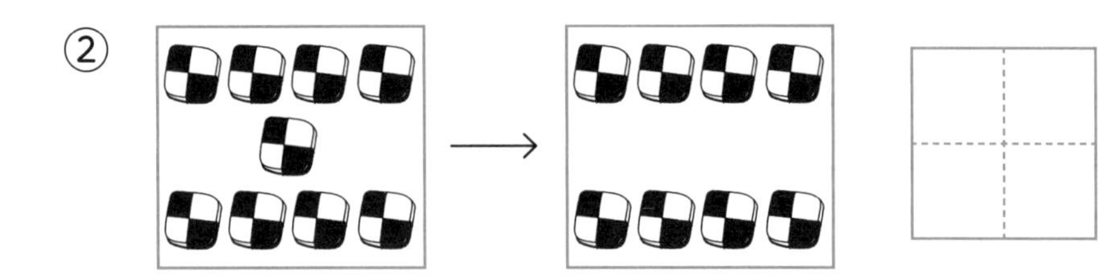

③
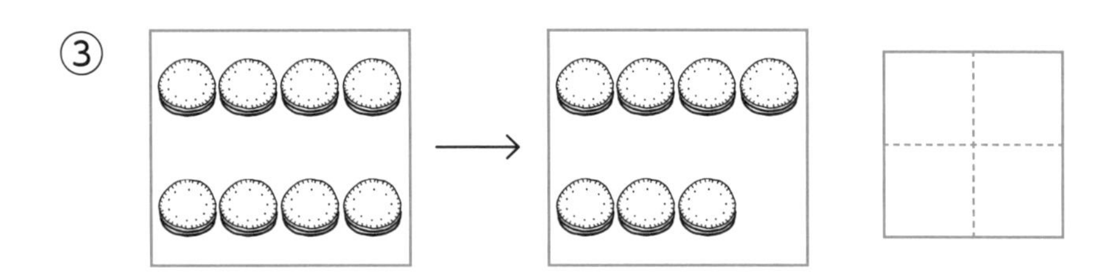

④
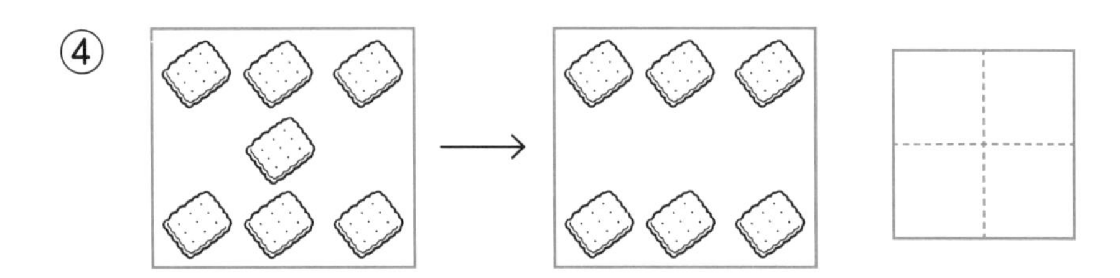

2 ひとつ ちいさい かずを かきましょう。

①
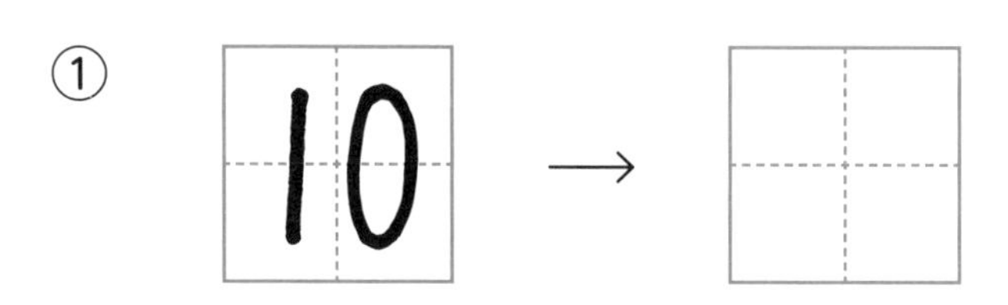

②
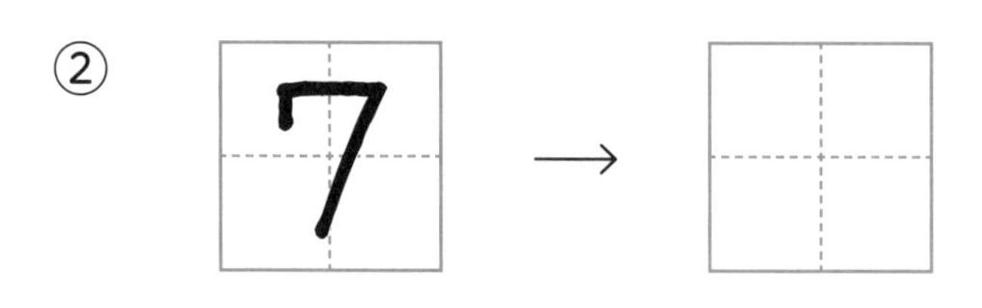

③
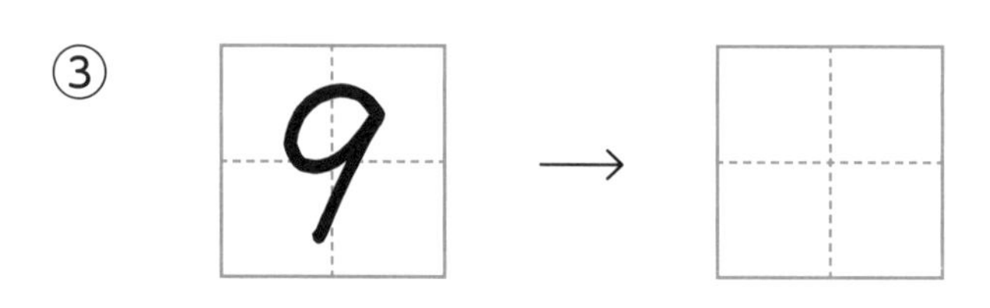

④
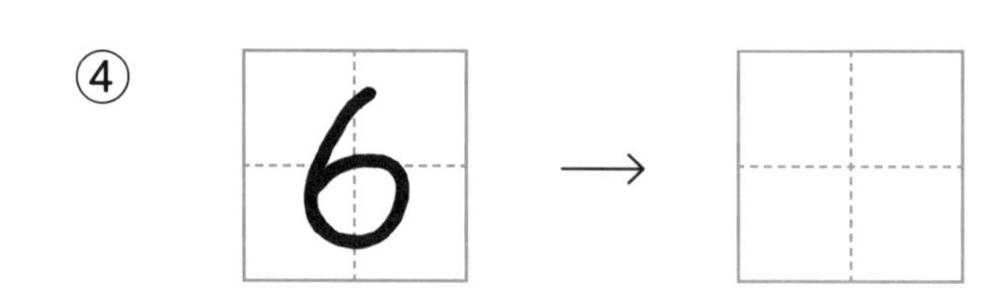

⑤
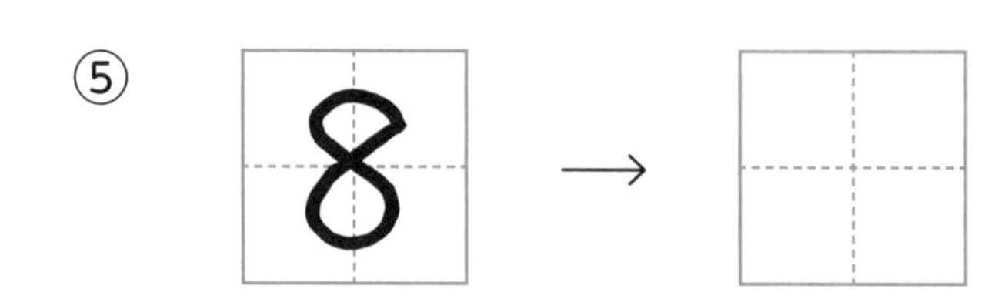

10までのかず ⑤

学習日　月　日　なまえ

1 えの　かずを　かぞえて　すうじで　かきましょう。

①
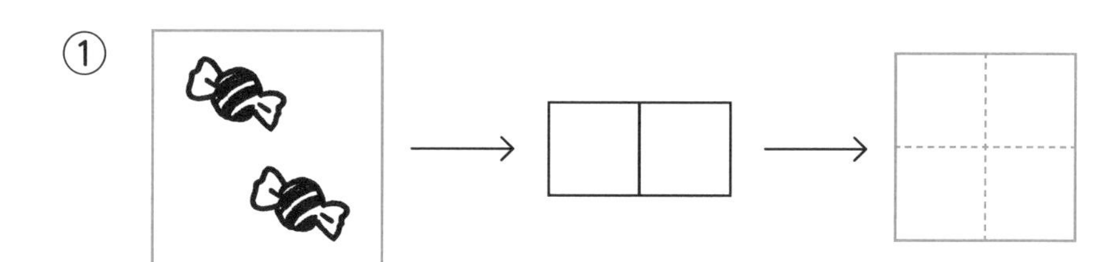

②
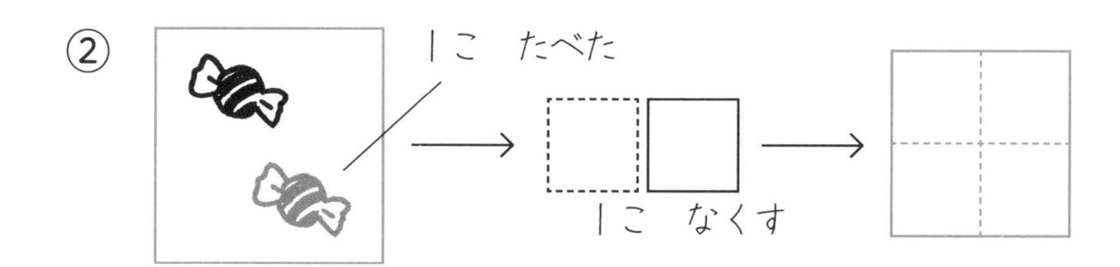

③
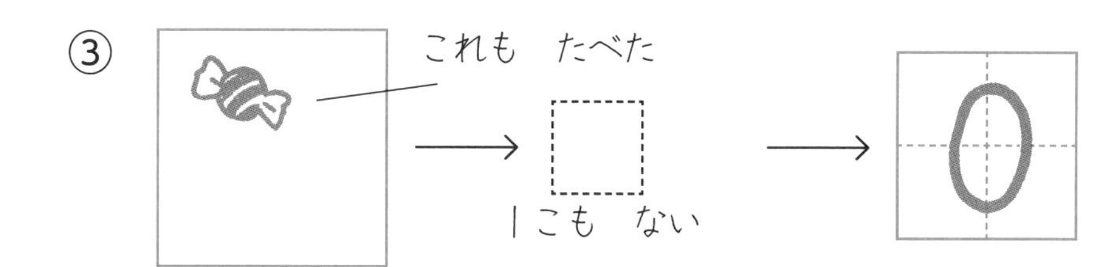

2 0（れい）の　れんしゅうを　しましょう。

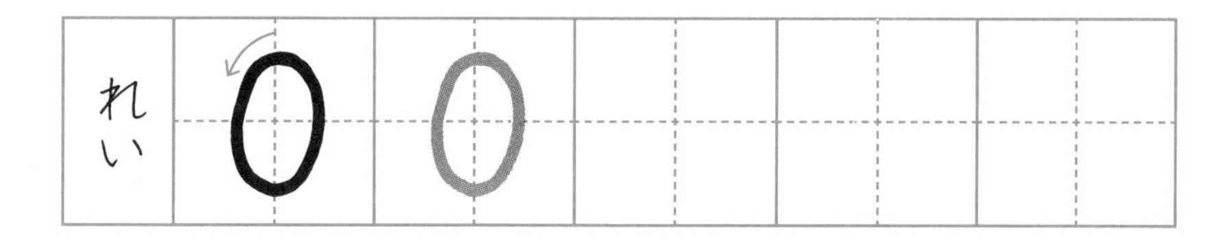

3 えの　かずは　いくつですか。

①

みかんは　□　こ

②

みかんは　□　こ

③
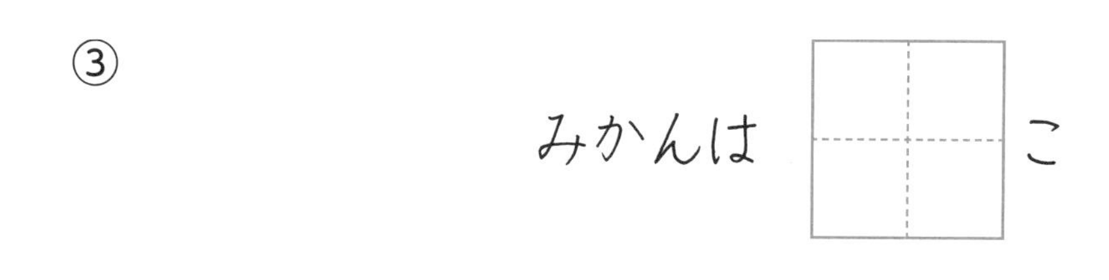
みかんは　□　こ

④
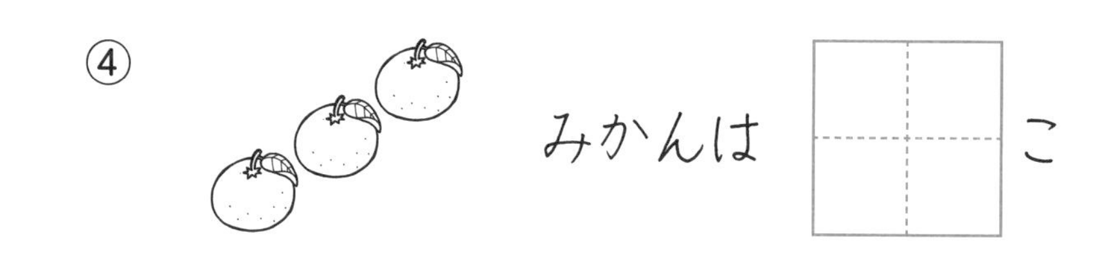
みかんは　□　こ

⑤
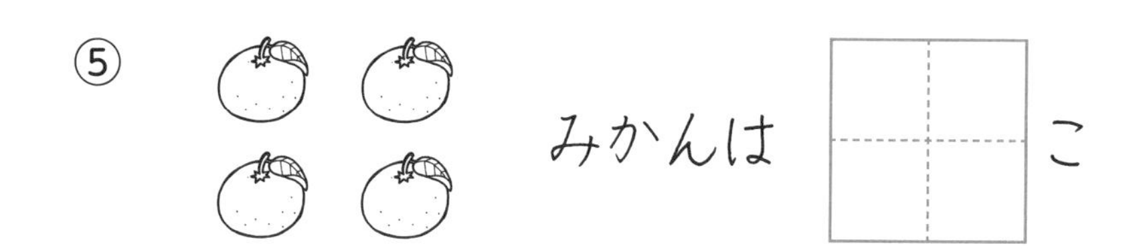
みかんは　□　こ

10までのかず ⑥

学習日　月　日　なまえ

1 □に　かずを　かきましょう。

①
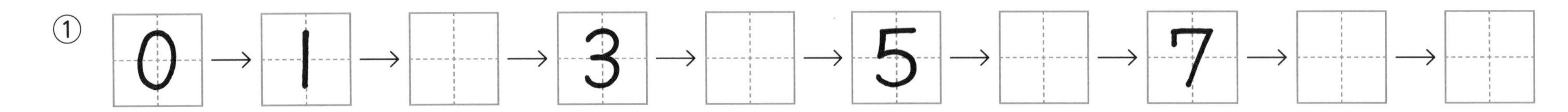

②
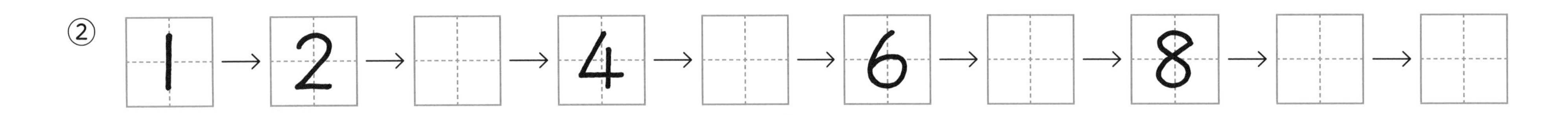

③ 9 → 8 → □ → □ → 5 → □ → □ → 2 → □ → □

④ 10 → 9 → □ → □ → 6 → □ → □ → 3 → □ → □

⑤ 2 → 4 → □ → 8 → □

⑥ 1 → 3 → □ → 7 → □

2こずつ
ふえるよ

10までのかず ⑦

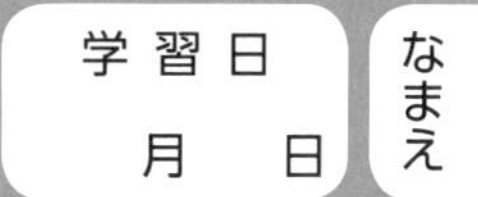
学習日　月　日

なまえ

1 タイル(たいる)を　2つに　わけます。

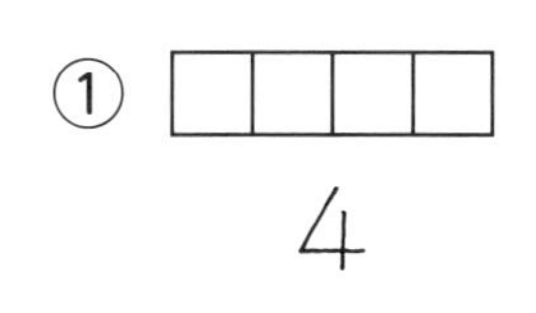
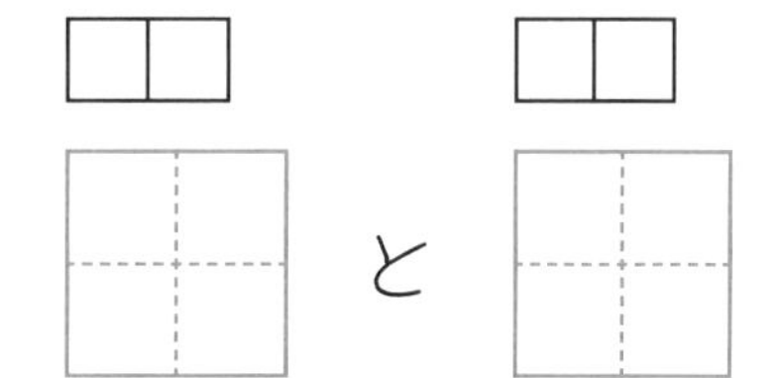

① 4 は □ と □

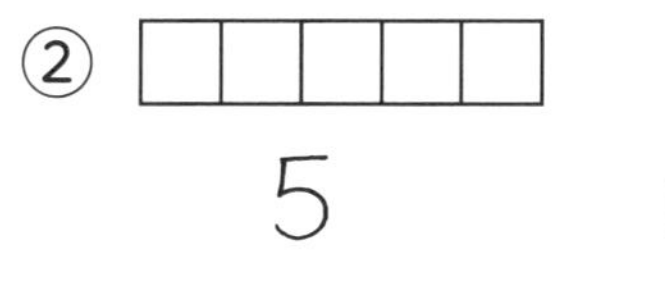
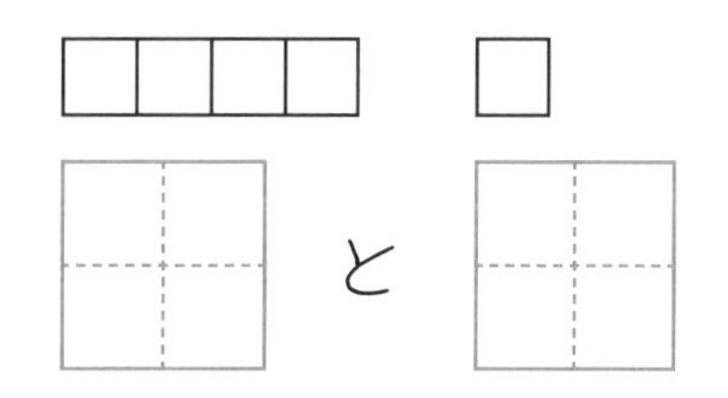

② 5 は □ と □

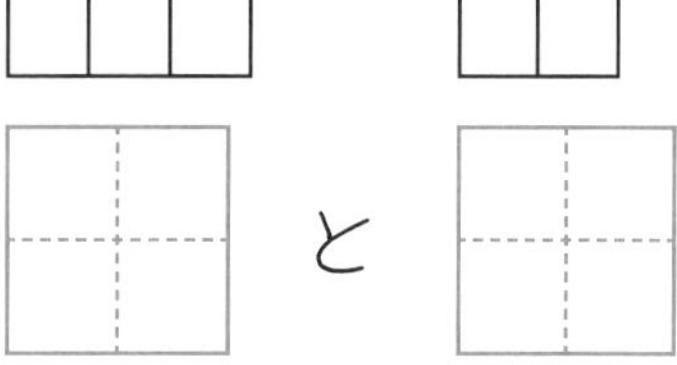

③ 5 は □ と □

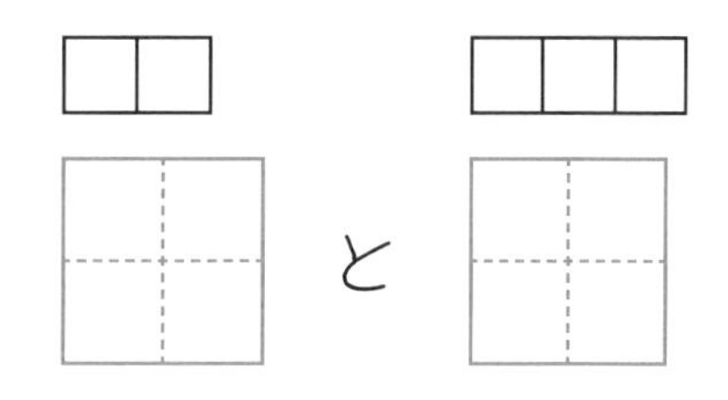

④ 5 は □ と □

2 □に　あてはまる　かずを　かきましょう。

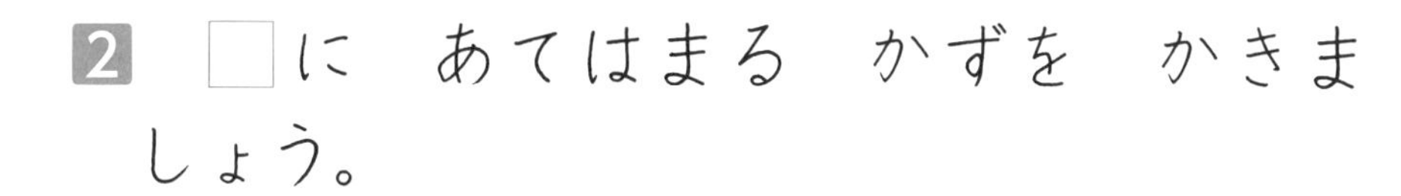

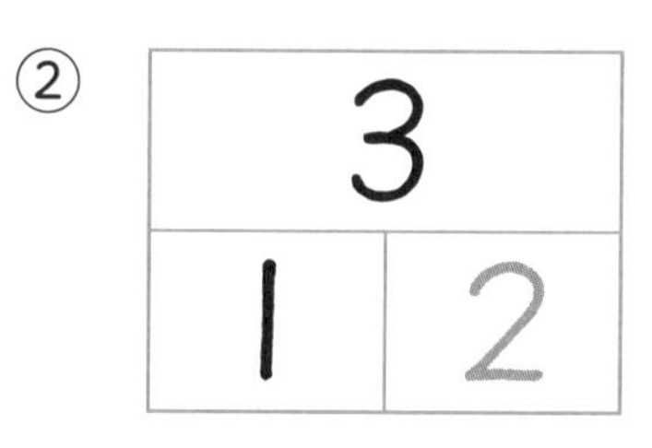

①	2	
	1	1

②	3	
	1	2

③	3	
	2	□

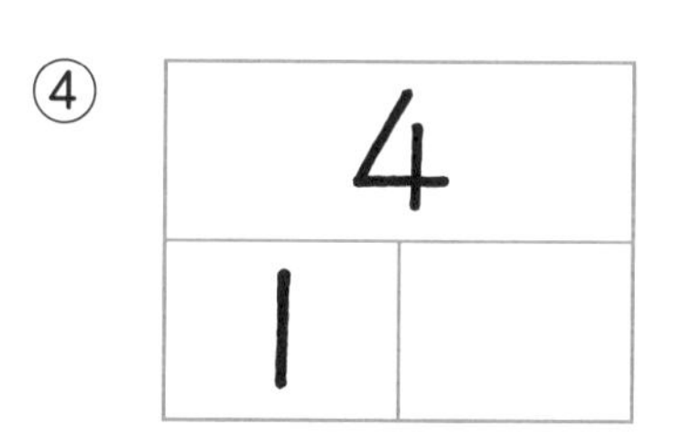

④	4	
	1	□

⑤	4	
	3	□

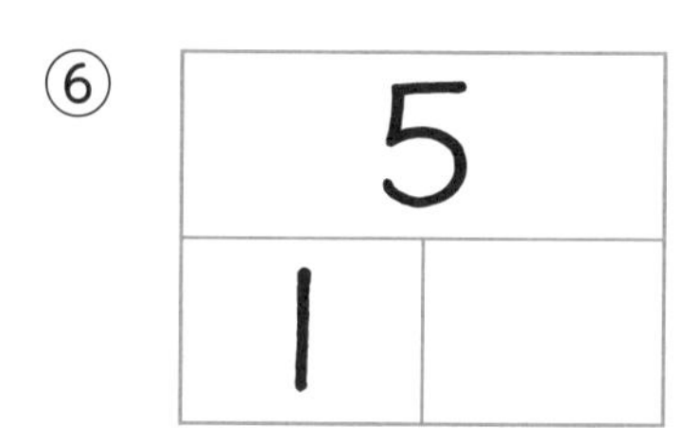

⑥	5	
	1	□

⑦	5	
	2	□

⑧	5	
	3	□

10までのかず ⑧

学習日　月　日　なまえ

1 6を　2つに　わけます。

① 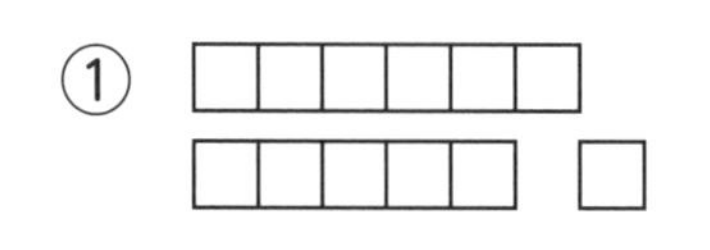 6は 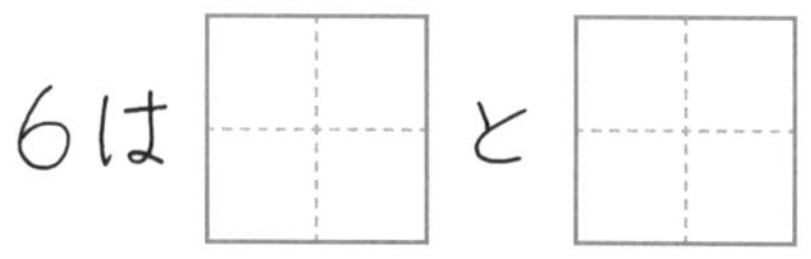 と

② 6は 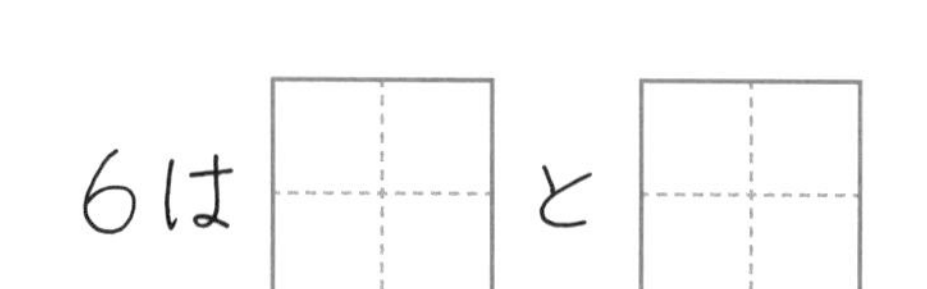 と

2 7を　2つに　わけます。

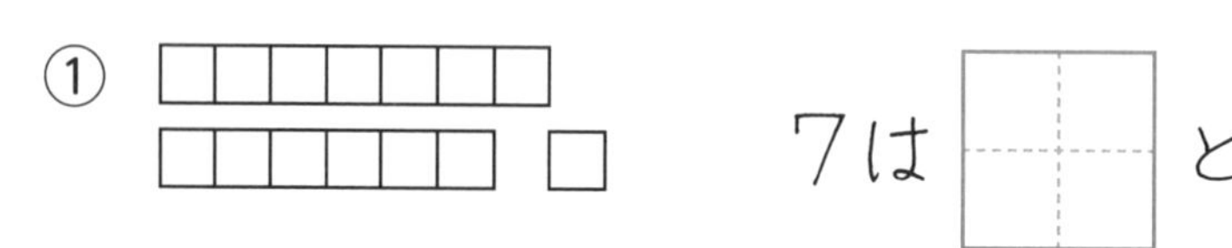

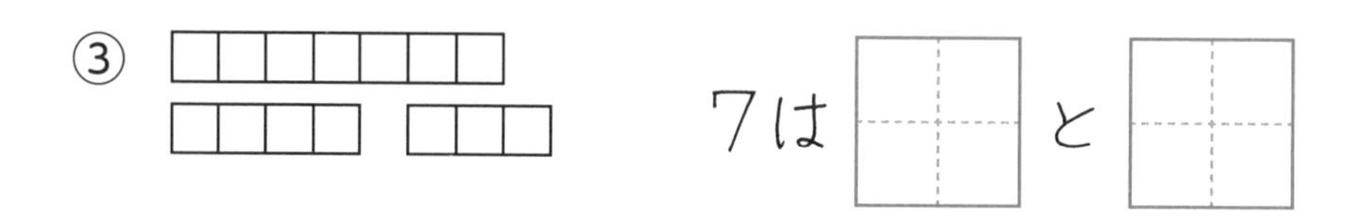

④ 7は　と

⑤ 7は　と

⑥ 7は　と

10までのかず ⑨

1 8を　2つに　わけます。

① 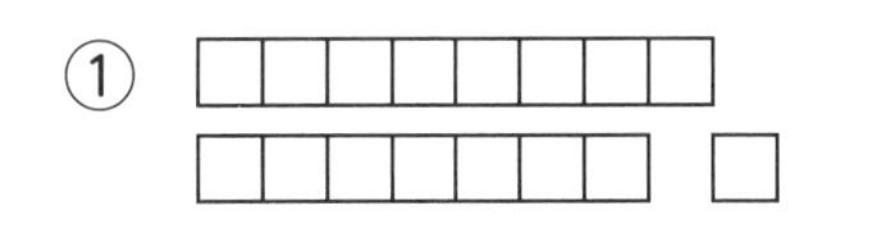 8は □ と □

②  8は □ と □

③  8は □ と □

④  8は □ と □

⑤ 8は □ と □

⑥ 8は □ と □

2 9を　2つに　わけます。

① 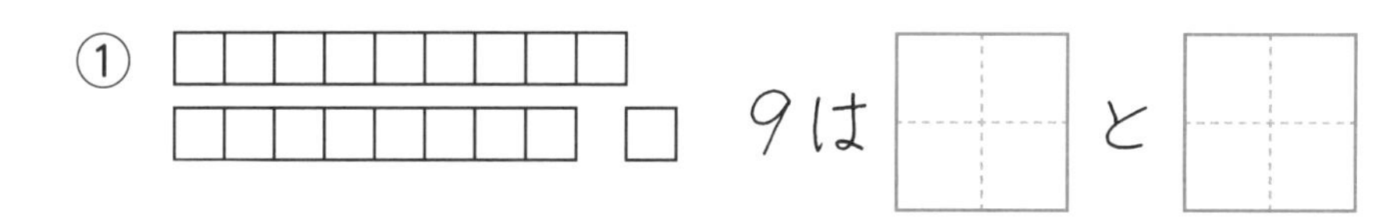 9は □ と □

② 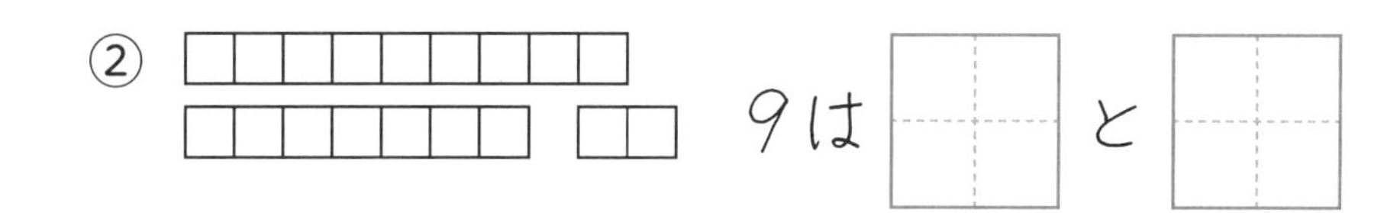 9は □ と □

③ 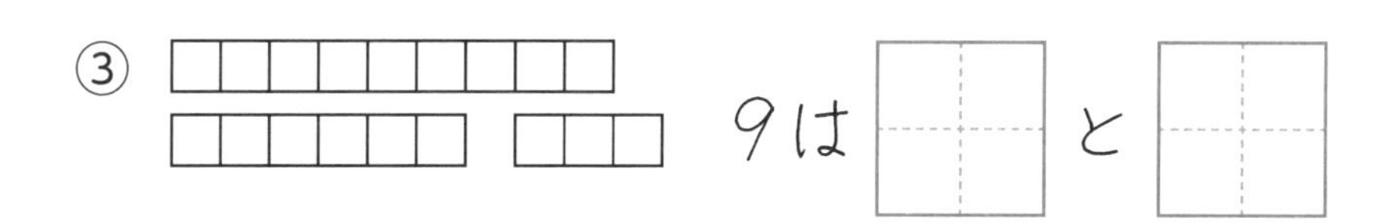 9は □ と □

④ 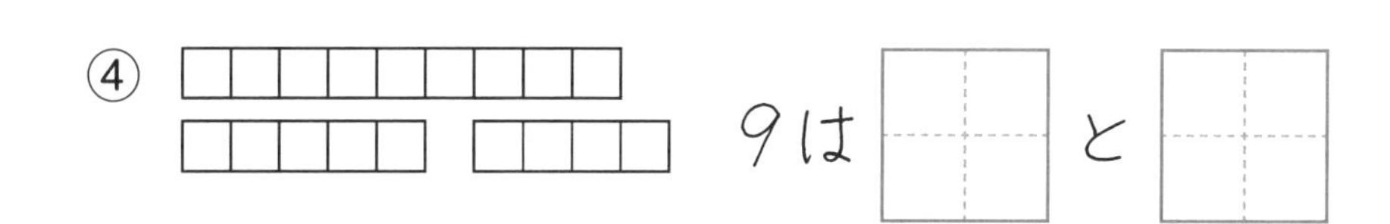 9は □ と □

⑤ 9は □ と □

⑥ 9は □ と □

10までのかず ⑩

学習日　月　日　なまえ

1 □に　あてはまる　かずを　かきましょう。

①

6	
5	1

あわせて6

②

6	
3	3

③

6	
4	

④

7	
5	

⑤

7	
6	1

⑥

7	
2	5

⑦

7	
3	

⑧

7	
4	

2 □に　あてはまる　かずを　かきましょう。

①

8	
3	5

②

8	
4	

③

8	
6	

④

8	
1	

⑤

9	
5	

⑥

9	
1	8

⑦

9	
3	

⑧

9	
7	

10までのかず ⑪

学習日　月　日　なまえ

1 10を　2つに　わけます。

① 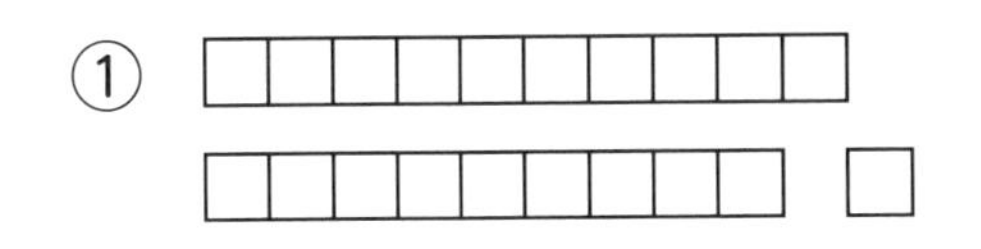
10は 9と

② 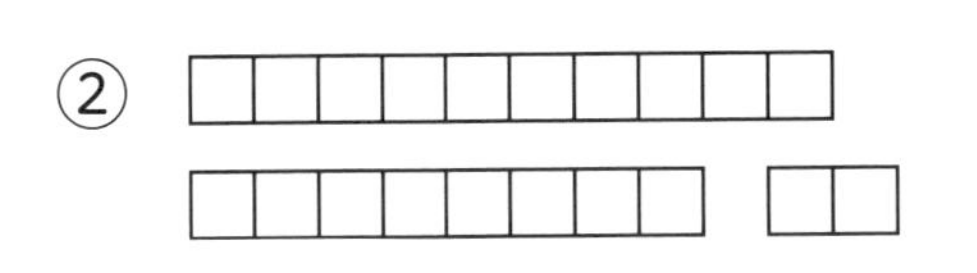
10は 8と

③
10は 7と

④
10は 6と

⑤
10は 5と

2 10を　2つに　わけます。

① 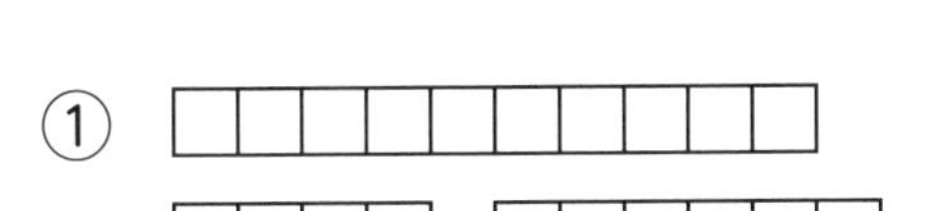
10は 4と

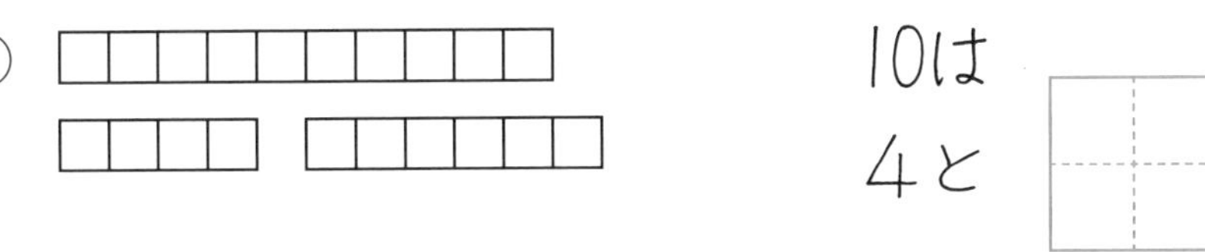

② 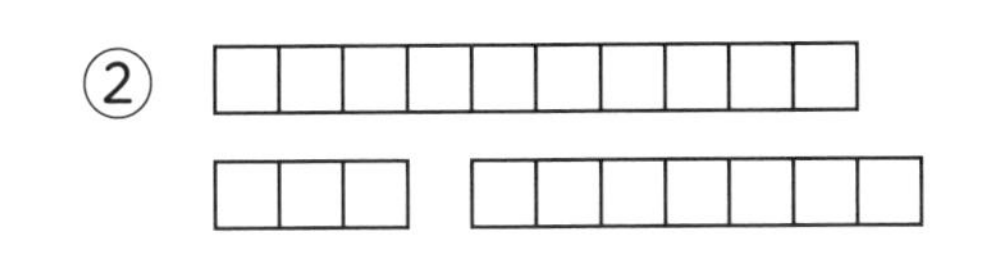
10は 3と

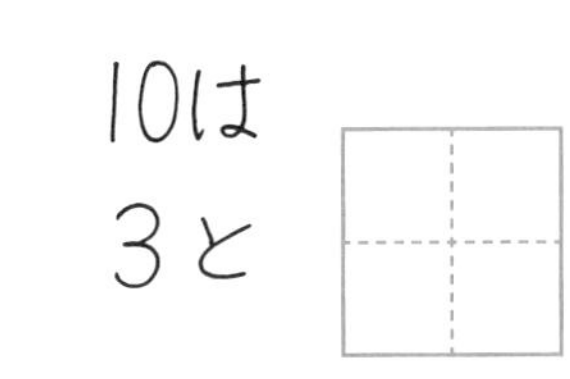

③ 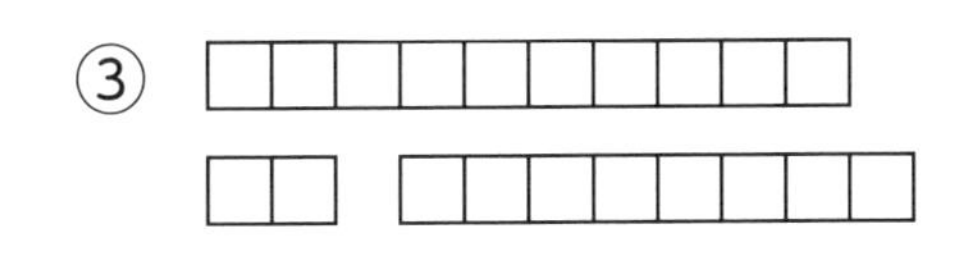
10は 2と

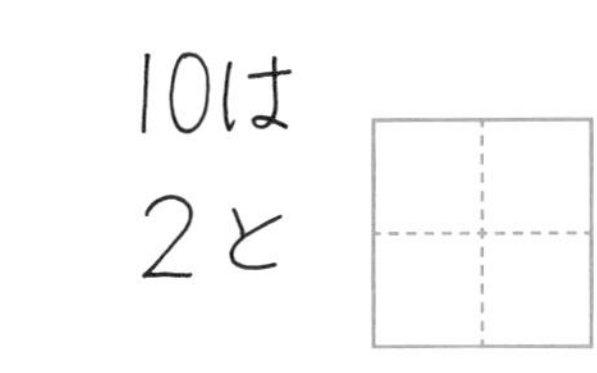

④ 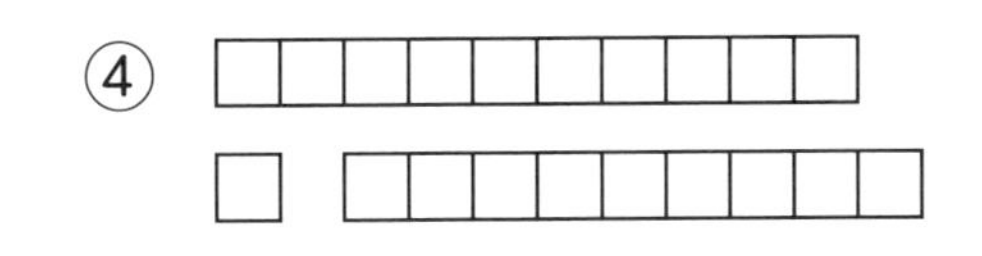
10は 1と

10までのかず ⑫

学習日　月　日　なまえ

いろを ぬろう

1　□に　あてはまる　かずを　かきましょう。

①

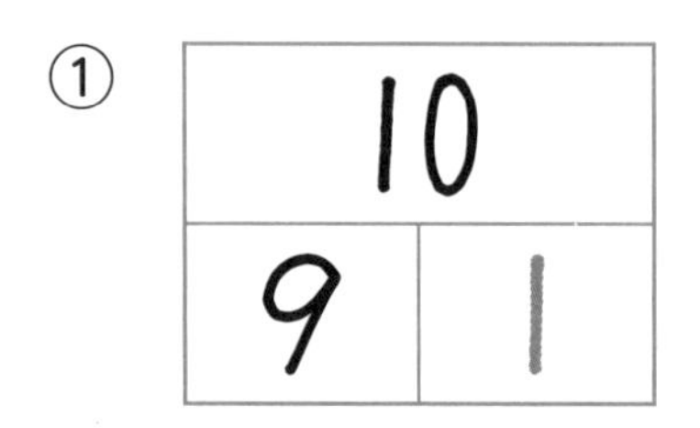

②

10	
8	2

③

10	
7	

④

10	
6	

⑤

10	
5	

⑥

10	
4	

⑦

10	
3	

⑧

10	
2	

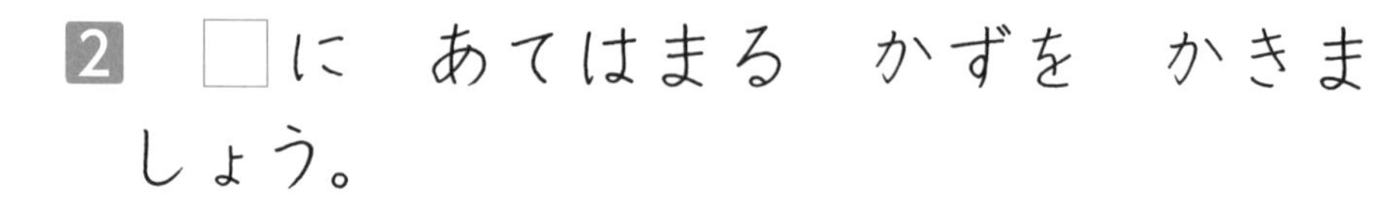

2　□に　あてはまる　かずを　かきましょう。

①

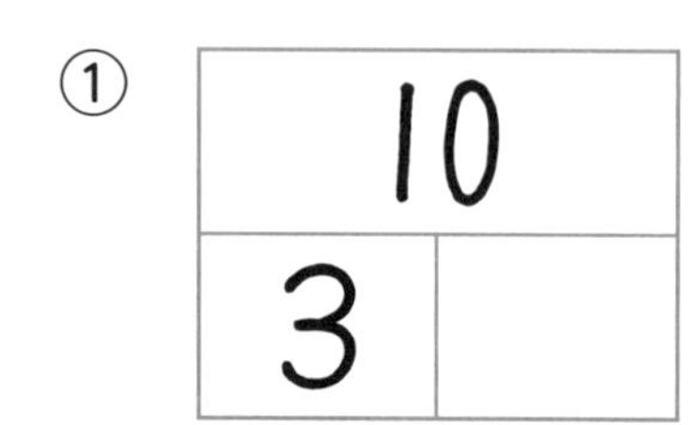

②

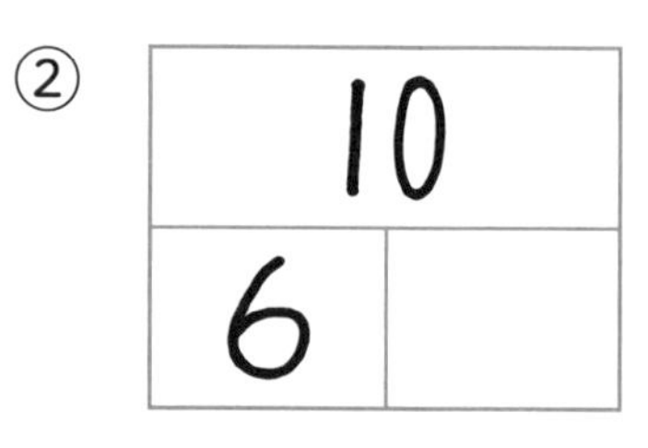

③

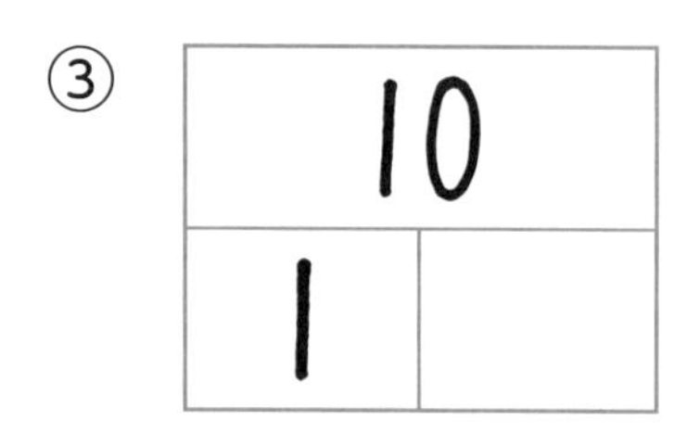

④

10	
5	

⑤

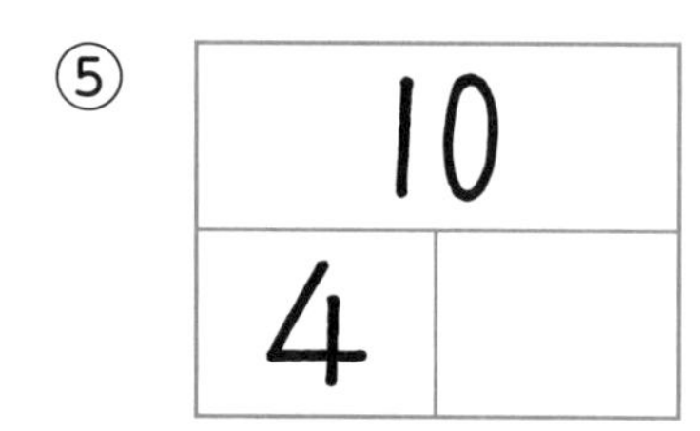

⑥

10	
8	

⑦

10	
2	

⑧

10	
7	

10までのかず ⑬

学習日　　月　　日
なまえ

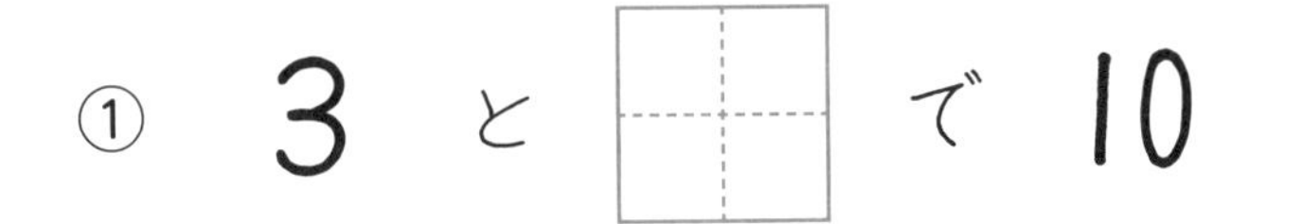

1 10を　つくりましょう。

① 3 と □ で 10

② 6 と □ で 10

③ 9 と □ で 10

④ 4 と □ で 10

⑤ 7 と □ で 10

⑥ 8 と □ で 10

⑦ 1 と □ で 10

⑧ 5 と □ で 10

2 10を　つくりましょう。

① □ と 6 で 10

② □ と 1 で 10

③ □ と 5 で 10

④ □ と 9 で 10

⑤ □ と 2 で 10

⑥ □ と 4 で 10

⑦ □ と 8 で 10

⑧ □ と 3 で 10

2 10までのかず ⑭

学習日　月　日　なまえ

1 10を　つくりましょう。

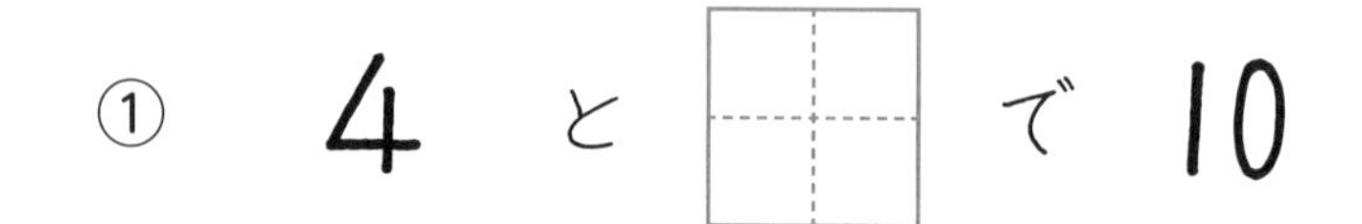

① 4 と □ で 10

② □ と 7 で 10

③ 2 と □ で 10

④ □ と 1 で 10

⑤ 6 と □ で 10

⑥ □ と 8 で 10

⑦ 9 と □ で 10

⑧ □ と 5 で 10

2 10を　つくりましょう。

① □ と 6 で 10

② 1 と □ で 10

③ □ と 2 で 10

④ 5 と □ で 10

⑤ □ と 9 で 10

⑥ 3 と □ で 10

⑦ □ と 4 で 10

⑧ 7 と □ で 10

10までのかず ⑮ まとめ

学習日　月　日　なまえ

1 □に　あてはまる　かずを　かきましょう。（1つ5てん）

① 6 ／ 2 □

② 6 ／ 3 □

③ 7 ／ 4 □

④ 7 ／ 2 □

⑤ 8 ／ 3 □

⑥ 8 ／ 6 □

⑦ 9 ／ 5 □

⑧ 9 ／ 6 □

⑨ 10 ／ 3 □

⑩ 10 ／ 6 □

2 □に　あてはまる　かずを　かきましょう。（1つ5てん）

① 10　は　6　と　□

② 10　は　□　と　2

③ 10　は　3　と　□

④ 10　は　□　と　5

3 10になる　かずを　▭で　かこみましょう。（1つ5てん）

たて　よこ　ななめに　10を　みつけて　かこんでみよう

5	5	6	3
8	9	2	7
2	4	1	6
7	3	5	4

6つ　かこめるよ

3 なんばんめ ①

学習日　月　日　なまえ

1 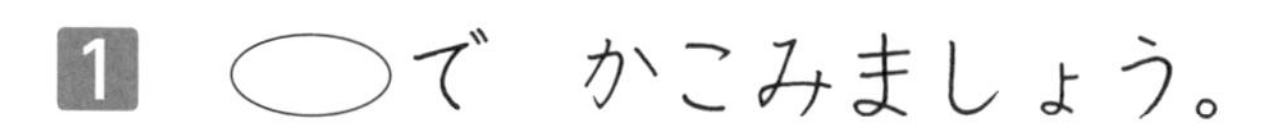で　かこみましょう。

① まえから　3にん

② まえから　4にんめ

③ うしろから　3にん

④ うしろから　4にんめ

2 そうたさんは
まえから
4ばんめです。

① そうたさんを　○で　かこみましょう。

② そうたさんの　まえには　なんにん　いますか。

（　　　　）

③ そうたさんの　うしろには　なんにん　いますか。

（　　　　）

④ そうたさんは　うしろから　なんばんめですか。

（　　　　）

なんばんめ ②

学習日　月　日　なまえ

1 えを　みて　こたえましょう。

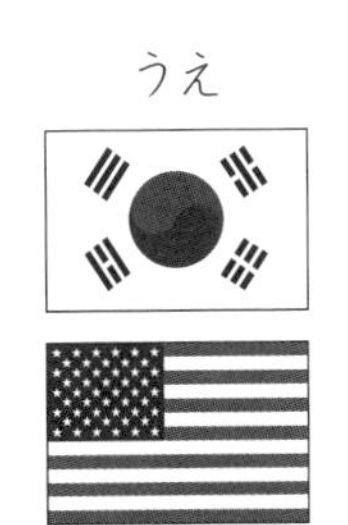

① にほんの　はた（●）は　うえから　なんばんめですか。

（　　　　　）

② にほんの　はた（●）は　したから　なんばんめですか。

（　　　　　）

③ アメリカの　はた（）は　うえから　なんばんめで　したから　なんばんめですか。

（　　　　　）

④ うえから　3ばんめの　はたを　○で　かこみましょう。

2 えを　みて　こたえましょう。

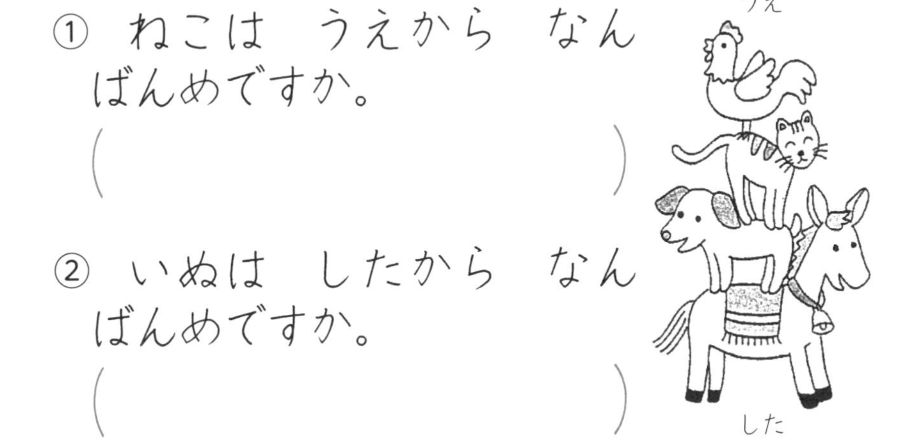

① ねこは　うえから　なんばんめですか。

（　　　　　）

② いぬは　したから　なんばんめですか。

（　　　　　）

③ したから　4ばんめの　どうぶつを　○でかこみましょう。

3 あやかさんの　ロッカーは　うえの　だんの　みぎから　2ばんめです。⬭を　しましょう。

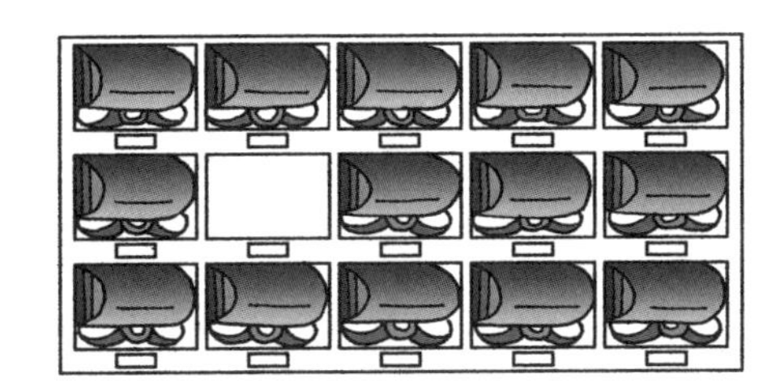

4 あわせていくつ ①

学習日　月　日　なまえ

いろを ぬろう

1 さらに　りんごが　2こ、もう1つの　さらに　りんごが　1こ　のっています。りんごは　あわせて　なんこですか。

① えを　かくと

② しきで　かくと

に　たす　いち　は　さん

しき　2 ＋ 1 ＝ 3

こたえ　　　こ

※ 「あわせる」ことを「＋（たす）」と　かきます。

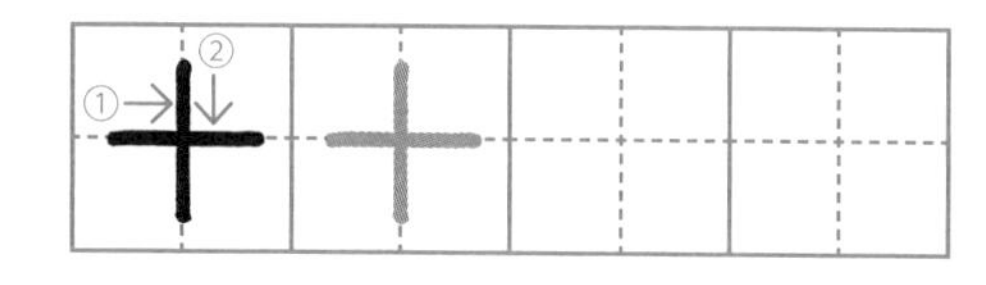

2 かごに　きゅうりが　2ほん、べつの　かごに　きゅうりが　3ぼん　のっています。きゅうりは　ぜんぶで　なんぼんですか。

① えを　かくと

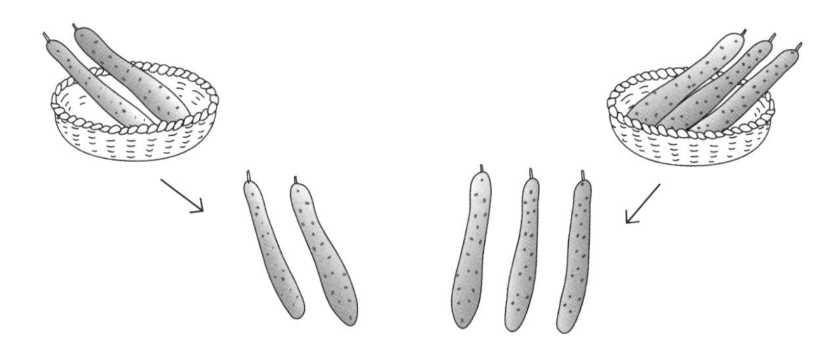

② しきを　なぞって、こたえを　だしましょう。

に　たす　さん　は

しき　2 ＋ 3 ＝ □

こたえ　　　ほん

※ 「ぜんぶ」の　ことも「＋」を　つかいます。

あわせて いくつ ②

学習日　月　日　なまえ

1 まるい さらが 4まい、しかくい さらが 3まい あります。
あわせて なんまい ありますか。

① タイル(たいる)の ずを なぞりましょう。

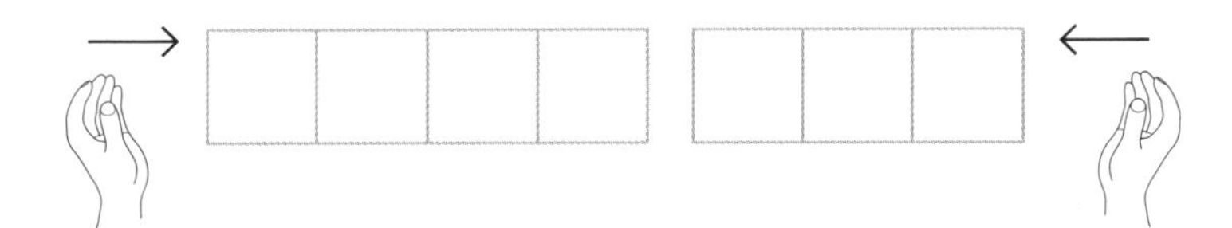

② しきを なぞって こたえを だしましょう。

しき 4 ＋ 3 ＝ □
(し(よん)たす さん は)

こたえ　　まい

2 さらに みかんが 3こ、べつの さらに 5こ のっています。
ぜんぶで なんこ ありますか。

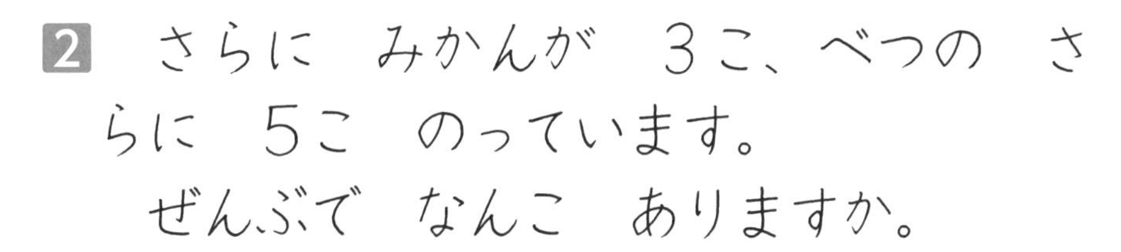

① タイルの ずを なぞりましょう。

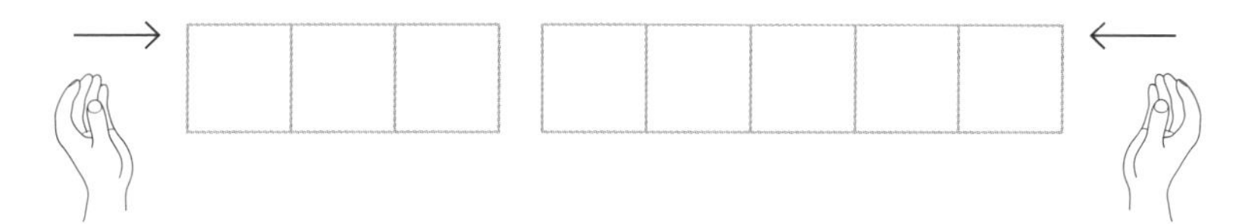

② しきを かいて こたえを だしましょう。

しき □ ＋ □ ＝ □

こたえ　　こ

4 あわせて いくつ ③

学習日　月　日　なまえ

1 あかい　はなが　4ほん、きいろい　はなが　3ぼん　あります。はなは　あわせて　なんぼん　ありますか。

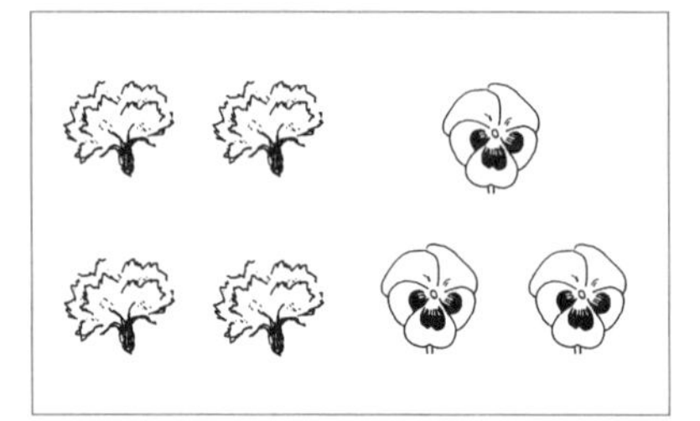

しき □＋□＝□

こたえ ＿＿＿＿

2 5＋4の　しきに　なる　もんだいを　つくりましょう。

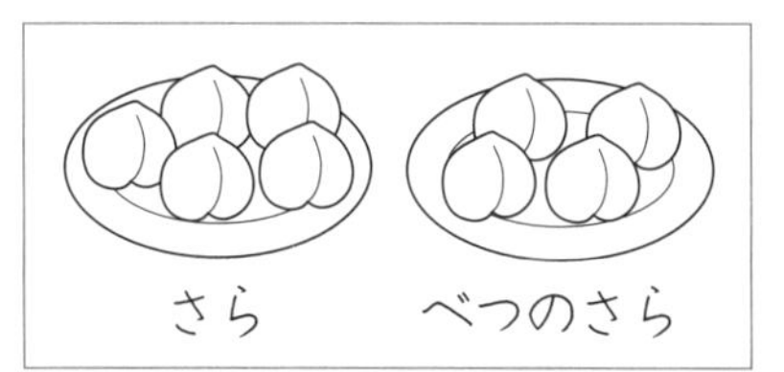

さらに　ももが □ こ、べつの　さらに □ こ　のっています。□ なんこ　ありますか。

3 おおきい　ボール（ぼうる）が　2こ、ちいさい　ボールが　4こ　あります。ボールは　ぜんぶで　なんこ　ありますか。

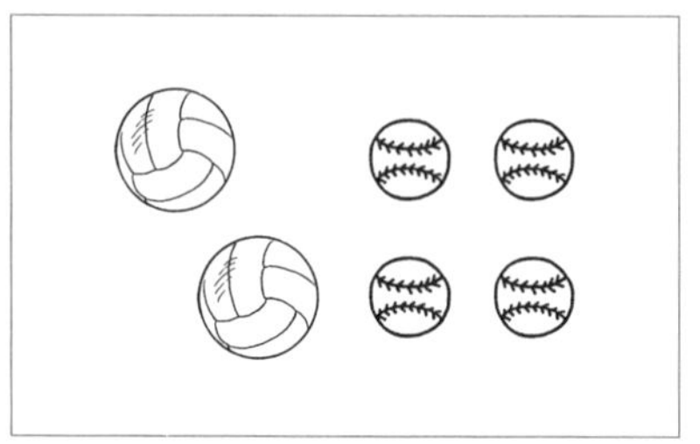

しき □＋□＝□

こたえ ＿＿＿＿

4 6＋4の　しきに　なる　もんだいを　つくりましょう。

たかしさんは　かいがらを □ こ、□ さんは □ を □ こ　ひろいました。ぜんぶで □ ひろいましたか。

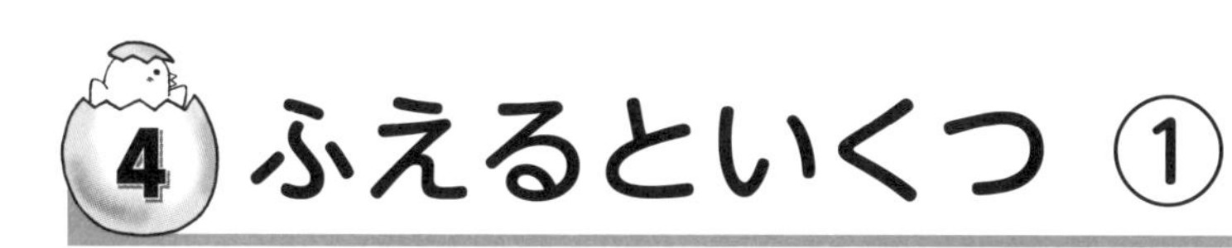

4 ふえるといくつ ①

学習日　月　日
なまえ

1 メロン（めろん）が　１こ　あります。となりの　いえから　メロンを　１こ　もらいました。メロンは　あわせて　なんこに　なりましたか。

① えを　かくと

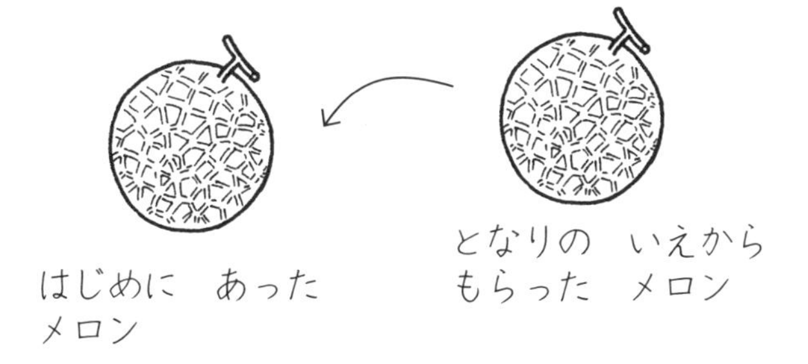

はじめに　あった　メロン

となりの　いえから　もらった　メロン

② しきで　かくと

しき　1（いち）＋（たす）1（いち）＝（は）2（に）

こたえ　　こ

2 ちゅうしゃじょうに　くるまが　２だい　とまっています。そこに　べつの　くるまが　２だい　きました。くるまは、ぜんぶで　なんだいに　なりましたか。

① えを　かくと

② しきを　なぞって　こたえを　だしましょう。

しき　2（に）＋（たす）2（に）＝（は）□

こたえ　　だい

※　ふえるときも　「＋」を　つかいます。

ふえるといくつ ②

学習日　月　日　なまえ

1 すいそうに　めだかが　6ぴき　います。そこへ　べつの　めだかを　2ひき　いれました。あわせて　なんびきに　なりましたか。

① タイル（たいる）の　ずを　なぞりましょう。

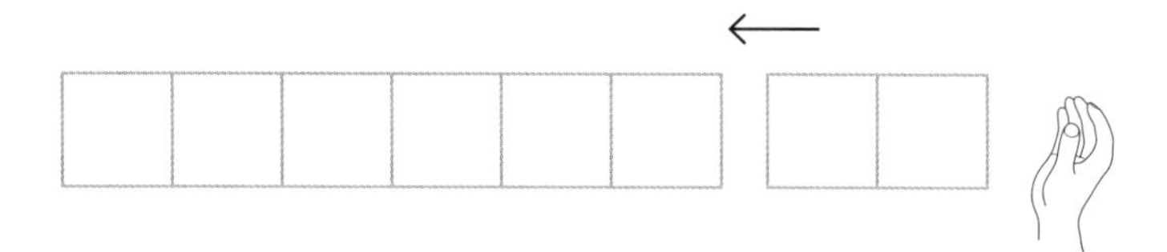

② しきを　なぞって　こたえを　だしましょう。

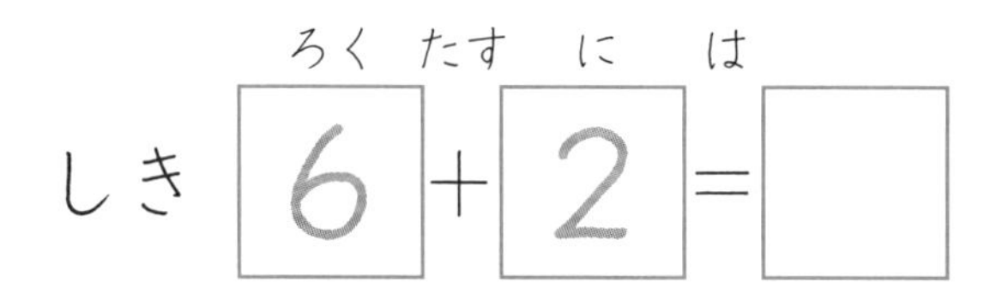

こたえ　　ぴき

2 すずめが　5わ　でんせんに　とまって　います。そこへ　べつの　すずめが　4わ　きました。ぜんぶで　なんわに　なりましたか。

① タイルの　ずを　なぞりましょう。

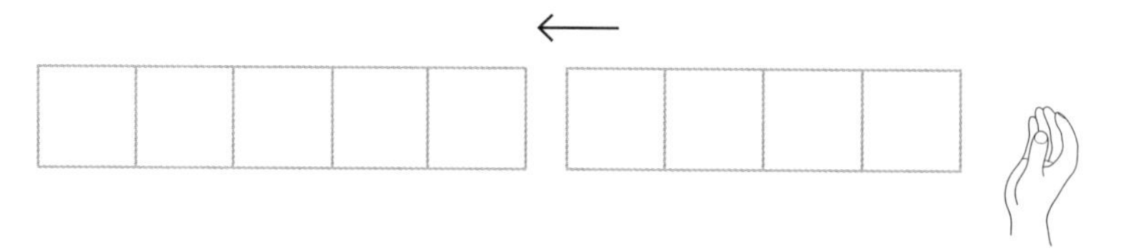

② しきを　かいて　こたえを　だしましょう。

しき　□＋□＝□

こたえ　　わ

ふえるといくつ ③

学習日　月　日　なまえ

1 えんぴつが　5ほん　あります。にいさんから　3ぼん　もらいました。えんぴつは　ぜんぶで　なんぼんに　なりましたか。

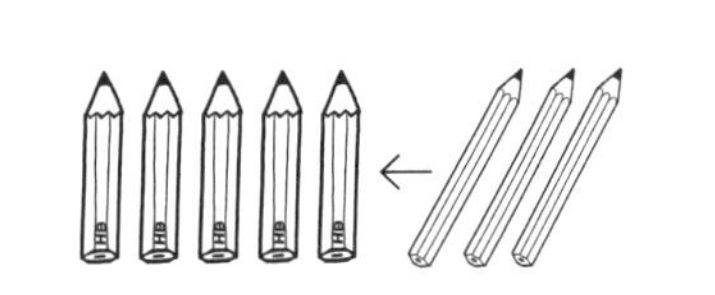

しき　5 ＋ 3 ＝ □

こたえ ＿＿＿＿

2 4＋3の　しきに　なる　もんだいを　つくりましょう。

こどもが □ にん　あそんでいます。

そこへ □ にんの　こどもが

きました。こどもは □

なんにんに　なりましたか。

3 みかんが　3こ　あります。おかあさんから　6こ　もらいました。あわせて　なんこに　なりましたか。

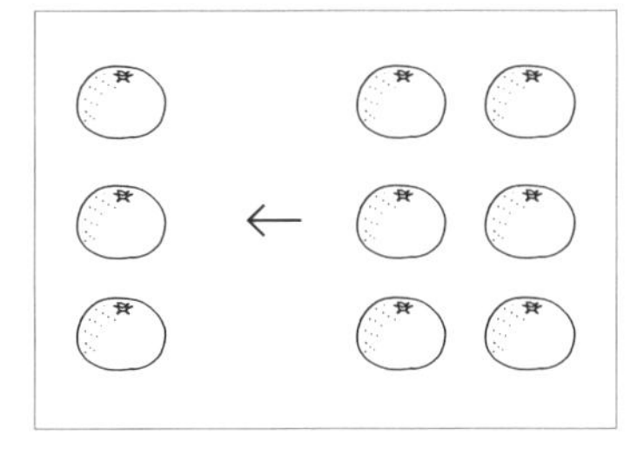

しき □ ＋ □ ＝ □

こたえ ＿＿＿＿

4 4＋4の　しきに　なる　もんだいを　つくりましょう。

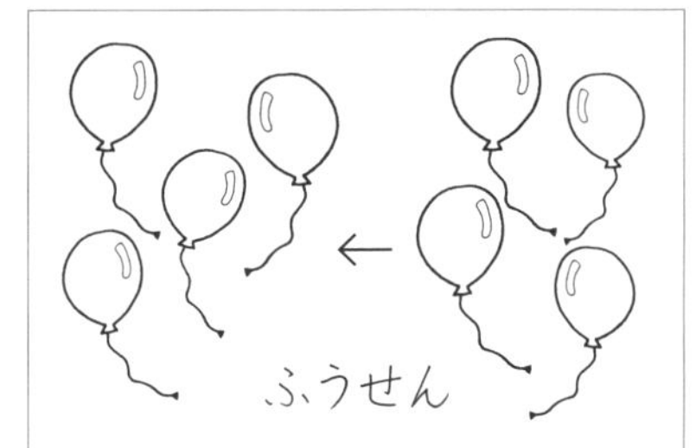

□ が □ こ

あります。おとうさんから □ こ

もらいました。ぜんぶで □ に

なりましたか。

5 10までのたしざん ①

学習日　月　日　なまえ

1 つぎの　けいさんを　しましょう。

① $6+2=$ □

② $3+6=$ □

③ $5+3=$ □

④ $2+2=$ □

⑤ $1+1=$ □

⑥ $8+2=$ □

⑦ $4+2=$ □

⑧ $5+1=$ □

2 つぎの　けいさんを　しましょう。

① $4+5=$ □

② $6+3=$ □

③ $2+6=$ □

④ $4+4=$ □

⑤ $3+2=$ □

⑥ $1+7=$ □

⑦ $9+1=$ □

⑧ $3+7=$ □

5 10までのたしざん ②

学習日　月　日

なまえ

1 つぎの　けいさんを　しましょう。

① $1+9=$ □

② $3+5=$ □

③ $7+3=$ □

④ $2+4=$ □

⑤ $6+4=$ □

⑥ $5+5=$ □

⑦ $5+2=$ □

⑧ $1+3=$ □

2 つぎの　けいさんを　しましょう。

① $2+8=$ □

② $4+6=$ □

③ $7+1=$ □

④ $7+2=$ □

⑤ $1+5=$ □

⑥ $3+4=$ □

⑦ $4+3=$ □

⑧ $5+4=$ □

10までのたしざん ③

学習日　　月　　日

なまえ

いろを ぬろう　わからない　だいたいできた　できた！

1 つぎの　けいさんを　しましょう。

① $3+4=$ □

② $2+7=$ □

③ $6+2=$ □

④ $4+1=$ □

⑤ $8+1=$ □

⑥ $7+3=$ □

⑦ $1+6=$ □

⑧ $3+5=$ □

2 つぎの　けいさんを　しましょう。

① $2+3=$ □

② $4+5=$ □

③ $5+5=$ □

④ $1+2=$ □

⑤ $8+2=$ □

⑥ $6+4=$ □

⑦ $4+3=$ □

⑧ $3+6=$ □

5

10までのたしざん ④

学習日　　月　　日　なまえ

いろを ぬろう　わから ない　だいたい できた　できた！

1 つぎの　けいさんを　しましょう。

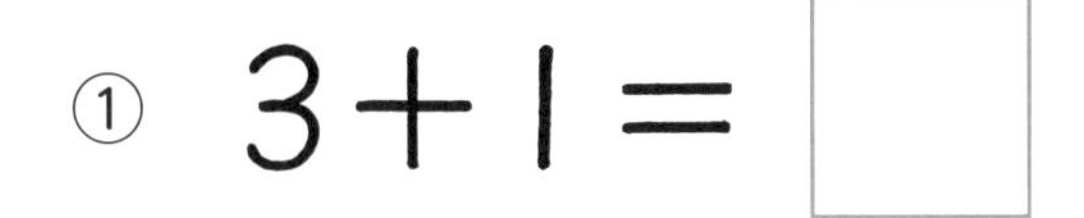

① 3＋1＝□

② 1＋4＝□

③ 5＋3＝□

④ 2＋8＝□

⑤ 7＋2＝□

⑥ 6＋3＝□

⑦ 2＋1＝□

⑧ 4＋4＝□

2 つぎの　けいさんを　しましょう。

① 3＋7＝□

② 6＋1＝□

③ 1＋8＝□

④ 5＋4＝□

⑤ 9＋1＝□

⑥ 3＋3＝□

⑦ 4＋6＝□

⑧ 2＋5＝□

6 のこりはいくつ ①

学習日　月　日　なまえ

1　りんごが　3こ　あります。いま　1こ　たべました。りんごは　なんこ　のこって　いますか。

① えを　かくと

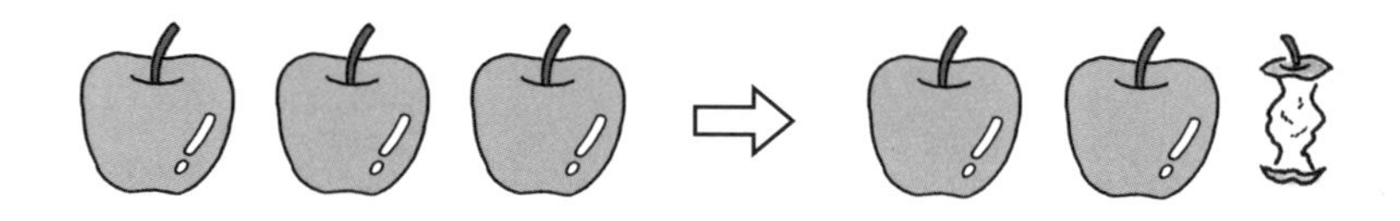

② しきで　かくと

しき　3 − 1 = 2
（さん ひく いち は に）

こたえ　　こ

※ のこりの　かずを　だすとき　「−」（ひく）を　つかいます。

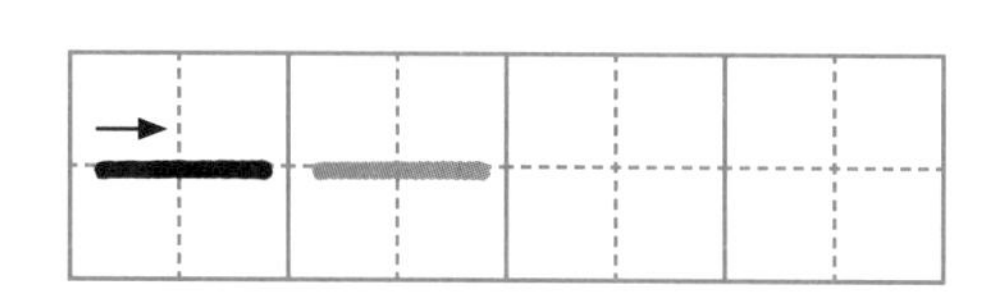

2　ふうせんが　5こ　あります。いま　2こ　とんで　いきました。ふうせんは　なんこ　のこって　いますか。

① えを　かくと

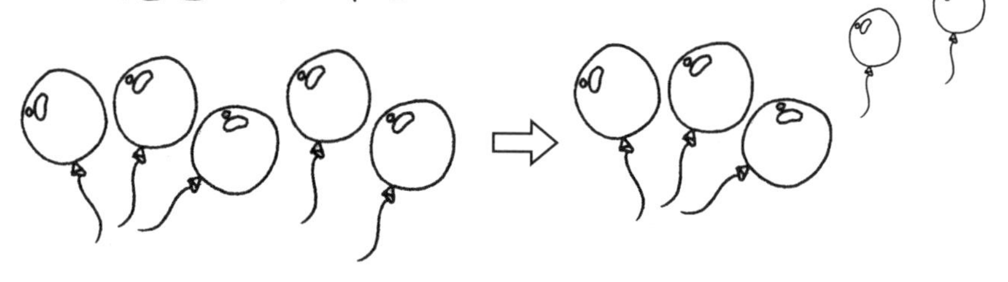

② しきを　なぞって　こたえを　だしましょう。

しき　5 − 2 = □
（ご ひく に は）

こたえ　　こ

のこりはいくつ ②

なまえ

1 たまごが 8こ あります。りょうりに たまごを 3こ つかいました。のこりは なんこに なりますか。

① 3この タイル(たいる)を せんで かこみましょう。

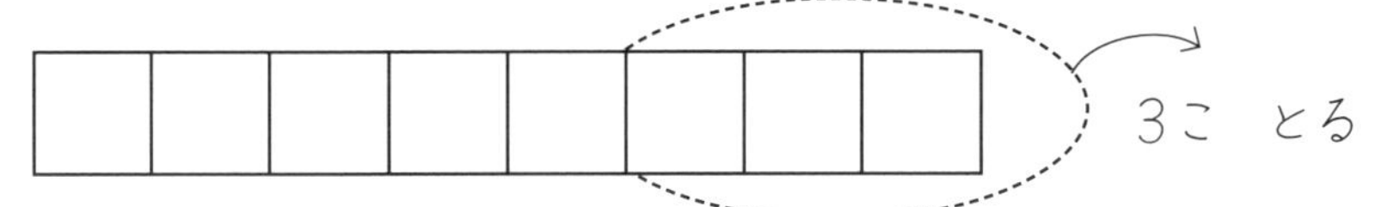

② しきを なぞって こたえを だしましょう。

(はち ひく さん は)

しき 8 − 3 ＝ □

こたえ　　こ

2 ちゅうしゃじょうに くるまが 6だい とまって います。いま 2だい でて いきました。ちゅうしゃじょうに のこっているのは なんだいに なりますか。

① 2この タイルを せんで かこみましょう。

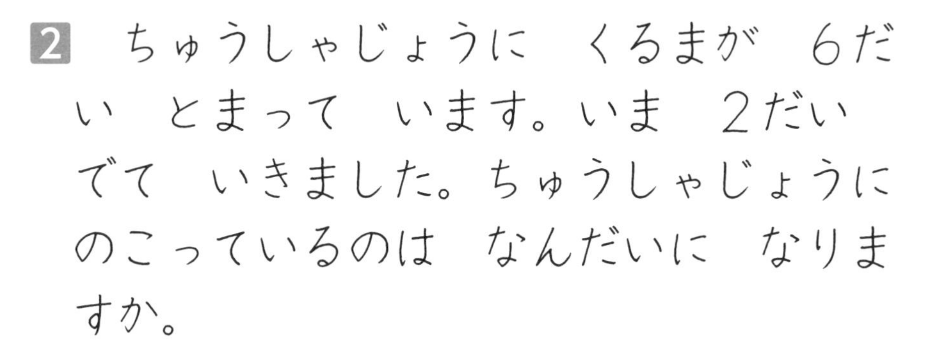

② しきを かいて こたえを だしましょう。

しき □ − □ ＝ □

こたえ　　だい

6 のこりはいくつ ③

学習日　月　日　なまえ

1　あめが　6こ　あります。2こ　ともだちに　あげました。のこりは　なんこに　なりますか。

しき

こたえ ＿＿＿＿＿＿

2　8－4の　しきに　なる　もんだいを　つくりましょう。

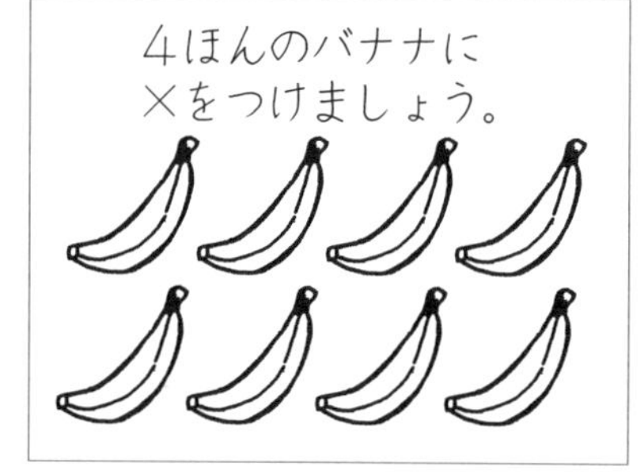

バナナ(ばなな)が　□　ほん　あります。ともだちと　□　ほん　たべました。□　の　バナナは　なんぼんに　なりますか。

3　えんぴつが　7ほん　あります。でも　3ぼん　なくしました。のこりは　なんぼんに　なりますか。

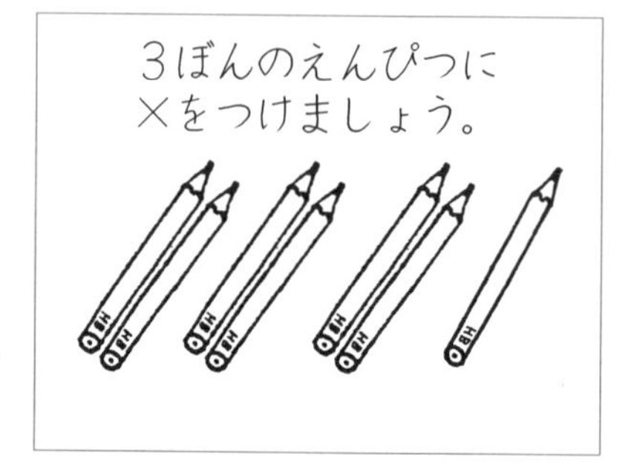

3ぼんのえんぴつに
×をつけましょう。

しき　□ － □ ＝ □

こたえ ＿＿＿＿＿＿

4　9－5の　しきに　なる　もんだいを　つくりましょう。

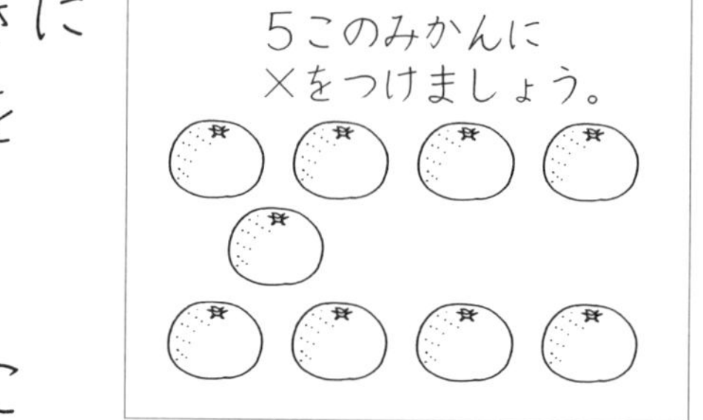

みかんが　□　こ　あります。ともだちと　□　こ　たべました。のこりは　□　に　なりますか。

ちがいはいくつ ①

学習日　月　日　なまえ

1 ももが　3こ、なしが　4こ　あります。なしは　ももより　なんこ　おおいですか。

① えを　かくと

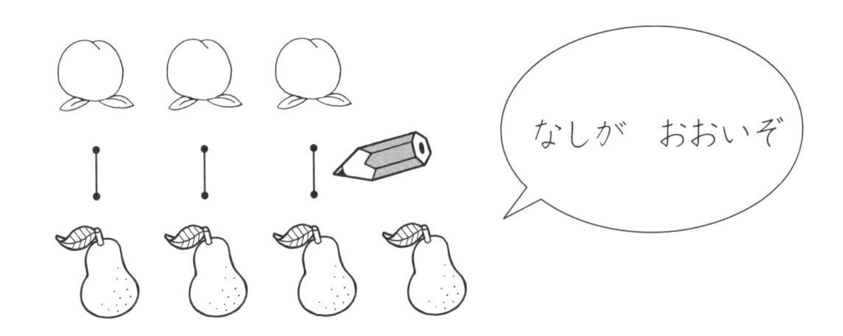

② しきで　かくと

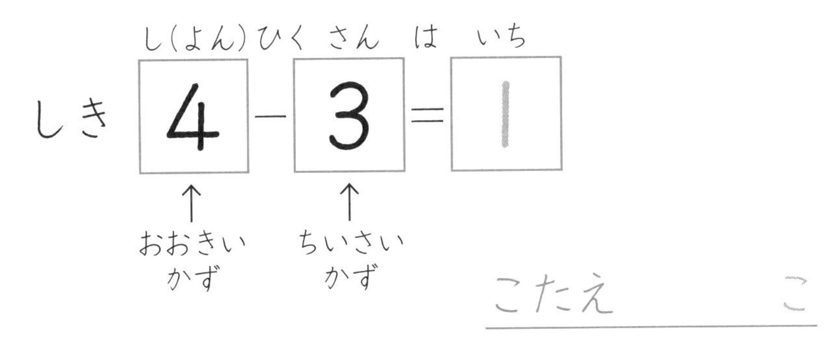

こたえ　　　こ

※　ちがいを　しらべるときは、いつも
(おおきいかず) − (ちいさいかず)　にします。

2 あかい　はなが　5ほん、しろい　はなが　3ぼん　さいています。あかい　はなは、しろい　はなより　なんぼん　おおいですか。

① えを　かくと

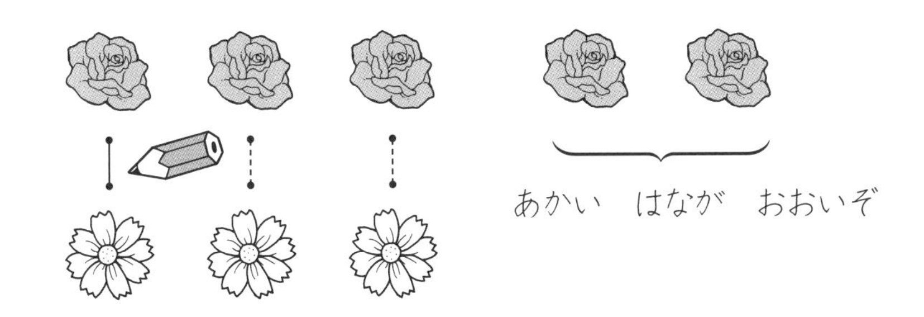

② しきを　なぞって、こたえを　だしましょう。

ご　ひく　さん　は

しき 5 − 3 = □

こたえ　　　ほん

6 ちがいはいくつ ②

学習日　　月　　日　なまえ

1　コップが　8こ　あります。はブラシが　7ほん　あります。コップは、はブラシより　なんこ　おおいですか。

① タイルの　ずに　せんを　ひきましょう。

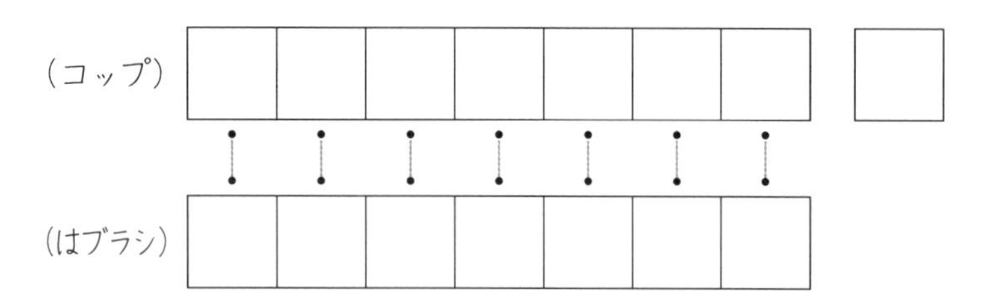

② しきを　なぞって、こたえを　だしましょう。

しき　8 － 7 ＝ □

（はち　ひく しち(なな)　は）

こたえ　　　こ

2　さかなつりに　いきました。にいさんは　6ぴき、ぼくは　3びき　つりました。にいさんは、ぼくより　なんびき　おおく　さかなを　つりましたか。

① タイルの　ずに　せんを　ひきましょう。

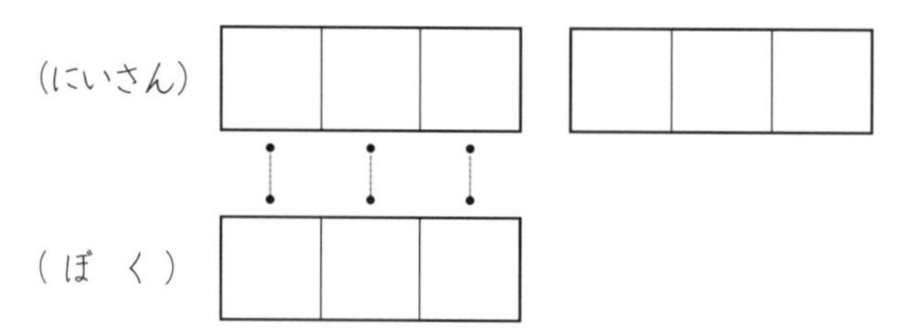

② しきを　かいて、こたえを　だしましょう。

しき　□ － □ ＝ □

こたえ　　　びき

6 ちがいはいくつ ③

学習日　月　日　なまえ

1 トンボが　7ひき、バッタが　3びき　います。トンボは　バッタより　なんびき　おおいですか。

しき □ − □ ＝ □

こたえ ＿＿＿＿

2 タイルを　みて　6−5の　しきに　なる　もんだいを　つくりましょう。

（い　ぬ）□□□□□

（ね　こ）□□□□□　□

いぬが □ ひき、ねこが □ ぴき　います。ねこは □ より　なんびき □ ですか。

3 きゅうりが　8ほん、なすが　4ほん　あります。きゅうりは、なすより　なんぼん　おおいですか。

しき □ − □ ＝ □

こたえ ＿＿＿＿

4 タイルを　みて　9−6の　しきに　なる　もんだいを　つくりましょう。

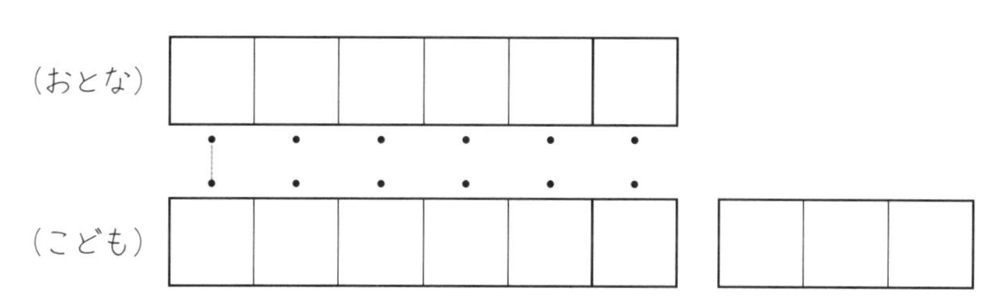

おとなが □ にん、こどもが □ にん　います。□ は □ より　なんにん　おおいですか。

7 10までのひきざん ①

学習日　月　日　なまえ

1 つぎの　けいさんを　しましょう。

① $8-3=$ □

② $5-2=$ □

③ $2-1=$ □

④ $9-6=$ □

⑤ $10-4=$ □

⑥ $6-3=$ □

⑦ $7-2=$ □

⑧ $10-8=$ □

2 つぎの　けいさんを　しましょう。

① $7-4=$ □

② $6-2=$ □

③ $10-5=$ □

④ $9-8=$ □

⑤ $9-2=$ □

⑥ $10-7=$ □

⑦ $4-1=$ □

⑧ $7-6=$ □

10までのひきざん ②

学習日　月　日　なまえ

いろを ぬろう　わからない　だいたいできた　できた！

1 つぎの　けいさんを　しましょう。

① 8−2＝□

② 10−2＝□

③ 6−1＝□

④ 4−2＝□

⑤ 9−4＝□

⑥ 8−5＝□

⑦ 5−4＝□

⑧ 7−3＝□

2 つぎの　けいさんを　しましょう。

① 7−5＝□

② 8−1＝□

③ 9−7＝□

④ 5−3＝□

⑤ 3−2＝□

⑥ 10−3＝□

⑦ 8−6＝□

⑧ 6−4＝□

10までのひきざん ③

学習日　　月　　日　なまえ

1 つぎの　けいさんを　しましょう。

① 5−2＝□

② 9−3＝□

③ 10−4＝□

④ 8−7＝□

⑤ 3−1＝□

⑥ 6−4＝□

⑦ 8−2＝□

⑧ 10−6＝□

2 つぎの　けいさんを　しましょう。

① 6−2＝□

② 10−9＝□

③ 9−7＝□

④ 8−4＝□

⑤ 10−5＝□

⑥ 5−3＝□

⑦ 7−4＝□

⑧ 9−6＝□

10までのひきざん ④

学習日　月　日　なまえ

いろをぬろう　わからない　だいたいできた　できた！

1 つぎの　けいさんを　しましょう。

① $7-1=$ □

② $9-1=$ □

③ $10-3=$ □

④ $4-2=$ □

⑤ $6-3=$ □

⑥ $7-5=$ □

⑦ $8-3=$ □

⑧ $9-5=$ □

2 つぎの　けいさんを　しましょう。

① $5-1=$ □

② $4-3=$ □

③ $9-4=$ □

④ $10-8=$ □

⑤ $6-5=$ □

⑥ $7-3=$ □

⑦ $10-1=$ □

⑧ $8-5=$ □

10までのたしざん・ひきざん まとめ

学習日　月　日　なまえ

てん　ごうかく 80～100 てん

1 つぎの　けいさんを　しましょう。

（1つ5てん）

① 4＋3＝

② 7＋2＝

③ 9＋1＝

④ 6＋2＝

⑤ 2＋2＝

⑥ 5＋3＝

⑦ 3＋2＝

⑧ 6＋3＝

⑨ 8＋2＝

⑩ 7＋3＝

2 つぎの　けいさんを　しましょう。

（1つ5てん）

① 8－4＝

② 10－3＝

③ 7－4＝

④ 9－2＝

⑤ 7－5＝

⑥ 6－3＝

⑦ 9－6＝

⑧ 6－2＝

⑨ 8－5＝

⑩ 5－2＝

8 どちらがながい ①

学習日　月　日　なまえ

1 いちばん　ながいのは　どれですか。

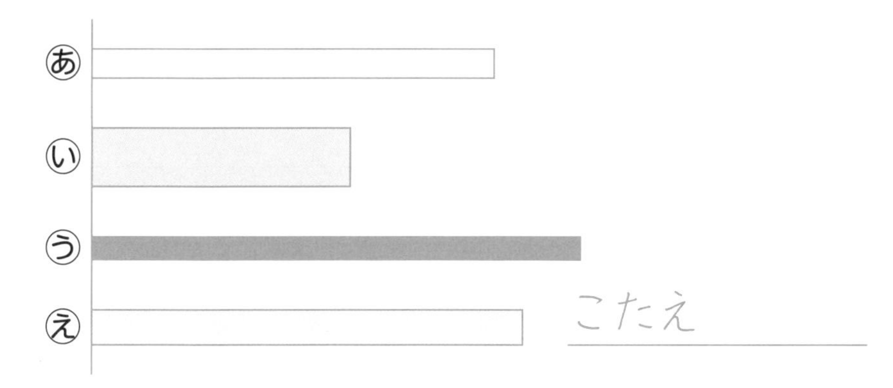

こたえ

2 いちばん　みじかいのを　1、いちばん　ながいのを　5として、みじかい　ほうから　ばんごうを　かきましょう。

(　)
(　)
(　)
(1)
(　)

3 たてと　よこの　ながさを　くらべましょう。　どちらが　ながいですか。

①

(　　　)

4 どちらが　ながいですか。
ながい　ほうに　○を　しましょう。

あ (　)

い (　)

なまえ

1 ながい じゅんに （ ）に 1、2、3、4、5を かきましょう。

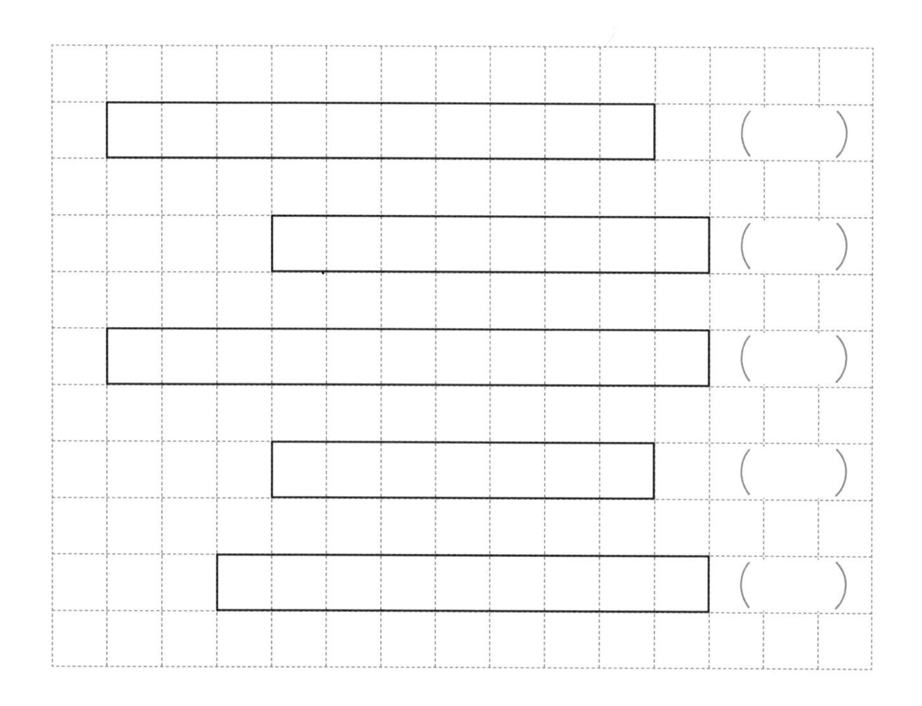

2 ながい じゅんに （ ）に 1、2、3、4、5を かきましょう。

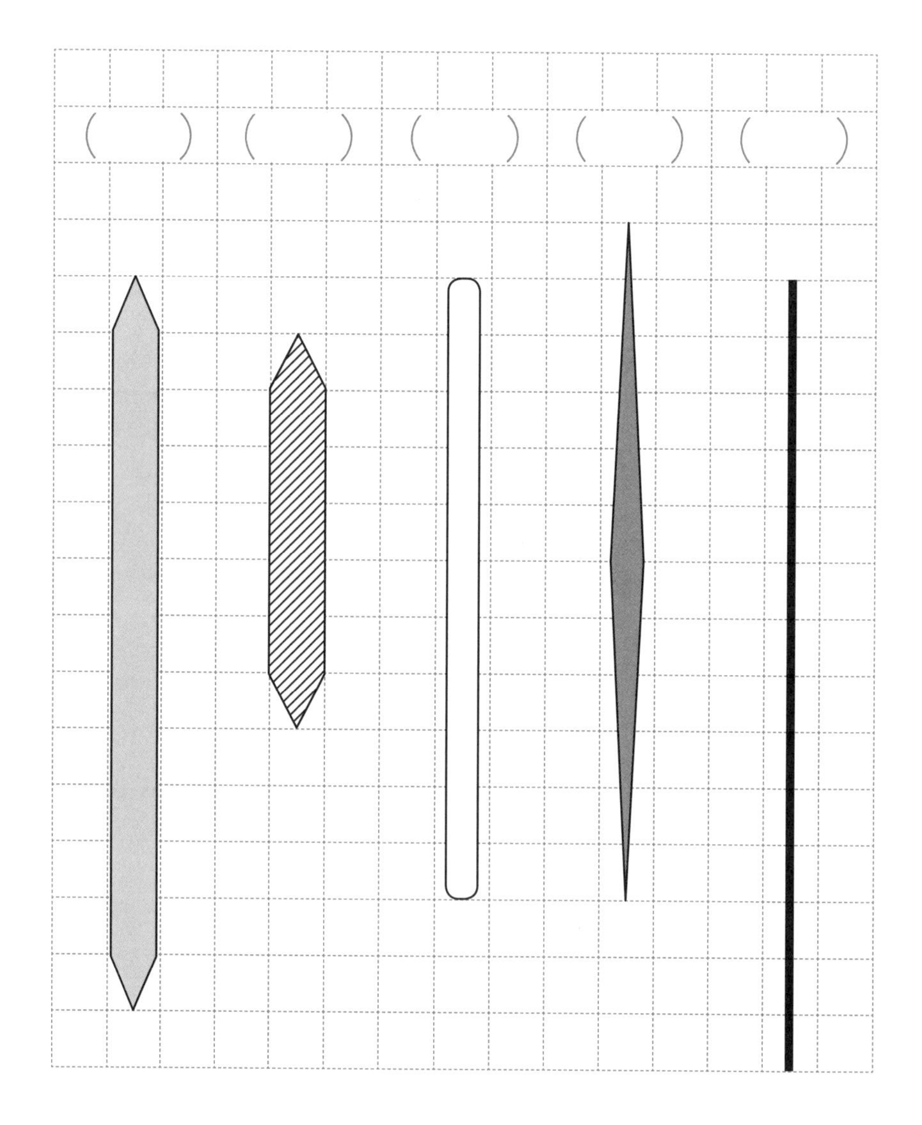

9 10よりおおきいかず ①

学習日　月　日　なまえ

1 みかんと　ももの　かずを　かぞえます。えに　／を　かきながら、1，2，3，4，5，6，7，8，9とかぞえ、10になったら　×を　かいて、おおきく　◯で　かこみます。みかんと　ももは、それぞれ　いくつ　ありますか。

①

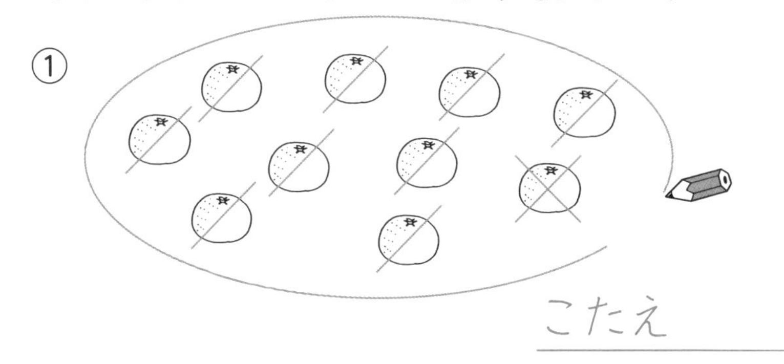

こたえ　　こ

②

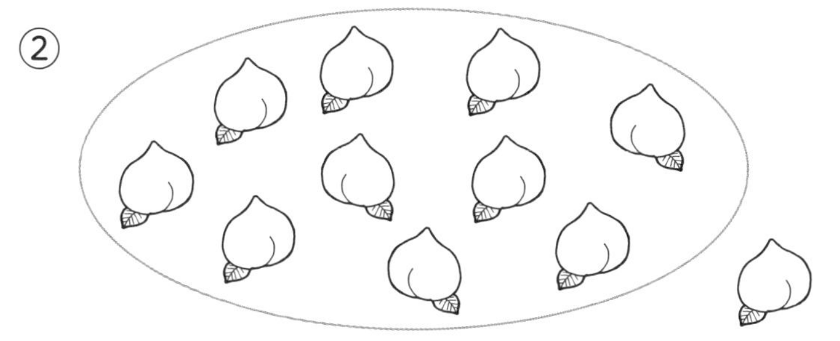

10の　かたまりと　1　ありました。
これを　11（じゅういち）といいます。

こたえ　11　こ

2 パイナップル（ぱいなっぷる）の　かずを　かぞえましょう。

こたえ　　こ

3 くりの　かずを　かぞえましょう。

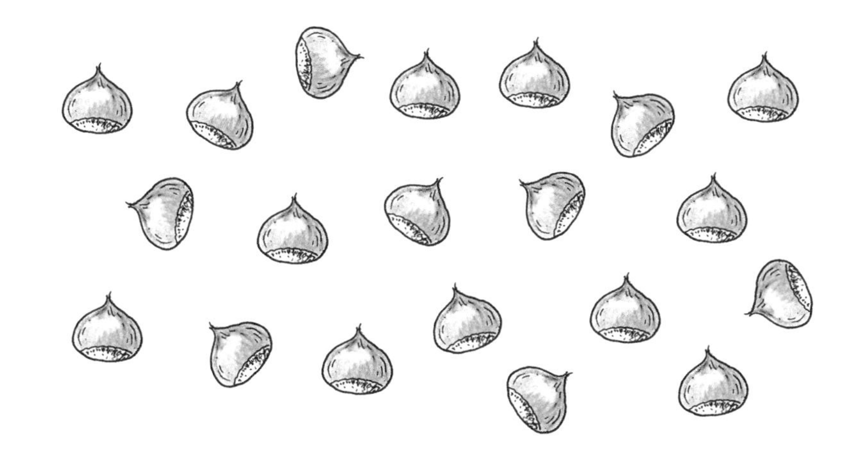

こたえ　　こ

10よりおおきいかず ②

学習日　月　日　なまえ

いろをぬろう　わからない　だいたいできた　できた！

1　つぎの　かずを　□□に　かきましょう。

①

十のへや	一のへや

②

十のへや	一のへや

③

十のへや	一のへや

④

十のへや	一のへや

⑤

十のへや	一のへや

⑥

十のへや	一のへや

⑦

十のへや	一のへや

⑧

十のへや	一のへや

10よりおおきいかず ③

学習日　月　日　なまえ

1 つぎの　かずだけ　タイル（たいる）に　いろを　ぬりましょう。

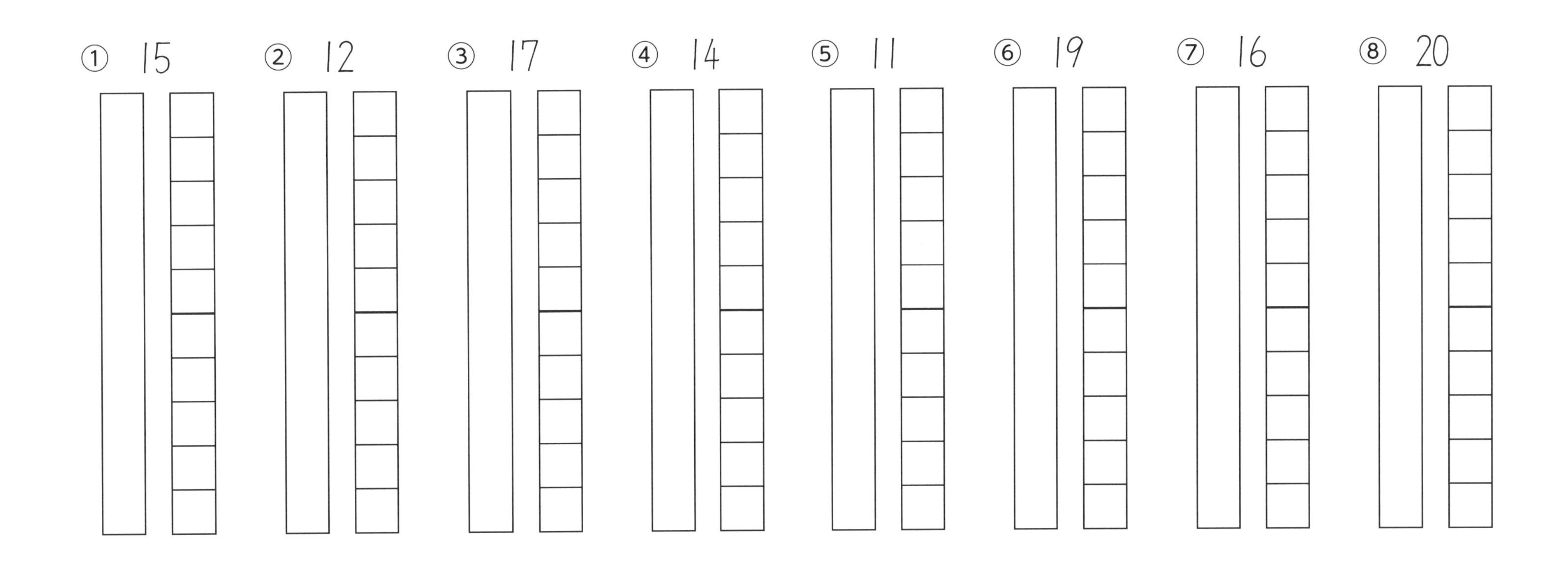

10よりおおきいかず ④

学習日　月　日　なまえ

1 つぎの　かずを　よみましょう。

1	2	3	4	5	6	7	8	9	10
いち	に	さん	し	ご	ろく	しち	はち	く	じゅう
11	12	13	14	15	16	17	18	19	20
じゅういち	じゅうに	じゅうさん	じゅうし	じゅうご	じゅうろく	じゅうしち	じゅうはち	じゅうく	にじゅう

かずは　じゅんばんに　１つずつ
おおきく　なっています。

2 つぎの　□に　あてはまる　かずを
かきましょう。

① 4 → □ → □ → 7 → □

② 10 → □ → □ → □ → 14

③ □ → 17 → □ → 19 → □

3 つぎの　□に　あてはまる　かずを
かきましょう。

① 9 → 10 → □ → □ → 13

② 12 → 13 → □ → □ → □

③ 14 → □ → □ → 17 → □

④ 10 → 9 → □ → 7 → □

⑤ 17 → 16 → □ → 14 → □

⑥ 15 → □ → □ → 12 → □

10 たしざん・ひきざん ①

学習日　月　日　なまえ

12＋3の　けいさんを　タイル（たいる）で　かんがえて　みましょう。

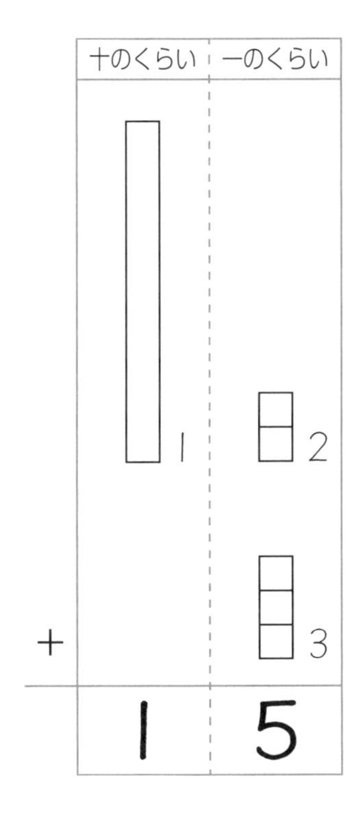

・一の　くらいは
　2こと　3こで　5こ
・十の　くらいは
　1ぽんが　そのまま
・12＋3は　15

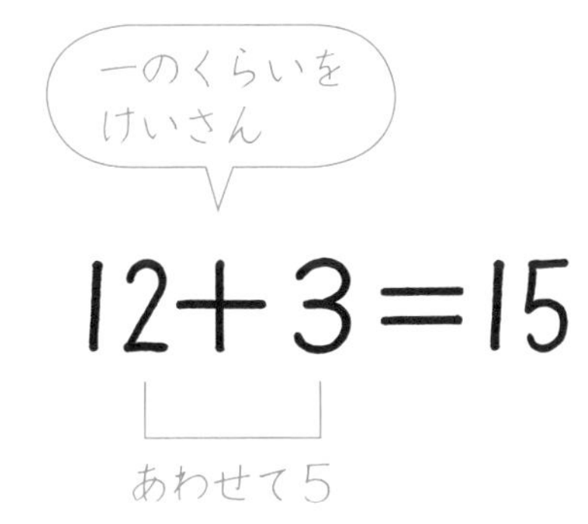

12＋3＝15

あわせて5

1　つぎの　けいさんを　しましょう。

① 12＋6＝□

② 17＋2＝□

③ 13＋3＝□

④ 15＋4＝□

⑤ 14＋5＝□

⑥ 16＋2＝□

⑦ 12＋4＝□

⑧ 11＋6＝□

10 たしざん・ひきざん ②

学習日　月　日　なまえ

いろを ぬろう　わからない　だいたい できた　できた！

1 つぎの　けいさんを　しましょう。

① $12+5=$ □

② $16+3=$ □

③ $11+8=$ □

④ $15+3=$ □

⑤ $14+4=$ □

⑥ $13+6=$ □

⑦ $11+3=$ □

⑧ $14+2=$ □

2 つぎの　けいさんを　しましょう。

① $15+2=$ □

② $14+3=$ □

③ $13+5=$ □

④ $11+7=$ □

⑤ $14+2=$ □

⑥ $12+7=$ □

⑦ $13+4=$ □

⑧ $11+5=$ □

10 たしざん・ひきざん ③

学習日　月　日　なまえ

15−2の　けいさんを　タイル(たいる)で　かんがえて　みましょう。

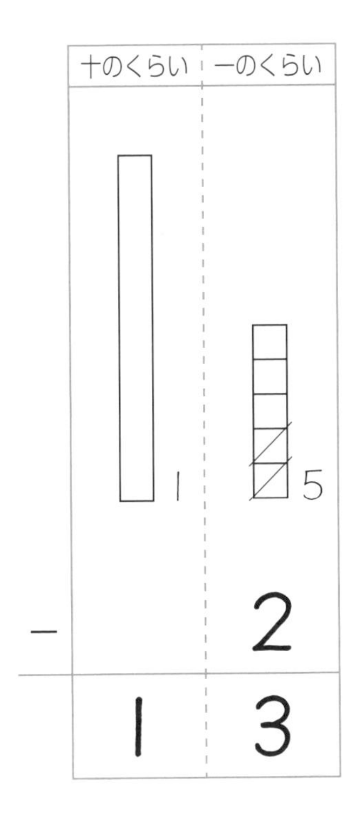

- 一の　くらいは
  5こから　2こ
  ひいて　3こ
- 十の　くらいは
  1ぽんが　そのまま
- 15−2は　13

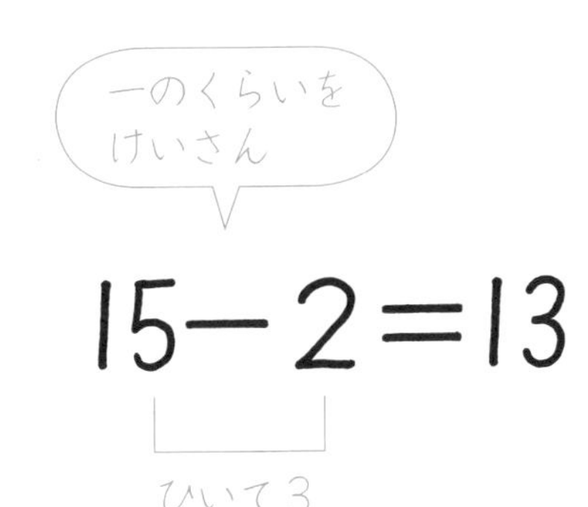

1　つぎの　けいさんを　しましょう。

① 19−2＝□

② 15−4＝□

③ 13−2＝□

④ 16−5＝□

⑤ 18−3＝□

⑥ 19−7＝□

⑦ 17−5＝□

⑧ 14−3＝□

10 たしざん・ひきざん ④

学習日　月　日　なまえ

1 つぎの　けいさんを　しましょう。

① $18-7=$ □

② $19-5=$ □

③ $17-6=$ □

④ $16-3=$ □

⑤ $18-2=$ □

⑥ $16-4=$ □

⑦ $15-3=$ □

⑧ $19-8=$ □

2 つぎの　けいさんを　しましょう。

① $18-4=$ □

② $19-3=$ □

③ $17-2=$ □

④ $14-1=$ □

⑤ $19-6=$ □

⑥ $18-5=$ □

⑦ $17-3=$ □

⑧ $19-4=$ □

11 3つのかずのけいさん ①

学習日　月　日　なまえ

1 あめが　4こ　ありました。
　おかあさんから、3こ　もらいました。
　こんどは　おとうさんから、2こ　もらいました。
　あめは、あわせて　なんこに　なりましたか。

しき　4 ＋ 3 ＋ 2 ＝ □

こたえ　　　こ

※　けいさんは　ひだりから　じゅんに　します。
　4＋3で　7、7＋2で　9と　なります。

2 すずめが　6わ　いました。
　2わの　すずめが　とんで　いきました。
　こんどは、1わ　とんで　きました。
　いま、すずめは　なんわ　いますか。

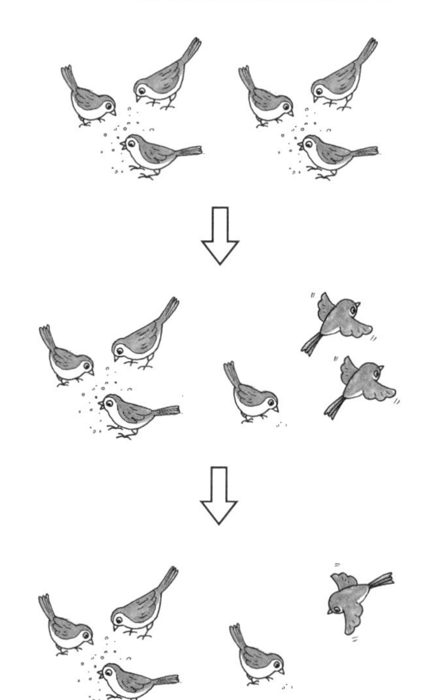

しき　6 － 2 ＋ 1 ＝ □

こたえ　　　わ

※　けいさんは、ひだりから　じゅんに　します。
　6－2で　4、4＋1で　5と　なります。

11 3つのかずのけいさん ②

学習日　月　日　なまえ

いろをぬろう　わからない　だいたいできた　できた!

1 つぎの　けいさんを　しましょう。

① $1+5+2=$ □

② $3+2+4=$ □

③ $4+2+1=$ □

④ $6+1+2=$ □

⑤ $5+5-1=$ □

⑥ $6+4-5=$ □

⑦ $1+9-2=$ □

⑧ $7+3-6=$ □

2 つぎの　けいさんを　しましょう。

① $7-3+4=$ □

② $5-2+5=$ □

③ $8-4+1=$ □

④ $4-2+6=$ □

⑤ $7-3-3=$ □

⑥ $9-2-5=$ □

⑦ $10-6-1=$ □

⑧ $10-5-3=$ □

12 どちらがおおい ①

学習日　　月　　日　　なまえ

1 どちらの　かさが　おおいですか。
おおいほうに　○を　つけましょう。

①

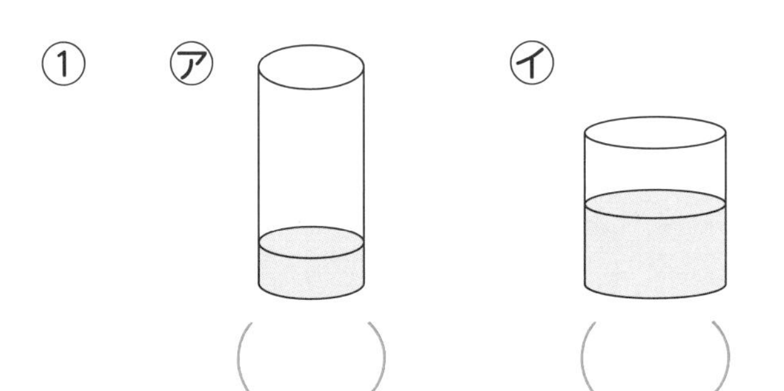

②

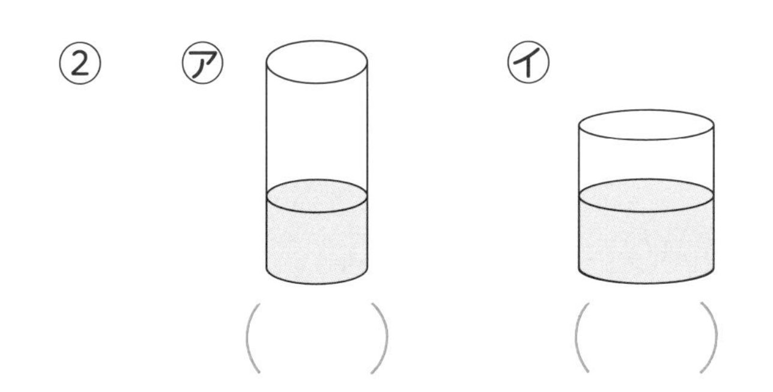

③

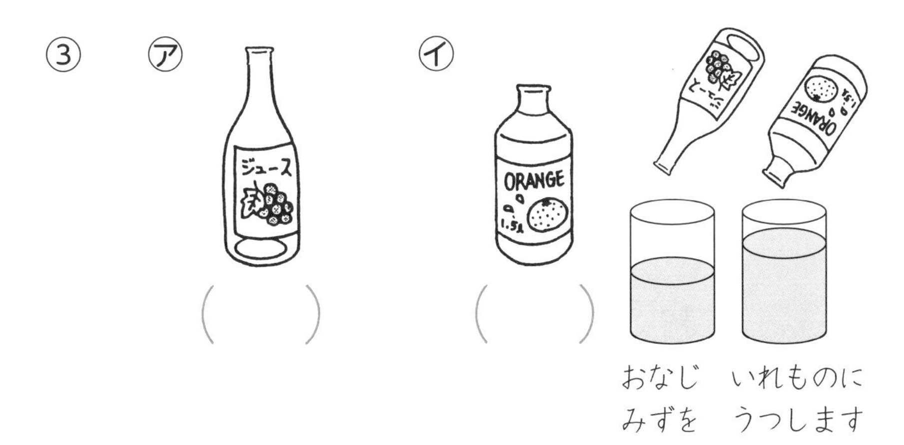

おなじ　いれものに
みずを　うつします

2 みずが　いちばん　おおく　はいって
いるのは　どれですか。いちばん　すく
ないのは　どれですか。

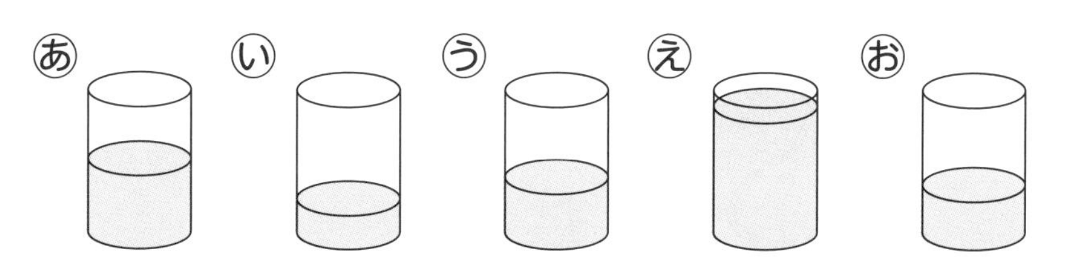

いちばん　おおい ＿＿＿＿＿＿＿＿

いちばん　すくない ＿＿＿＿＿＿＿＿

3 みずが　いちばん　おおく　はいって
いるのは　どれですか。いちばん　すく
ないのは　どれですか。

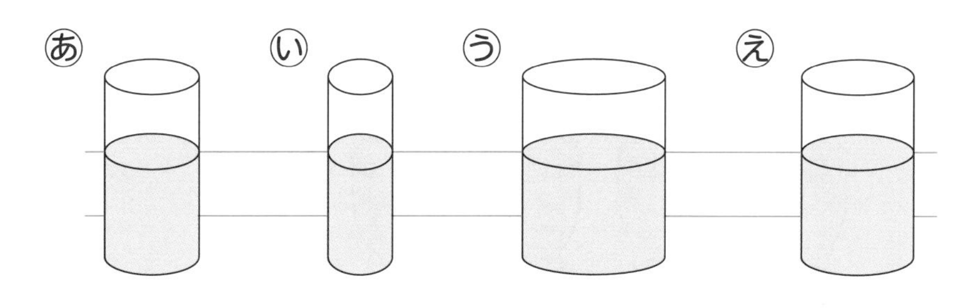

いちばん　おおい ＿＿＿＿＿＿＿＿

いちばん　すくない ＿＿＿＿＿＿＿＿

12 どちらがおおい ②

学習日　　月　　日　　なまえ

1 おなじ　おおきさの　コップ(こっぷ)を　つかって、みずの　かさを　くらべました。
おおい　ほうに　○を　つけましょう。

㋐

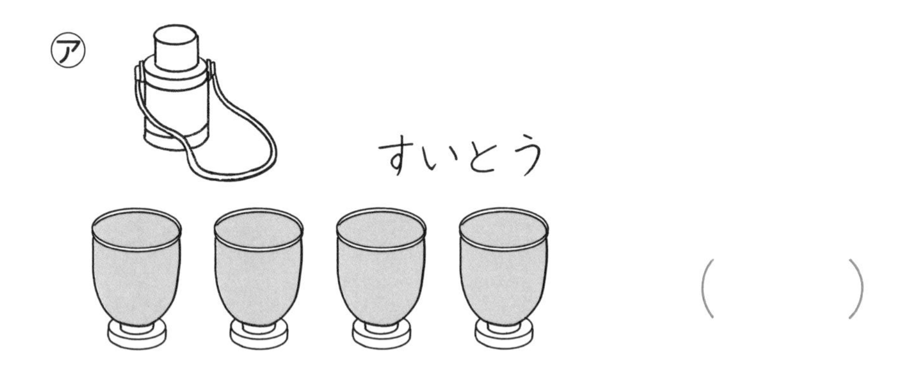

（　　　）

㋑

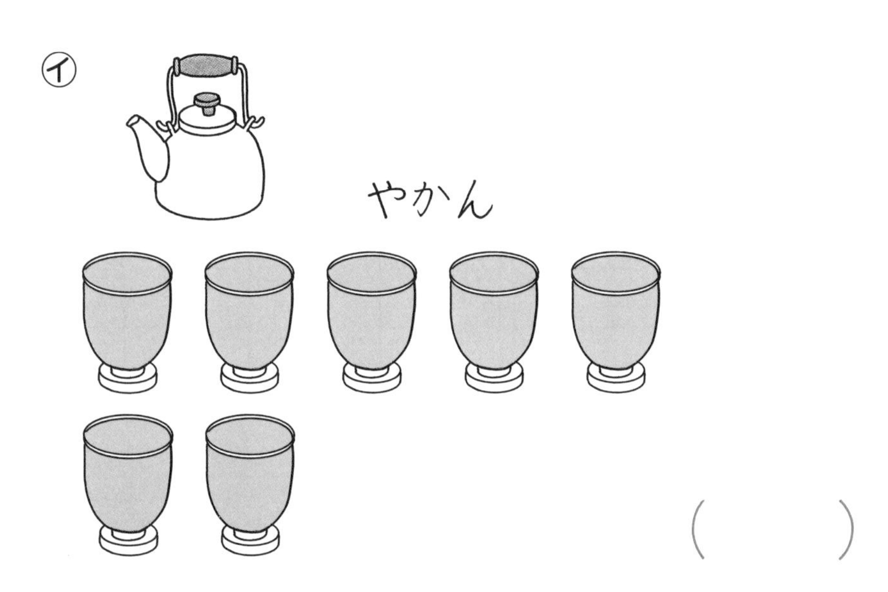

（　　　）

2 ㋐、㋑、㋒の　なかみを　おなじ　おおきさの　コップで　くらべました。

㋐

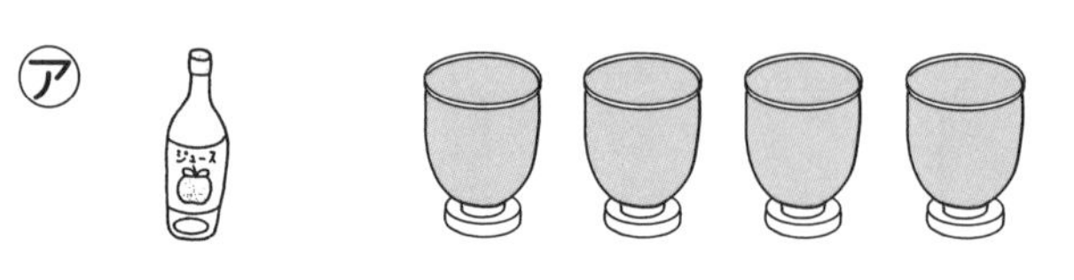

㋑

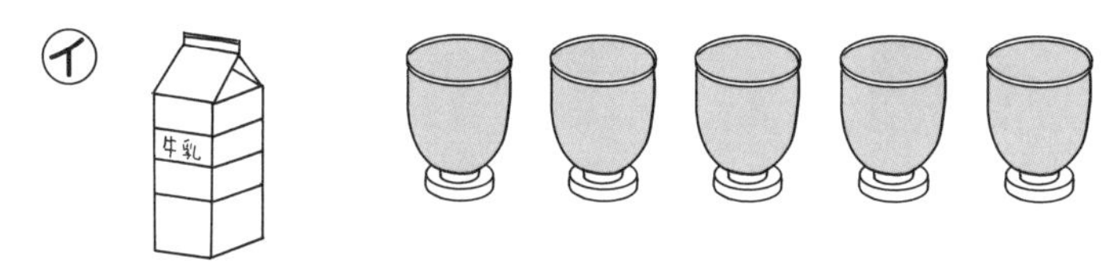

㋒

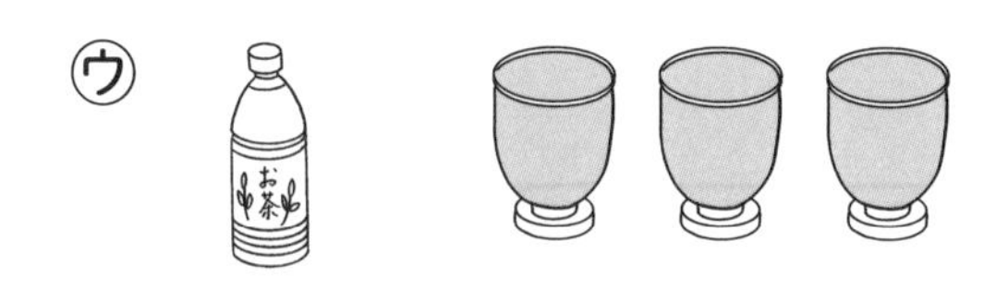

① ㋐と　㋑の　ちがいは　コップ　なんばいぶんですか。

こたえ　コップ　　ばいぶん

② ㋐と　㋒の　ちがいは　コップ　なんばいぶんですか。

こたえ　コップ　　ばいぶん

③ おおい　じゅんに　ならべましょう。

（　　　）→（　　　）→（　　　）

13 たしざん ①

学習日	なまえ
月　日	

いろを ぬろう　わからない　だいたい できた　できた！

1 あと　いくつで　10に　なりますか。
□に　かずを　かきましょう。

①
10	
4	

②
10	
2	

③
10	
5	

④
10	
7	

⑤
10	
1	

⑥
10	
6	

⑦
10	
8	

⑧
10	
3	

⑨
10	
9	

2 □に　かずを　かきましょう。

① 8 と □ で 10

② 3 と □ で 10

③ 2 と □ で 10

④ 4 と □ で 10

⑤ 7 と □ で 10

⑥ 9 と □ で 10

⑦ 6 と □ で 10

⑧ 5 と □ で 10

13 たしざん ②

学習日　　月　　日　なまえ

いろを ぬろう　わからない　だいたい できた　できた！

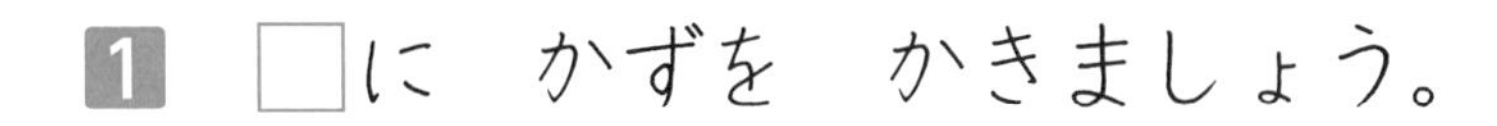

1 □に　かずを　かきましょう。

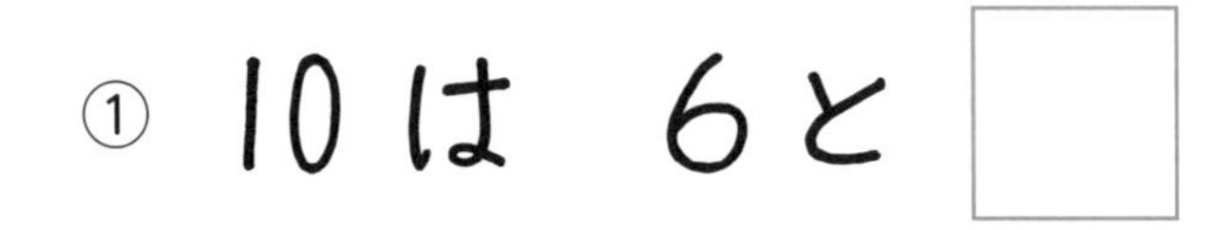

① 10 は　6 と □

② 10 は　3 と □

③ 10 は　2 と □

④ 10 は　7 と □

⑤ 10 は　1 と □

⑥ 10 は　8 と □

⑦ 10 は　5 と □

⑧ 10 は　9 と □

2 つぎの　けいさんを　しましょう。

① $9+1=$ □

② $8+2=$ □

③ $7+3=$ □

④ $6+4=$ □

⑤ $5+5=$ □

⑥ $4+6=$ □

⑦ $3+7=$ □

⑧ $2+8=$ □

13 たしざん ③

学習日　月　日　なまえ

1 □に　かずを　かきましょう。

① 3 と □ で 10

② 6 と □ で 10

③ 9 と □ で 10

④ 4 と □ で 10

⑤ 7 と □ で 10

⑥ 8 と □ で 10

⑦ 2 と □ で 10

⑧ 5 と □ で 10

2 □に　かずを　かきましょう。

① 7 と □ で 10

② □ と 6 で 10

③ 1 と □ で 10

④ □ と 2 で 10

⑤ 5 と □ で 10

⑥ □ と 8 で 10

⑦ 3 と □ で 10

⑧ □ と 4 で 10

13 たしざん ④

学習日　月　日　なまえ

いろを ぬろう　わからない　だいたいできた　できた！

1 みかんが　9こ　あります。
おかあさんから　3こ　もらいました。
みかんは、あわせて　なんこに　なりますか。

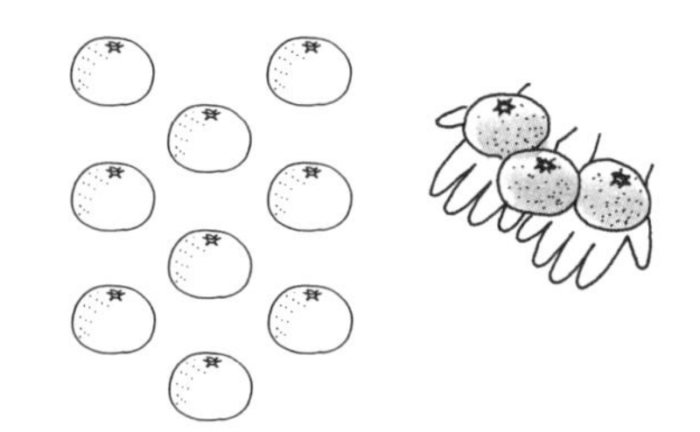

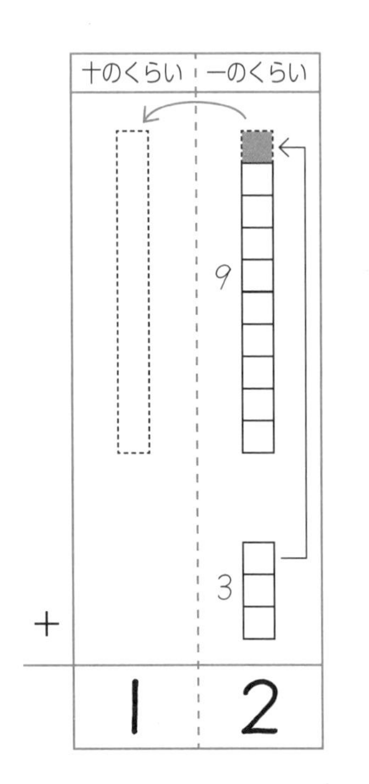

- 9こに、3こから　1こ　もらって　10
- 10こは、十の　くらいへ　いって　1ぽんに　かわる
- 1ぽんと　2こで　12

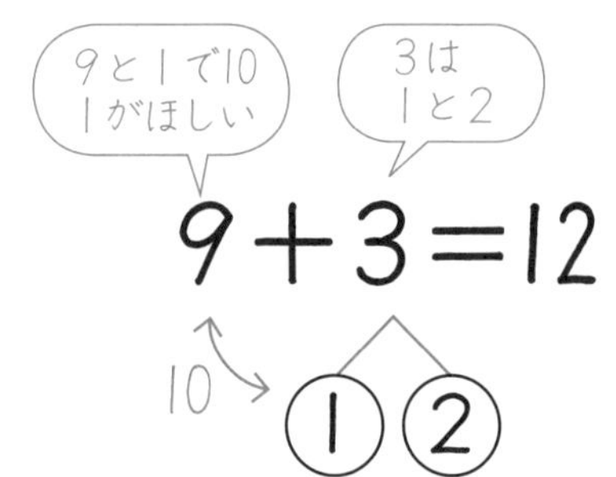

こたえ　　　こ

2 つぎの　けいさんを　しましょう。

① 9＋5＝□　（10　1　4）

② 9＋9＝□　（1　8）

③ 9＋7＝□　（○　○）

④ 9＋2＝□　（○　○）

⑤ 9＋3＝□　（○　○）

⑥ 9＋8＝□　（○　○）

13 たしざん ⑤

学習日　　月　　日　なまえ

いろを ぬろう　わからない　だいたいできた　できた！

1 りんごが　8こ　あります。
　となりの　いえから　3こ　もらいました。りんごは　あわせて　なんこになりますか。

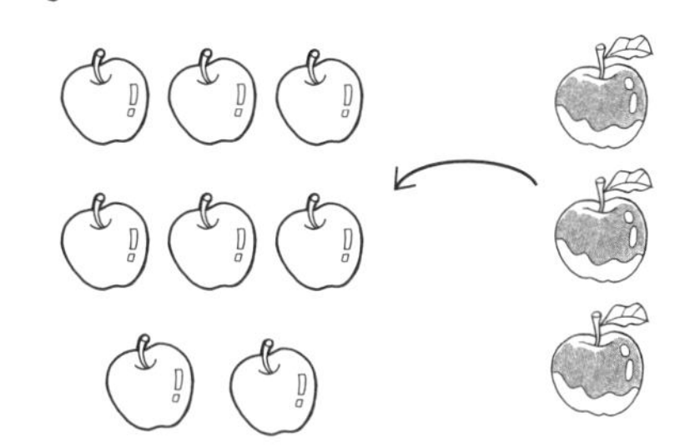

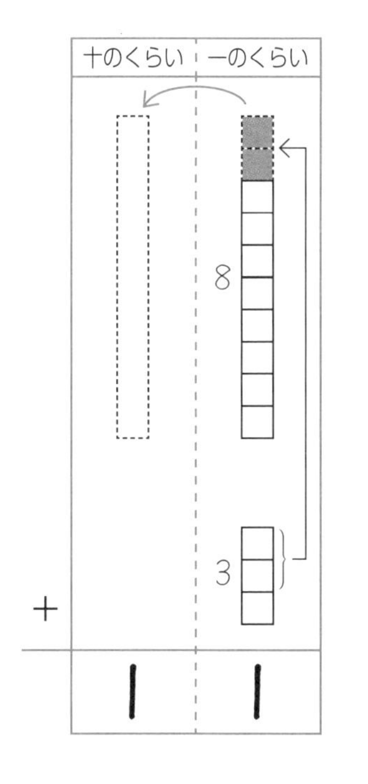

- 8こに、3こから　2こ　もらって　10
- 10こは、十の　くらいへ　いって　1ぽんに　かわる
- 1ぽんと　1こで　11

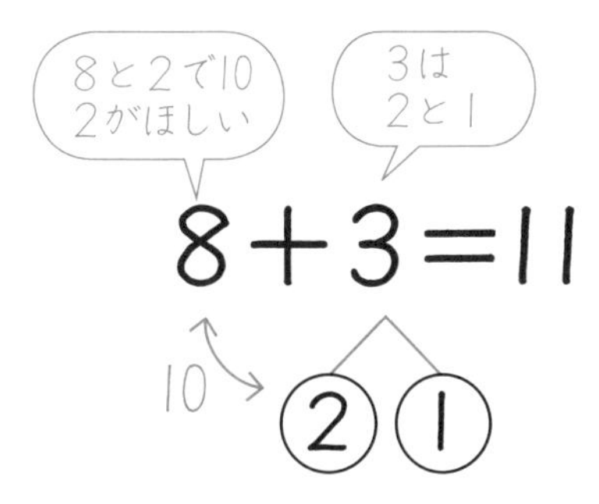

$8+3=11$

10　②①

こたえ　　　　こ

2 つぎの　けいさんを　しましょう。

① $8+4=$ □　②②

② $8+9=$ □　②⑦

③ $8+8=$ □　○○

④ $8+6=$ □　○○

⑤ $8+5=$ □　○○

⑥ $8+7=$ □　○○

13 たしざん ⑥

学習日　月　日　なまえ

いろをぬろう　わからない　だいたいできた　できた！

1 トマト(とまと)が　7こ　あります。
　おみせで　4こ　かいました。トマトは、あわせて　なんこに　なりますか。

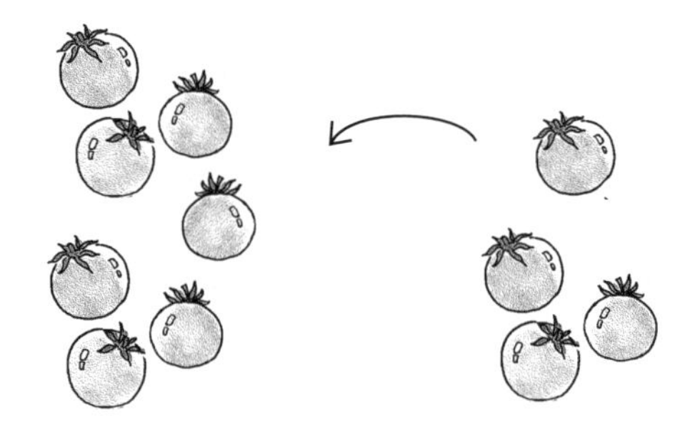

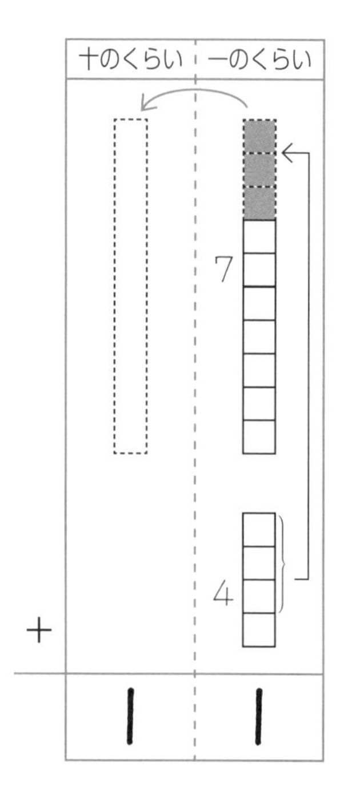

- 7こに、4こから　3こ　もらって　10
- 10こは、十の　くらいへ　いって　1ぽんに　かわる
- 1ぽんと　1こで　11

7と3で10　3がほしい

4は　3と1

7＋4＝11

10　③①

こたえ　　こ

2 つぎの　けいさんを　しましょう。

① 7＋5＝□
③②

② 7＋7＝□
③④

③ 7＋8＝□
○○

④ 7＋9＝□
○○

⑤ 7＋6＝□
○○

⑥ 7＋4＝□
○○

13 たしざん ⑦

学習日　月　日　なまえ

いろを ぬろう　わからない　だいたいできた　できた！

1 つぎの　けいさんを　しましょう。

① 9＋6＝□

② 9＋4＝□

③ 9＋7＝□

④ 9＋9＝□

⑤ 9＋3＝□

⑥ 9＋5＝□

⑦ 9＋8＝□

⑧ 9＋2＝□

2 つぎの　けいさんを　しましょう。

① 8＋5＝□

② 8＋3＝□

③ 8＋7＝□

④ 8＋4＝□

⑤ 8＋6＝□

⑥ 8＋9＝□

⑦ 8＋8＝□

⑧ 7＋9＝□

13 たしざん ⑧

学習日　月　日　なまえ

1 つぎの　けいさんを　しましょう。

① 7＋5＝□

② 7＋8＝□

③ 7＋7＝□

④ 7＋4＝□

⑤ 7＋6＝□

⑥ 6＋9＝□

⑦ 6＋5＝□

⑧ 6＋8＝□

2 つぎの　けいさんを　しましょう。

① 6＋6＝□

② 6＋7＝□

③ 5＋8＝□

④ 5＋6＝□

⑤ 5＋9＝□

⑥ 5＋7＝□

⑦ 4＋9＝□

⑧ 4＋7＝□

13 たしざん ⑨

学習日　月　日　なまえ

いろを ぬろう　わからない　だいたい できた　できた！

1 つぎの　けいさんを　しましょう。

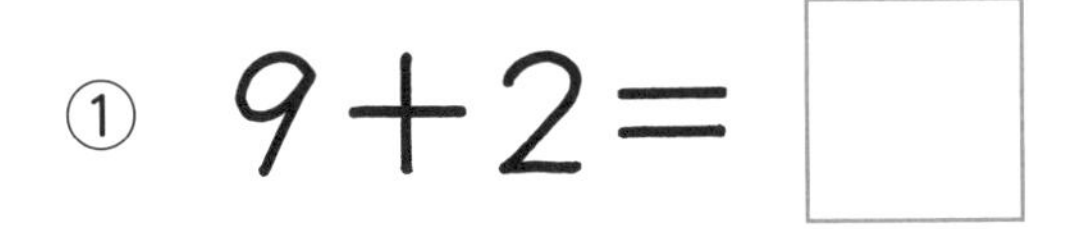

① 9＋2＝□

② 7＋4＝□

③ 9＋5＝□

④ 3＋9＝□

⑤ 9＋9＝□

⑥ 5＋7＝□

⑦ 6＋6＝□

⑧ 9＋8＝□

2 つぎの　けいさんを　しましょう。

① 2＋9＝□

② 9＋7＝□

③ 6＋8＝□

④ 9＋4＝□

⑤ 7＋7＝□

⑥ 6＋5＝□

⑦ 9＋3＝□

⑧ 7＋9＝□

13 たしざん ⑩

学習日　月　日

なまえ

いろを ぬろう　わからない　だいたいできた　できた！

1 つぎの　けいさんを　しましょう。

① $8+7=$ □

② $4+8=$ □

③ $8+3=$ □

④ $5+9=$ □

⑤ $7+6=$ □

⑥ $8+9=$ □

⑦ $7+8=$ □

⑧ $3+8=$ □

2 つぎの　けいさんを　しましょう。

① $5+6=$ □

② $8+5=$ □

③ $4+7=$ □

④ $8+8=$ □

⑤ $6+9=$ □

⑥ $7+5=$ □

⑦ $8+4=$ □

⑧ $6+7=$ □

13 たしざん ⑪

学習日　月　日　なまえ

いろを ぬろう　わからない　だいたいできた　できた！

1 つぎの　けいさんを　しましょう。

① $8+5=$ □

② $9+6=$ □

③ $7+4=$ □

④ $8+7=$ □

⑤ $9+3=$ □

⑥ $6+5=$ □

⑦ $7+7=$ □

⑧ $9+4=$ □

2 つぎの　けいさんを　しましょう。

① $6+6=$ □

② $8+4=$ □

③ $9+3=$ □

④ $7+6=$ □

⑤ $8+7=$ □

⑥ $9+5=$ □

⑦ $8+6=$ □

⑧ $7+5=$ □

13 たしざん ⑫ まとめ

学習日　月　日　なまえ

1　つぎの　けいさんを　しましょう。

（1つ5てん）

① $3+9=$ □

② $6+6=$ □

③ $5+7=$ □

④ $9+9=$ □

⑤ $2+8=$ □

⑥ $8+8=$ □

⑦ $4+8=$ □

⑧ $7+6=$ □

⑨ $9+7=$ □

⑩ $8+6=$ □

2　バスに　6にん　のっています。
7にん　のってきました。
あわせて　なんにんに　なりますか。

（しき10てん、こたえ10てん）

しき ＿＿＿＿＿＿＿＿

こたえ ＿＿＿＿＿＿＿＿

3　わたしは、いちごを　8こ　たべました。いもうとは　5こ　たべました。
あわせて　なんこ　たべましたか。

（しき10てん、こたえ10てん）

しき ＿＿＿＿＿＿＿＿

こたえ ＿＿＿＿＿＿＿＿

4　7＋3の　しきに　なる　もんだいを
つくりましょう。

（10てん）

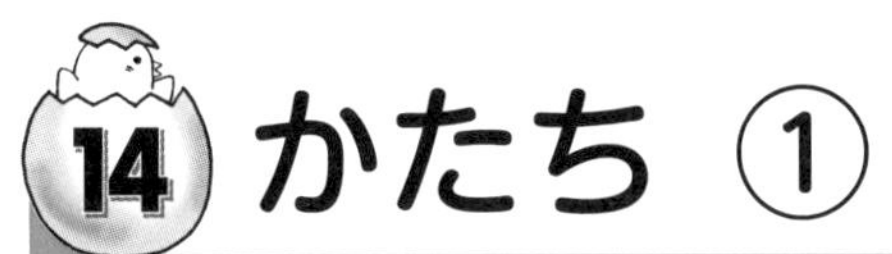

14 かたち ①

学習日　月　日　なまえ

1 したの　かたちに　いろを　ぬりましょう。
まるには　あかいろ
さんかくには　きいろ
しかくには　あおいろ

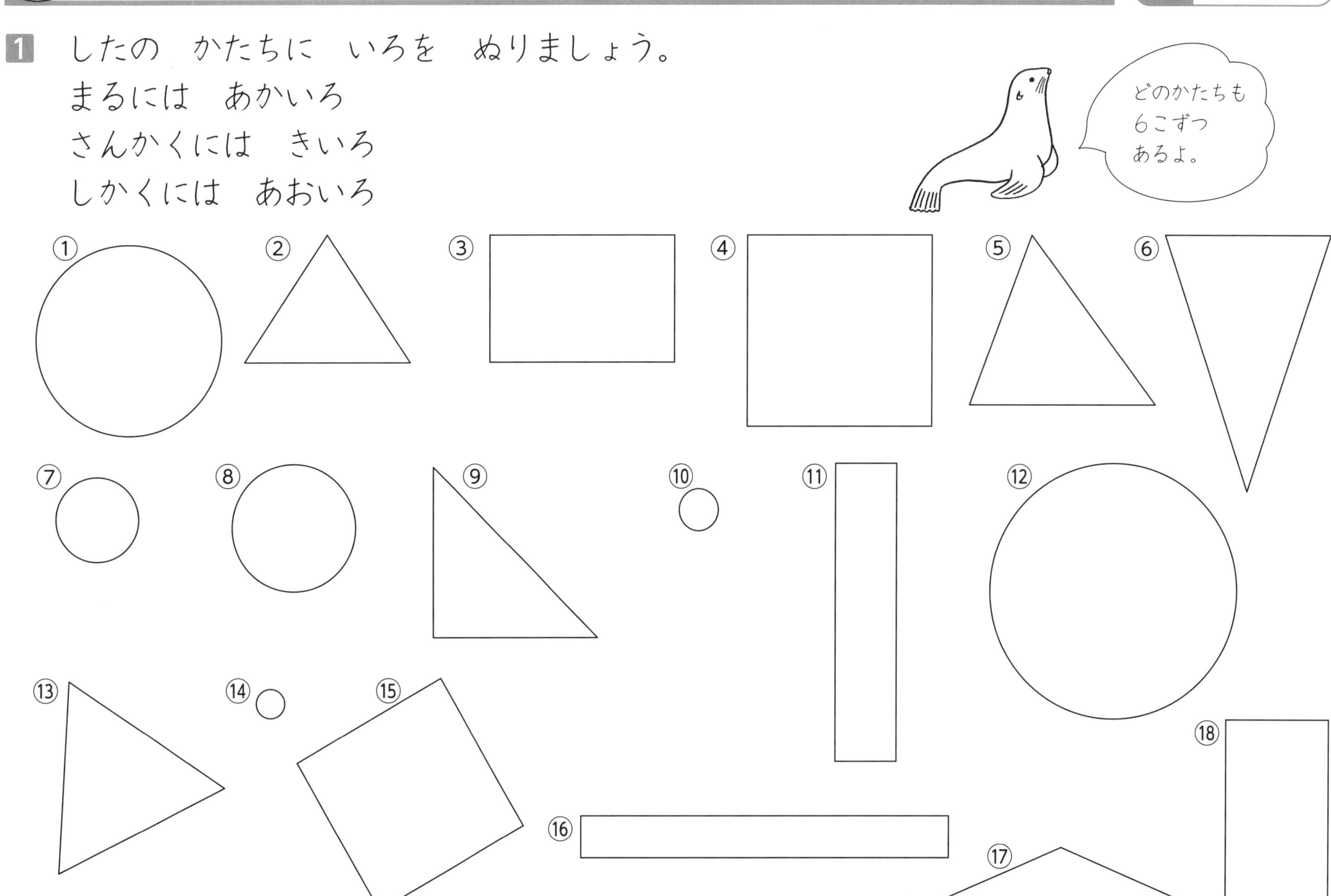

14 かたち ②

学習日　月　日　なまえ

1 かたちを　なかまに　わけて、(　　)に　ばんごうを　かきましょう。

① 

② 

③ 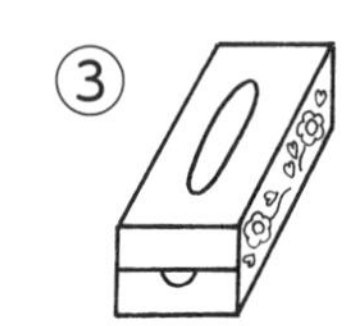

④ 

⑤ 

⑥ 

⑦ 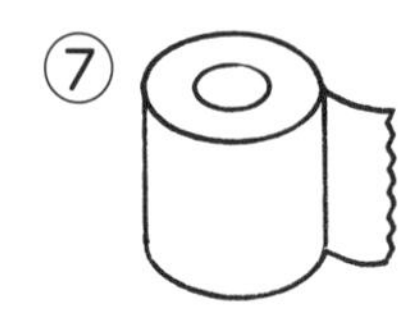

⑧ 

⑨ 

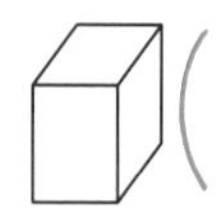(　　　　) 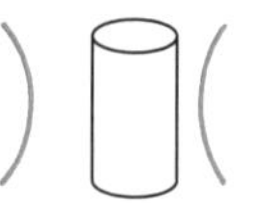(　　　　) 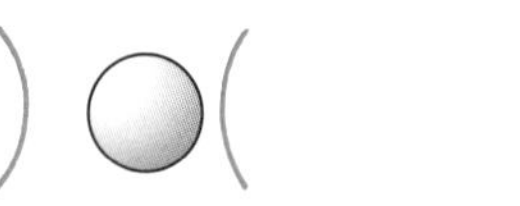(　　　　)

2 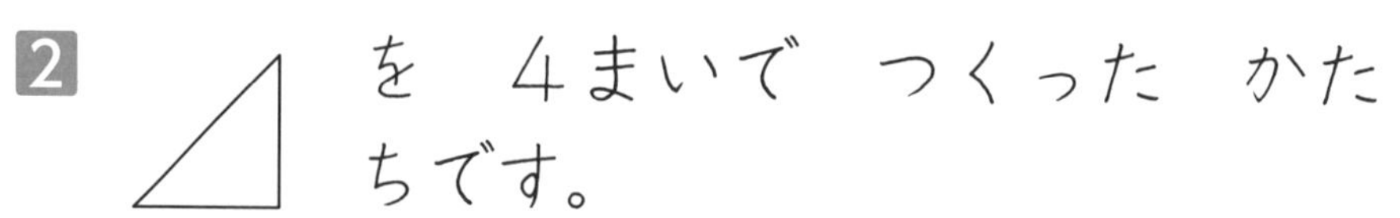 を　4まいで　つくった　かたちです。

2まいを　あかいろで、もう2まいを　あおいろで　ぬりましょう。

(れい) 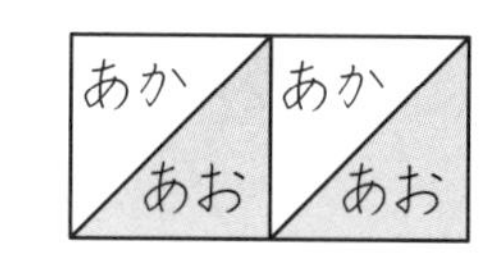

① 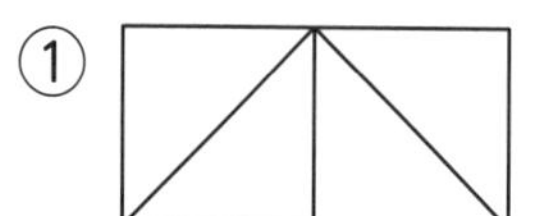

② 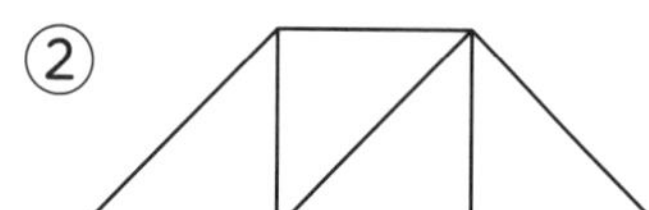 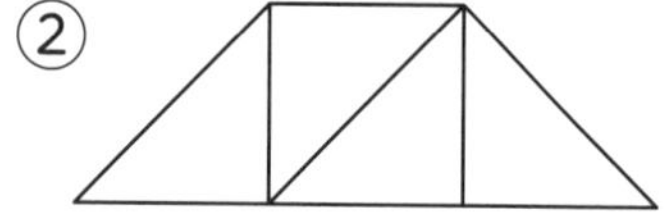

③ 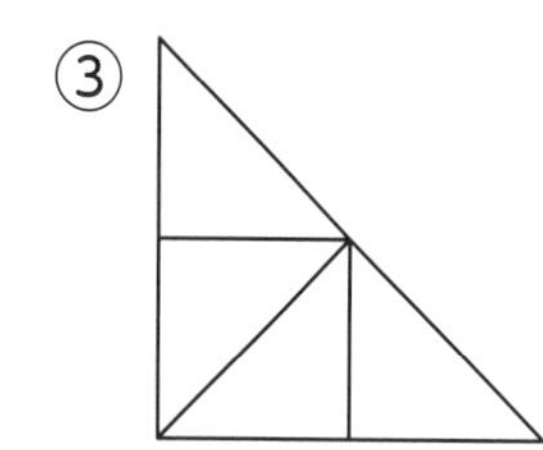

④ 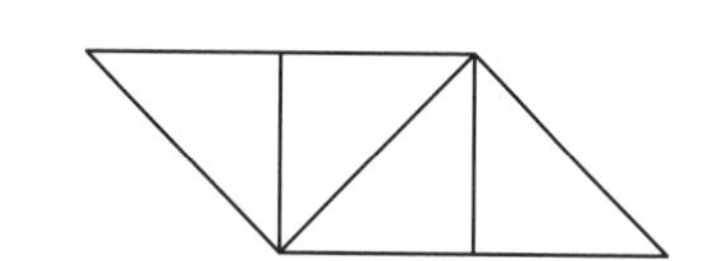

⑤ 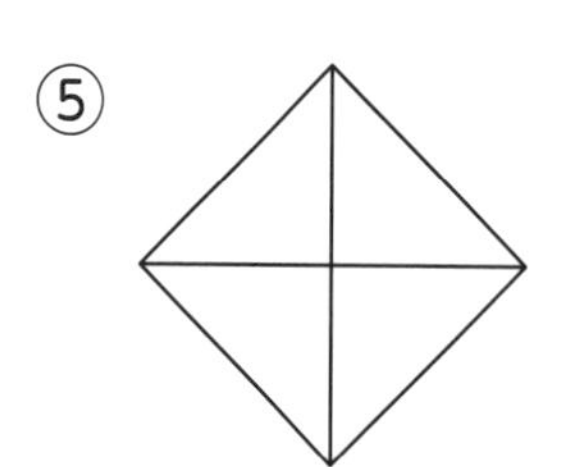

⑥ 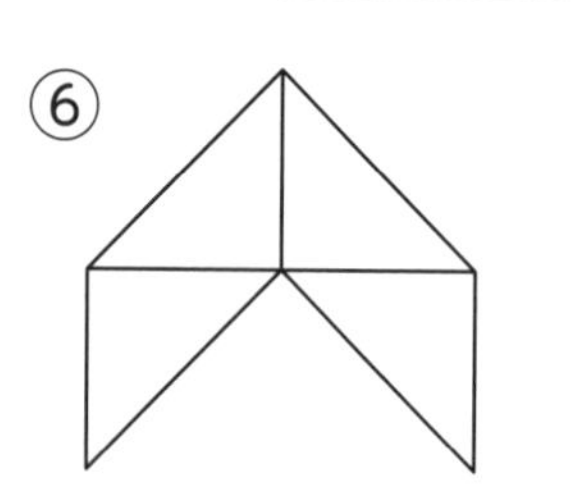

⑦ 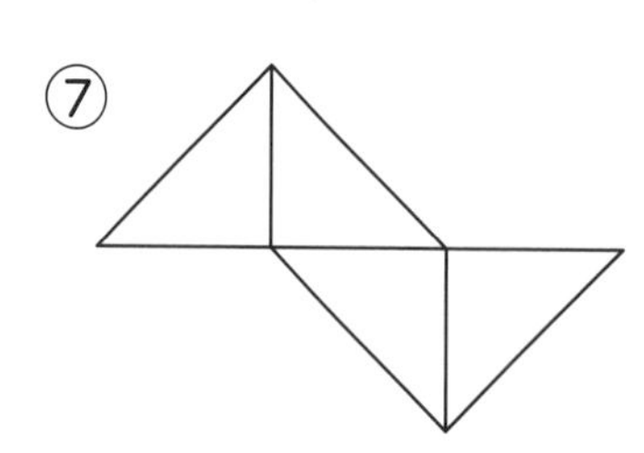

⑧ 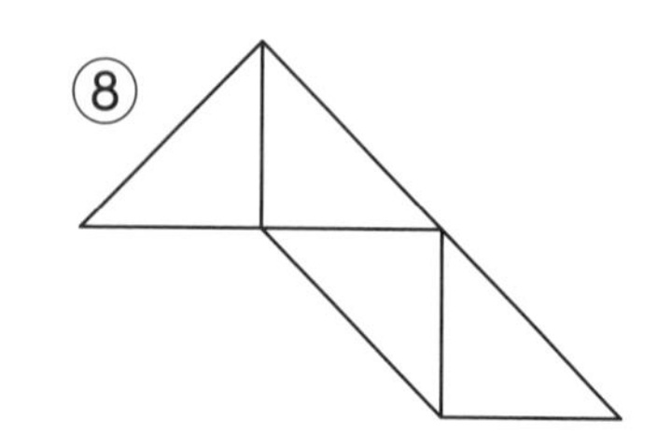

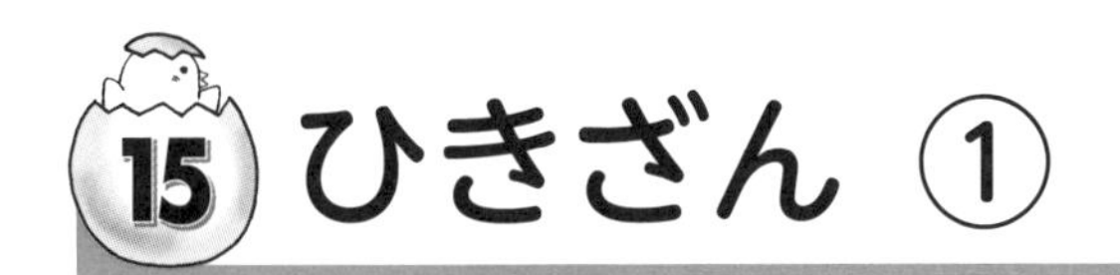

15 ひきざん ①

学習日　　月　　日　なまえ

1 □に　かずを　かきましょう。

① 10 は　4 と □

② 10 は　9 と □

③ 10 は　5 と □

④ 10 は　8 と □

⑤ 10 は　1 と □

⑥ 10 は　7 と □

⑦ 10 は　2 と □

⑧ 10 は　6 と □

2 □に　かずを　かきましょう。

① 10 は　5 と □

② 10 は　8 と □

③ 10 は　6 と □

④ 10 は　7 と □

⑤ 10 は　4 と □

⑥ 10 は　9 と □

⑦ 10 は　1 と □

⑧ 10 は　3 と □

15 ひきざん ②

学習日　月　日　なまえ

いろを ぬろう　わからない　だいたい できた　できた！

1 つぎの　けいさんを　しましょう。

① $10-1=$ □

② $10-3=$ □

③ $10-5=$ □

④ $10-7=$ □

⑤ $10-9=$ □

⑥ $10-2=$ □

⑦ $10-4=$ □

⑧ $10-6=$ □

2 つぎの　けいさんを　しましょう。

① $10-9=$ □

② $10-6=$ □

③ $10-3=$ □

④ $10-7=$ □

⑤ $10-4=$ □

⑥ $10-1=$ □

⑦ $10-8=$ □

⑧ $10-5=$ □

15 ひきざん ③

学習日　月　日　なまえ

いろを ぬろう

1 □に　かずを　かきましょう。

① 10 は　4 と □

② 10 は　9 と □

③ 10 は　2 と □

④ 10 は　7 と □

⑤ 10 は　6 と □

⑥ 10 は　3 と □

⑦ 10 は　8 と □

⑧ 10 は　5 と □

2 □に　かずを　かきましょう。

① 10－ □ ＝6

② 10－ □ ＝3

③ 10－ □ ＝1

④ 10－ □ ＝7

⑤ 10－ □ ＝8

⑥ 10－ □ ＝2

⑦ 10－ □ ＝9

⑧ 10－ □ ＝5

15 ひきざん ④

学習日　月　日　なまえ

いろを ぬろう　わからない　だいたいできた　できた！

1 バナナ（ばなな）が 12ほん ありました。ともだちと 9ほん たべました。のこりは なんぼんですか。

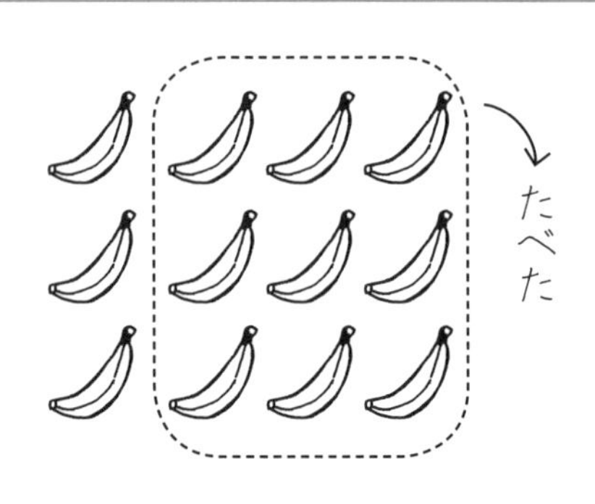

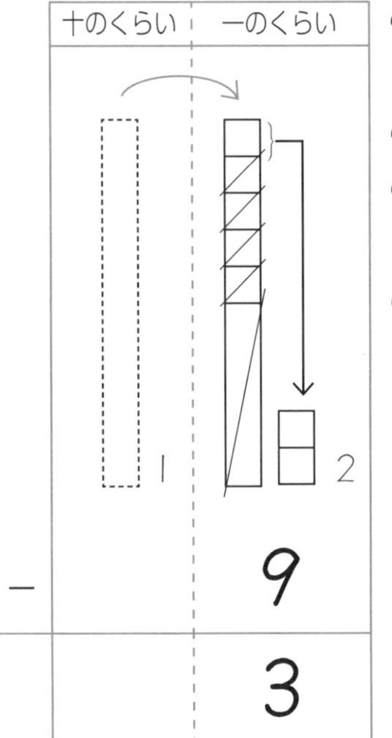

- 2こ から 9こは ひけない
- 1ぼんを 10こに かえる
- 10こから 9こ ひいて 1こ
- 2こと 1こで 3

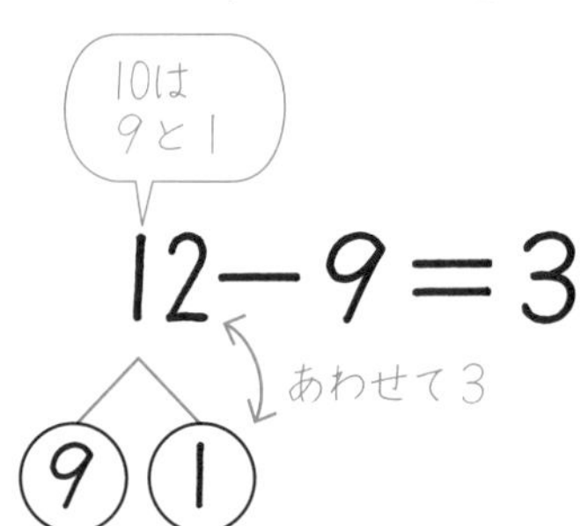

こたえ　　ぼん

2 つぎの けいさんを しましょう。

① 11－9＝□　(9)(1)

② 17－9＝□　(9)(1)

③ 15－9＝□　( )( )

④ 18－9＝□　( )( )

⑤ 13－9＝□　( )( )

⑥ 16－9＝□　( )( )

15 ひきざん ⑤

学習日　月　日　なまえ

いろを ぬろう　わからない　だいたい できた　できた！

1 ふうせんが 11こ あります。いま、8こ とんで いきました。
のこりは、なんこに なりましたか。

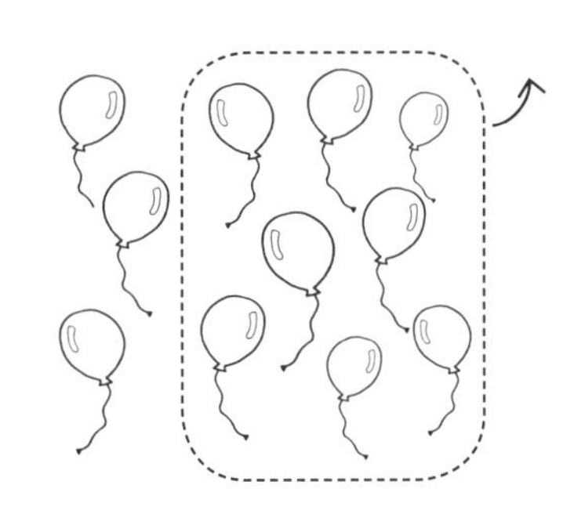

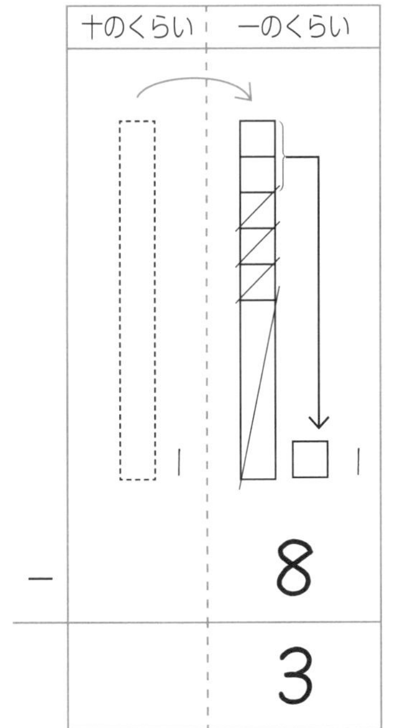

- 1こ から 8こは ひけない
- 1ぽんを 10こに かえる
- 10こから 8こ ひいて 2こ
- 1こと 2こで 3

10は 8と2

11−8＝3
⑧②
あわせて3

こたえ　　こ

2 つぎの けいさんを しましょう。

① 12−8＝□
⑧②

② 16−8＝□
⑧②

③ 17−8＝□
○○

④ 14−8＝□
○○

⑤ 13−8＝□
○○

⑥ 15−8＝□
○○

15 ひきざん ⑥

学習日　月　日　なまえ

いろを ぬろう　わからない　だいたい できた　できた！

1 どんぐりが 13こ あります。ともだちに 7こ あげました。のこっているのは なんこですか。

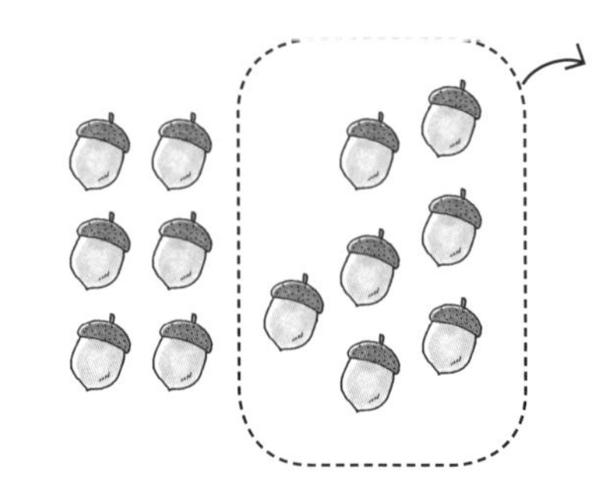

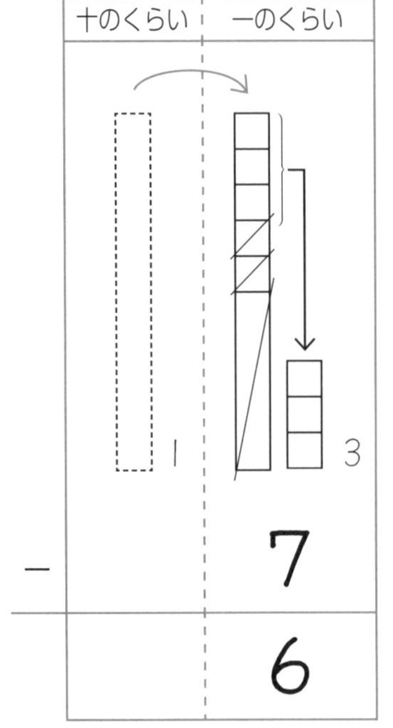

- 3こ から 7こは ひけない
- 1ぽんを 10こに かえる
- 10こから 7こ ひいて 3こ
- 3こと 3こで 6

10は 7と3

13−7＝6

⑦③　あわせて6

こたえ　　こ

2 つぎの けいさんを しましょう。

① 11−7＝□　⑦③

② 16−7＝□　⑦③

③ 14−7＝□　○○

④ 13−7＝□　○○

⑤ 12−7＝□　○○

⑥ 15−7＝□　○○

15 ひきざん ⑦

学習日　月　日　なまえ

いろを ぬろう　わからない　だいたいできた　できた!

1 つぎの　けいさんを　しましょう。

① 16－9＝□

② 14－9＝□

③ 17－9＝□

④ 11－9＝□

⑤ 13－9＝□

⑥ 15－9＝□

⑦ 18－9＝□

⑧ 12－9＝□

2 つぎの　けいさんを　しましょう。

① 15－8＝□

② 13－8＝□

③ 17－8＝□

④ 11－8＝□

⑤ 16－8＝□

⑥ 12－8＝□

⑦ 14－8＝□

⑧ 11－7＝□

15 ひきざん ⑧

学習日　月　日　なまえ

いろを ぬろう　わからない　だいたい できた　できた！

1 つぎの　けいさんを　しましょう。

① $15-7=$ □

② $12-7=$ □

③ $13-7=$ □

④ $16-7=$ □

⑤ $14-7=$ □

⑥ $11-6=$ □

⑦ $15-6=$ □

⑧ $13-6=$ □

2 つぎの　けいさんを　しましょう。

① $12-6=$ □

② $14-6=$ □

③ $12-5=$ □

④ $14-5=$ □

⑤ $11-5=$ □

⑥ $13-5=$ □

⑦ $11-4=$ □

⑧ $13-4=$ □

15 ひきざん ⑨

学習日　　月　　日　なまえ

いろをぬろう　わからない　だいたいできた　できた！

1 つぎの　けいさんを　しましょう。

① $14-7=$ □

② $11-9=$ □

③ $13-5=$ □

④ $12-8=$ □

⑤ $13-4=$ □

⑥ $12-3=$ □

⑦ $13-9=$ □

⑧ $15-7=$ □

2 つぎの　けいさんを　しましょう。

① $11-4=$ □

② $14-9=$ □

③ $11-5=$ □

④ $15-8=$ □

⑤ $13-6=$ □

⑥ $11-2=$ □

⑦ $12-4=$ □

⑧ $13-8=$ □

15 ひきざん ⑩

学習日　月　日　なまえ

いろを ぬろう　わからない　だいたい できた　できた！

1 つぎの　けいさんを　しましょう。

① 16−7＝□

② 12−9＝□

③ 14−5＝□

④ 16−8＝□

⑤ 11−3＝□

⑥ 17−8＝□

⑦ 15−6＝□

⑧ 17−9＝□

2 つぎの　けいさんを　しましょう。

① 14−6＝□

② 11−8＝□

③ 12−7＝□

④ 18−9＝□

⑤ 13−7＝□

⑥ 16−9＝□

⑦ 12−5＝□

⑧ 14−8＝□

15 ひきざん ⑪

学習日　月　日　なまえ

いろを ぬろう　わからない　だいたいできた　できた！

1 つぎの　けいさんを　しましょう。

① $14-6=$ □

② $16-7=$ □

③ $11-4=$ □

④ $14-7=$ □

⑤ $11-9=$ □

⑥ $14-5=$ □

⑦ $12-9=$ □

⑧ $11-8=$ □

2 つぎの　けいさんを　しましょう。

① $14-9=$ □

② $11-5=$ □

③ $12-8=$ □

④ $13-5=$ □

⑤ $15-8=$ □

⑥ $11-3=$ □

⑦ $18-9=$ □

⑧ $13-7=$ □

15 ひきざん ⑫ まとめ

学習日　月　日　なまえ

てん　ごうかく 80〜100てん

1 つぎの　けいさんを　しましょう。（1つ5てん）

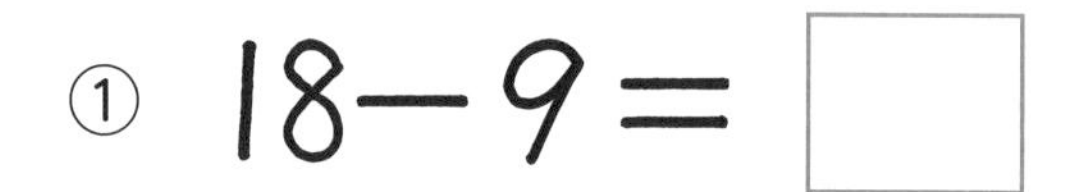

① 18−9＝□

② 15−7＝□

③ 12−4＝□

④ 17−9＝□

⑤ 16−8＝□

⑥ 13−6＝□

⑦ 12−3＝□

⑧ 14−5＝□

⑨ 11−2＝□

⑩ 12−5＝□

2 おりがみが　17まい　あります。9まい　つかいました。のこりは　なんまいですか。（しき10てん、こたえ10てん）

しき ＿＿＿＿＿＿＿＿

こたえ ＿＿＿＿＿＿＿＿

3 しろい　はなが　12ほん、あかい　はなが　9ほん　あります。しろい　はなが　なんぼん　おおいですか。（しき10てん、こたえ10てん）

しき ＿＿＿＿＿＿＿＿

こたえ ＿＿＿＿＿＿＿＿

4 こたえが　9の　ひきざんの　しきを　2つ　つくりましょう。（しき1つ5てん）

□ − □ ＝9

□ − □ ＝9

16 おおきいかず ①

学習日　月　日　なまえ

1 タイル（たいる）の　かずを　かぞえます。タイルに　／を　かきながら　1，2，3，4，5，6，7，8，9と　かぞえ、10になったら　×を　かいて、おおきく ⬭で　かこみます。

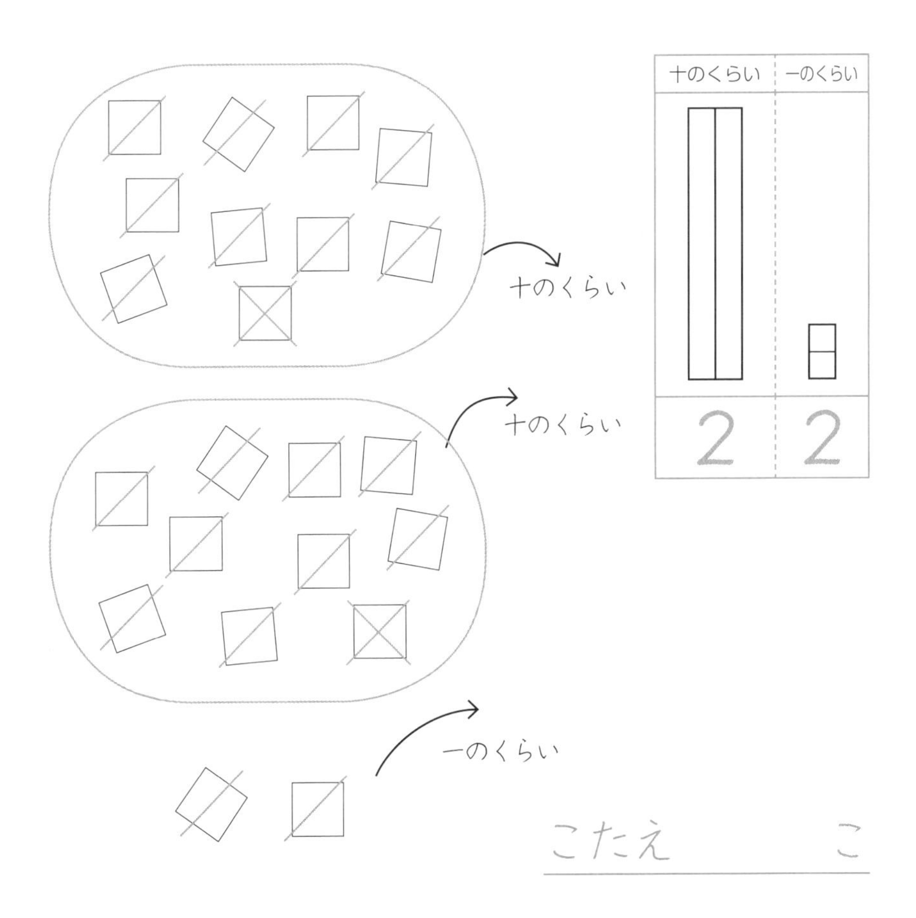

こたえ　　こ

2 みかんの　かずを　かぞえましょう。

こたえ　　こ

16 おおきいかず ②

学習日　月　日　なまえ

1　つぎの　かずを □ に　かきましょう。

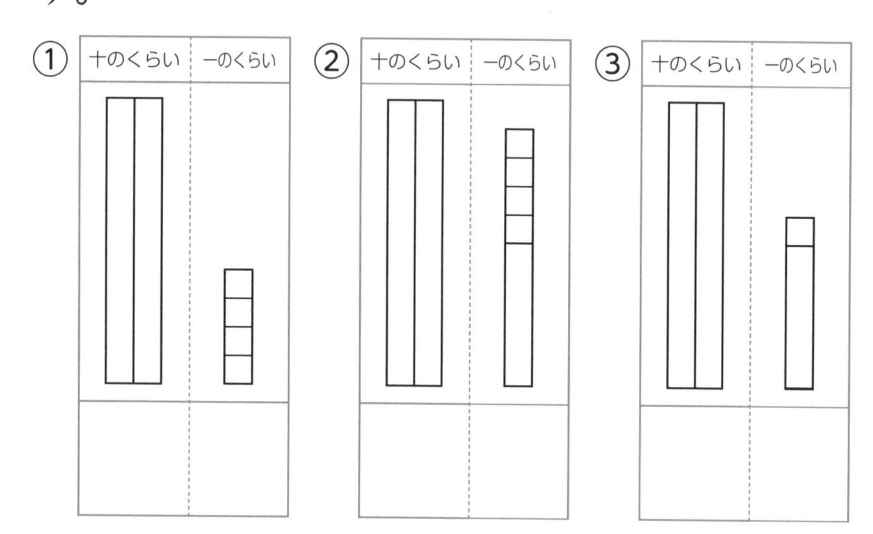

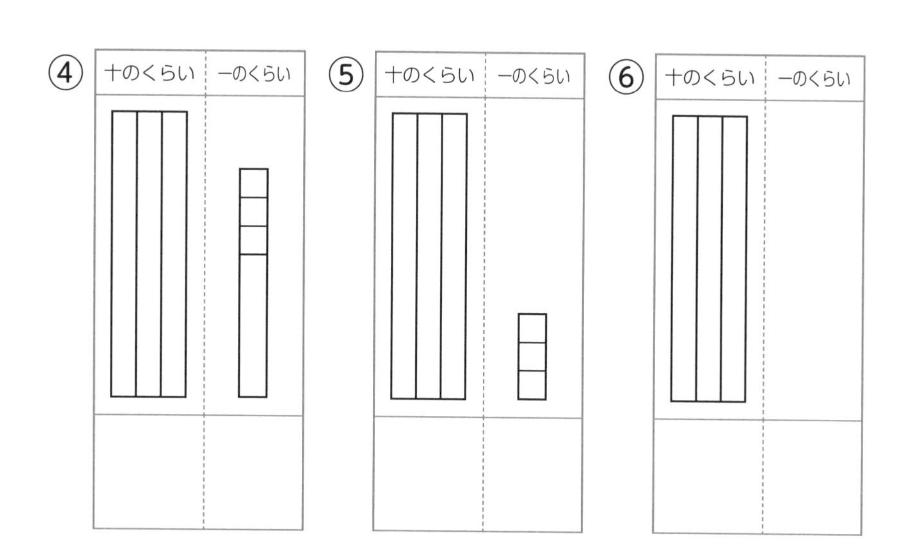

2　つぎの　かずだけ　タイル(たいる)に　いろを　ぬりましょう。

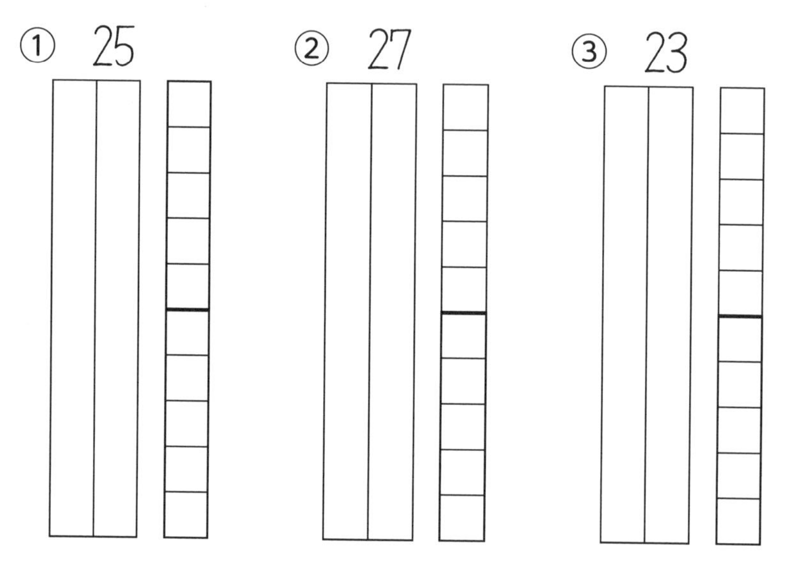

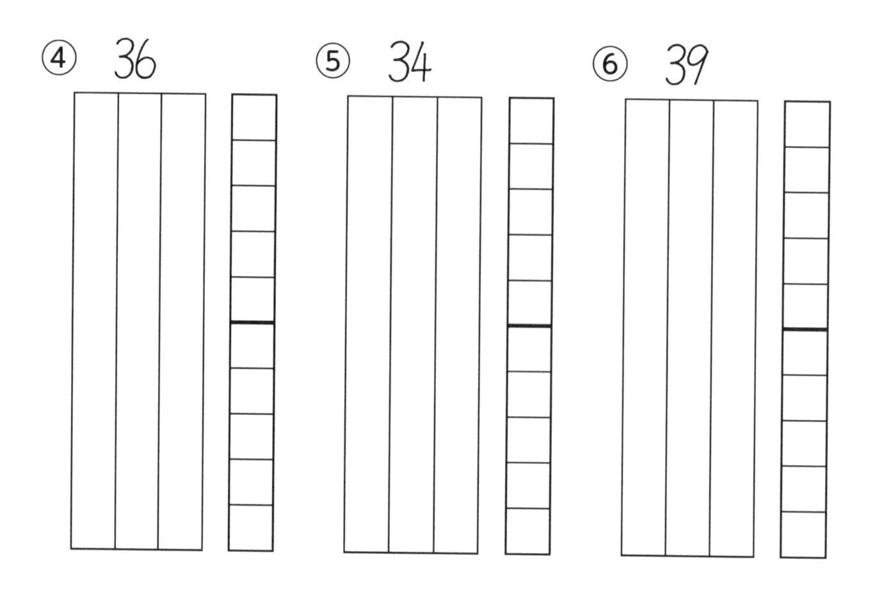

16 おおきいかず ③

学習日　月　日　なまえ

いろを ぬろう　わからない　だいたいできた　できた！

1 つぎの □に あてはまる かずを かきましょう。

① □→15→□→17→□→19→□→21→□→23

② □→32→□→34→□→36→□→38→□→□

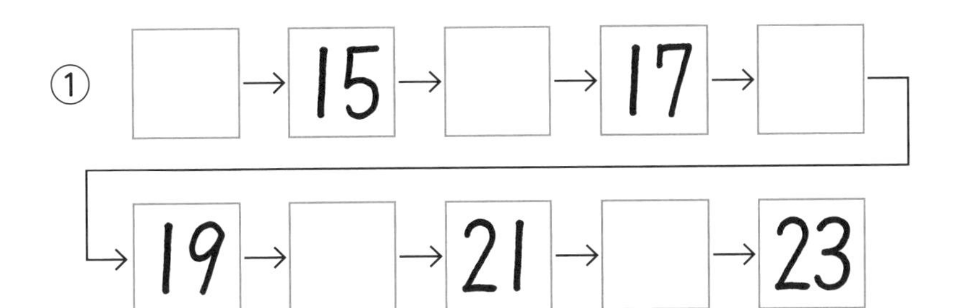

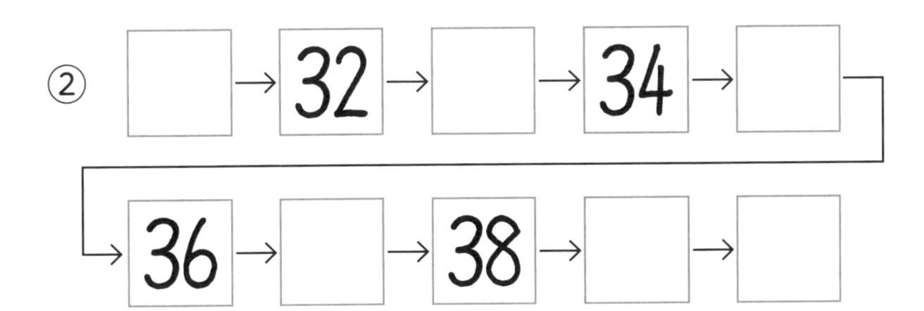

③ 30→29→□→27→□→25→□→23→□→□

④ 51→□→49→□→47

2 つぎの □に あてはまる かずを かきましょう。

① 20→□→22→□→24→□→26→□→28→□→30→□→32→□→34

② 18→20→□→24→□→28→□→32→□→□

③ 5→□→15→□→25→□→35→□→45→□

16 おおきいかず ④

学習日　月　日　なまえ

おおきい　かずの　けいさんを　すると
き、かずを　たてに　ならべて　けいさん
します。これを　**ひっさん**　と　いいます。
20＋10を　ひっさんで　しましょう。

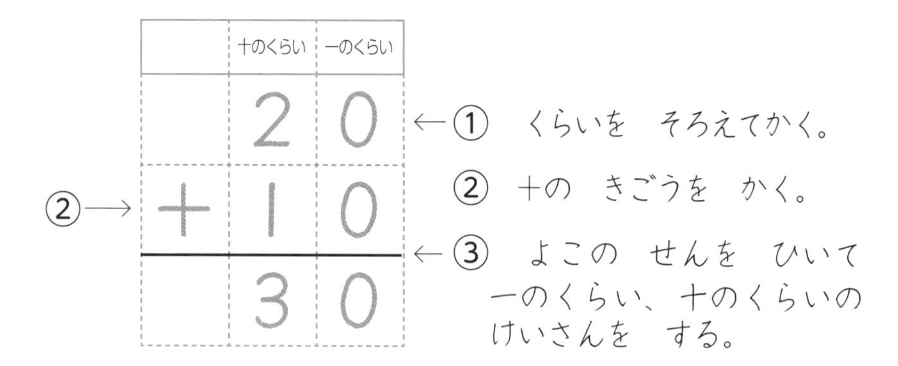

十のくらい
一のくらい
2 0
＋ 1 0
3 0
① くらいを　そろえてかく。
② ＋の　きごうを　かく。
③ よこの　せんを　ひいて
一のくらい、十のくらいの
けいさんを　する。

1 つぎの　けいさんを　ひっさんで
しましょう。

① 20＋30

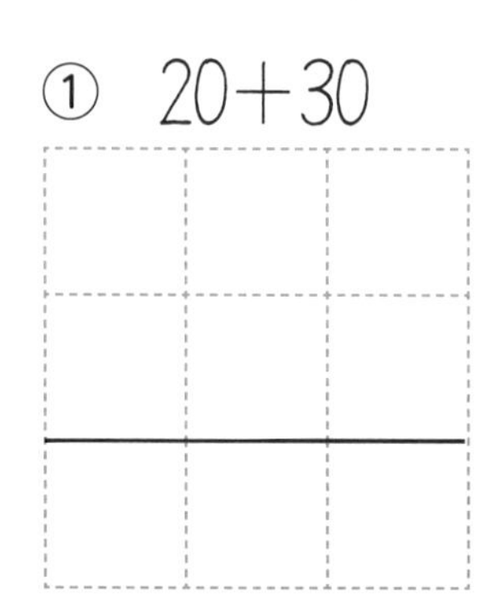

② 30＋50

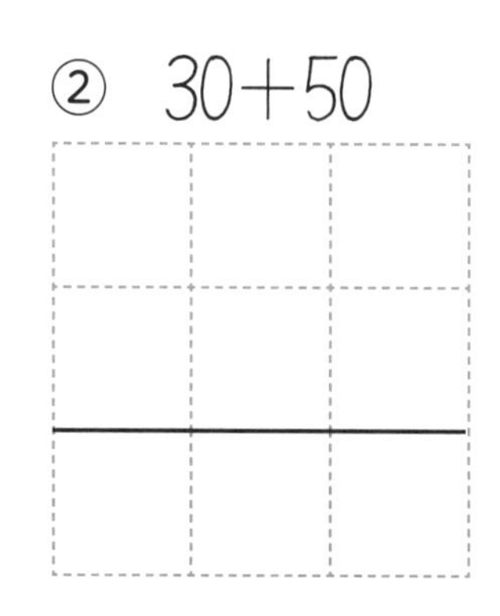

2 つぎの　けいさんを　ひっさんで
しましょう。

① 70＋10

② 50＋20

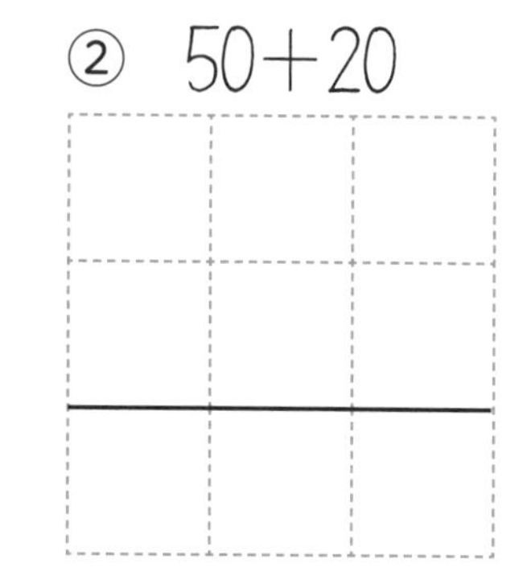

③ 40＋30

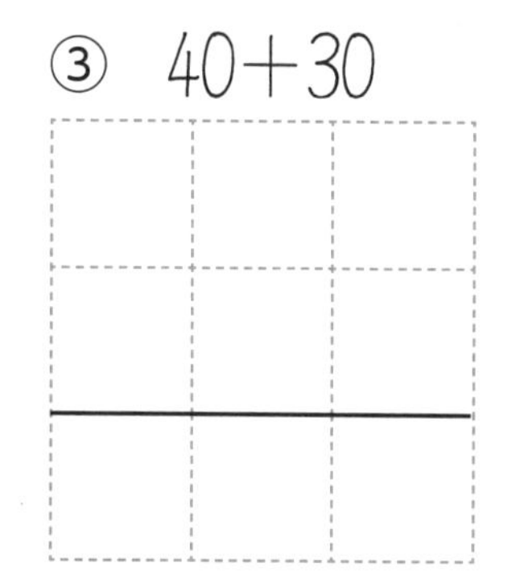

④ 20＋40

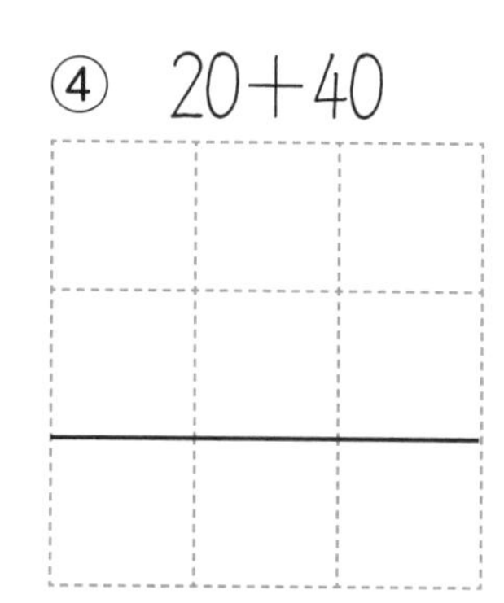

⑤ 30＋30

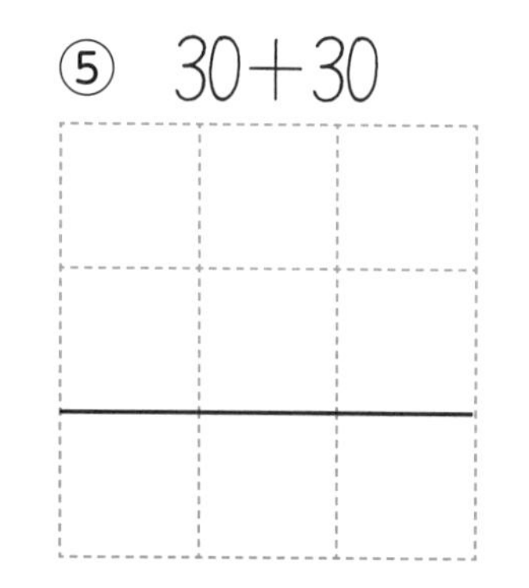

⑥ 60＋20

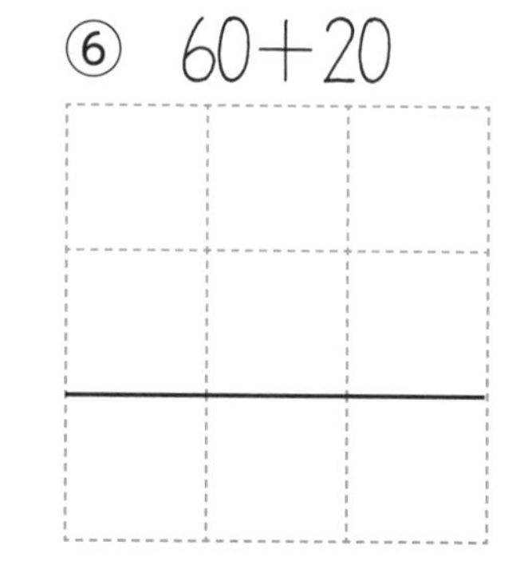

16 おおきいかず ⑤

学習日　月　日　なまえ

いろを ぬろう　わからない　だいたい できた　できた！

30－10を　ひっさんで　しましょう。

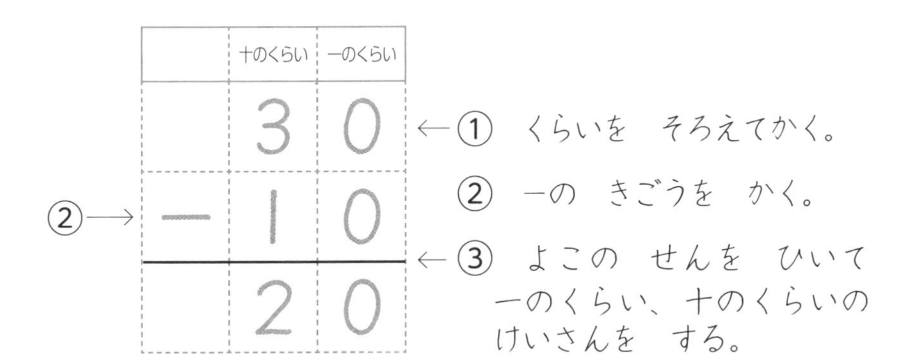

十のくらい
一のくらい
3 0
－ 1 0
2 0
←① くらいを　そろえてかく。
② 一の　きごうを　かく。
②→
←③ よこの　せんを　ひいて
一のくらい、十のくらいの
けいさんを　する。

1　つぎの　けいさんを　ひっさんで　しましょう。

① 80－20

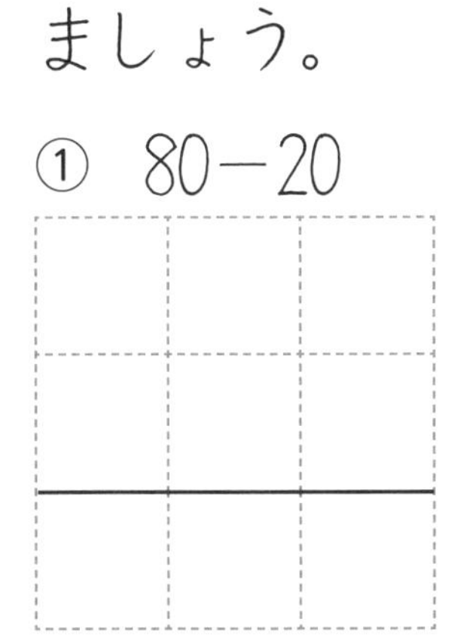

② 60－20

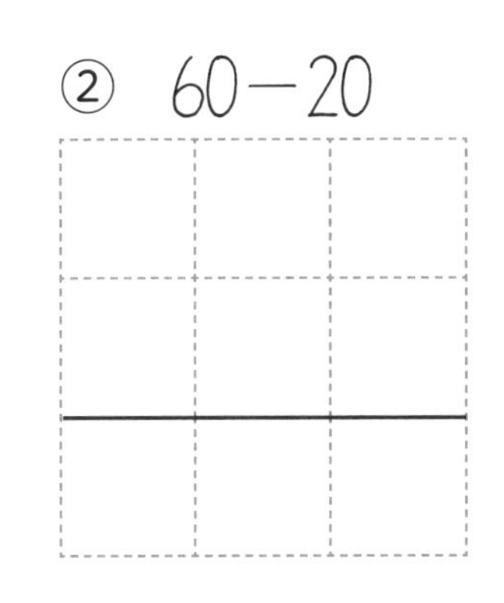

2　つぎの　けいさんを　ひっさんで　しましょう。

① 40－10

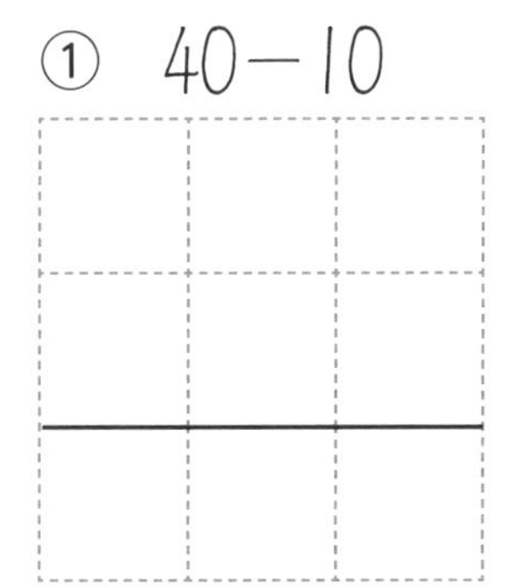

② 70－30

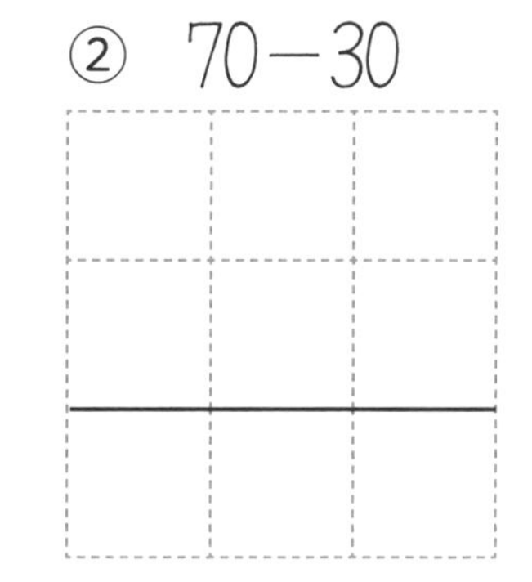

③ 80－50

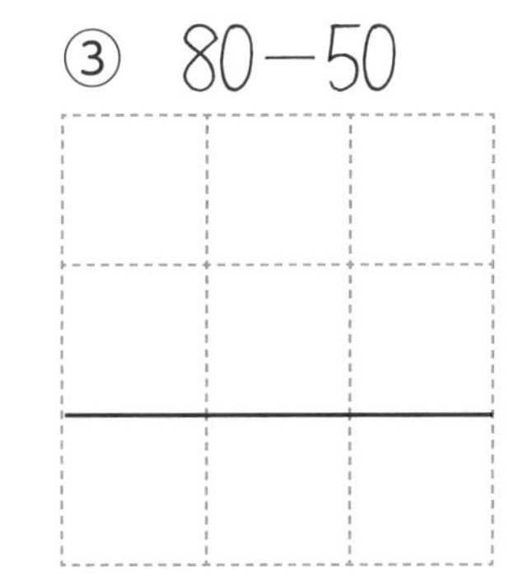

④ 90－60

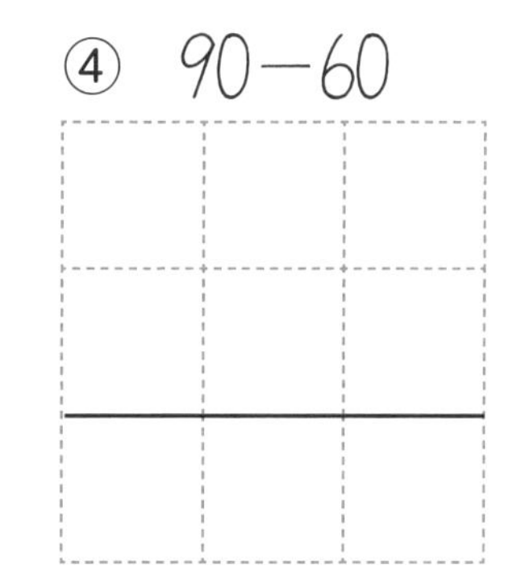

⑤ 60－40

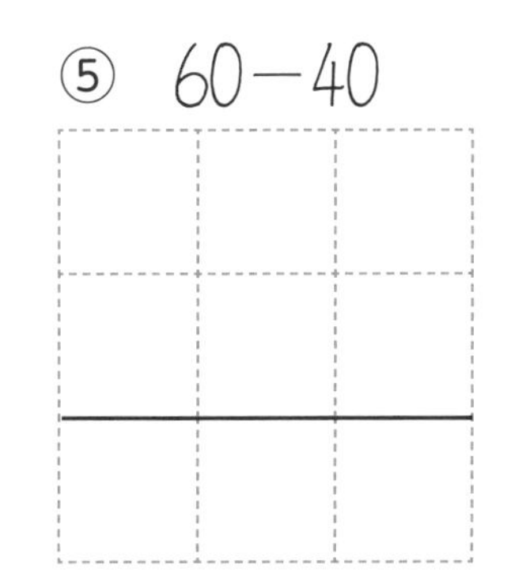

⑥ 30－30

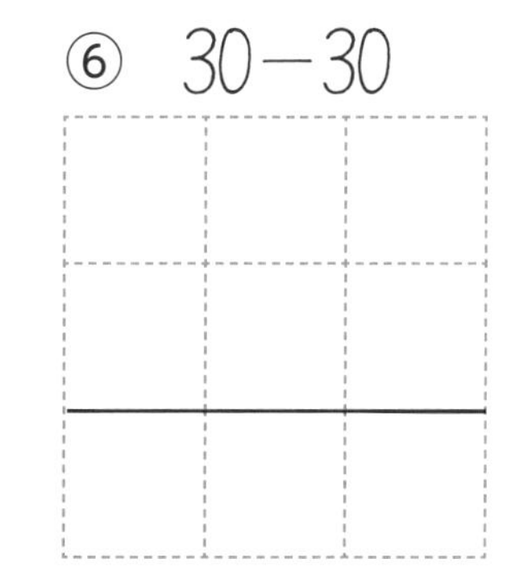

16 おおきいかず ⑥

学習日　月　日
なまえ

1 タイル（たいる）の　かずを　かぞえましょう。

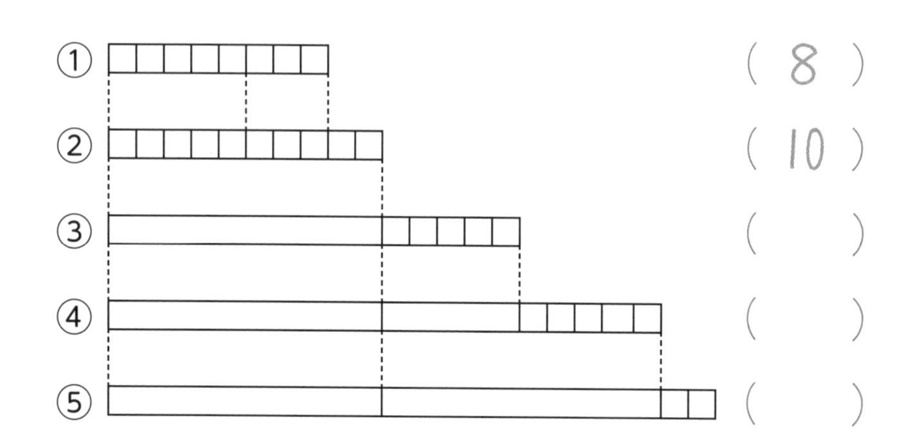

① (8)
② (10)
③ (　　)
④ (　　)
⑤ (　　)

上の　①〜⑤を　1つの　ちょくせんの　うえに　ならべました。

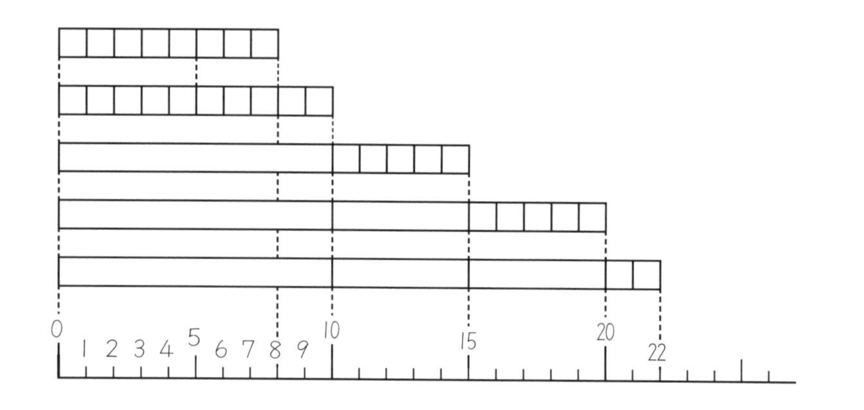

このような　ちょくせんを　**すうちょくせん**と　いいます。

2 つぎの　すうちょくせんの　かずを　かきましょう。1つの　めもりは　1です。

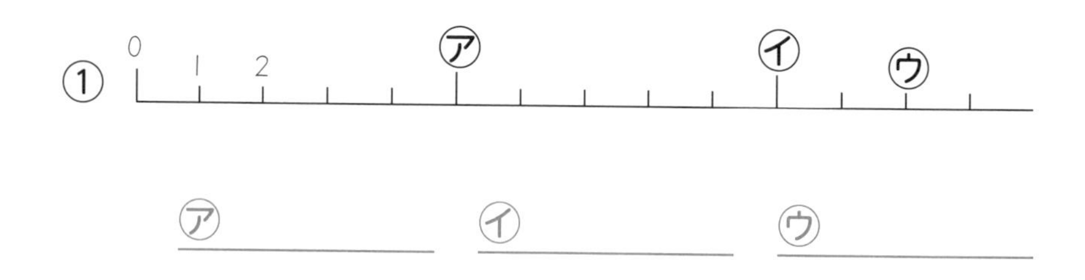

ア＿＿＿＿　イ＿＿＿＿　ウ＿＿＿＿

② 0　1　2　ア　イ　ウ

ア＿＿＿＿　イ＿＿＿＿　ウ＿＿＿＿

③ 9　10　ア　イ　ウ

ア＿＿＿＿　イ＿＿＿＿　ウ＿＿＿＿

16 おおきいかず ⑦

なまえ

1 □に　あてはまる　かずを　かきましょう。

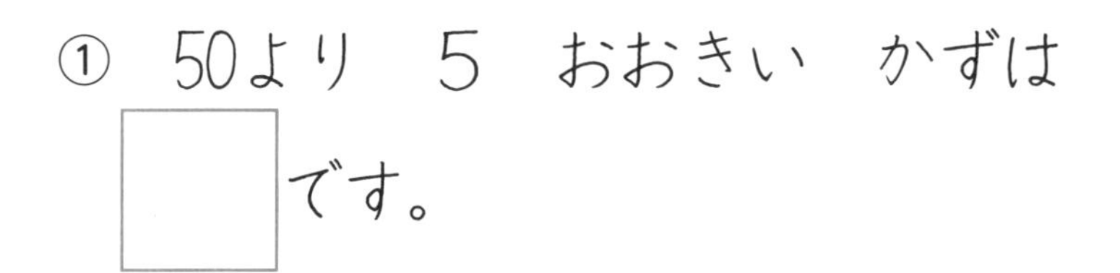

① 50より　5　おおきい　かずは　□です。

② 90より　3　ちいさい　かずは　□です。

③ 90は　10を　□こ　あつめた　かずです。

④ 74は　10を　□こと、1を　□こ　あつめた　かずです。

⑤ 86は　10を　□こと、1を　□こ　あつめた　かずです。

2 いくつとびに　なっているか　かんがえて、□に　あてはまる　かずを　かきましょう。

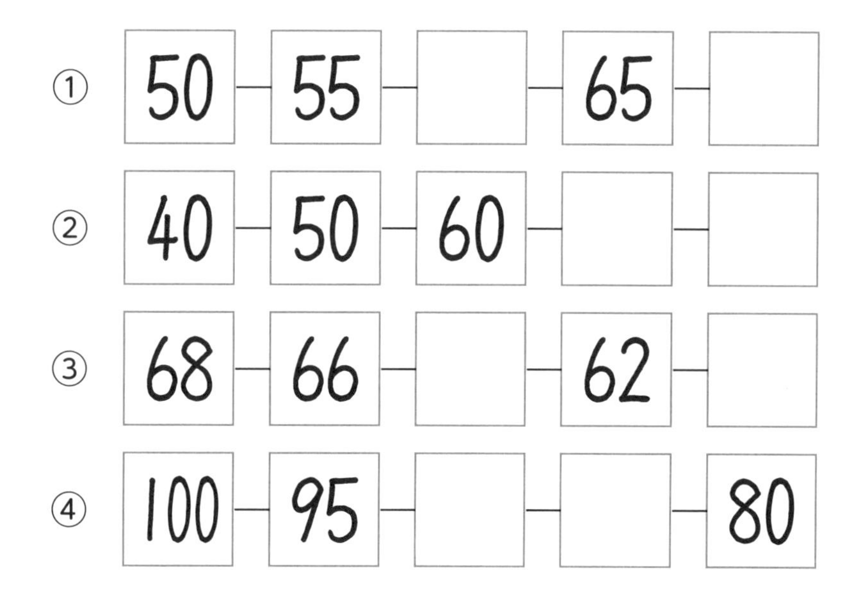

3 かずの　ちいさい　じゅんに（　）に　1，2，3と　かきましょう。

① 64　46　59
（　）（　）（　）

② 100　97　79
（　）（　）（　）

16 おおきいかず ⑧

学習日	なまえ
月　日	

１が　10こ　あつまって　10に　なります。

10が　10こ　あつまった　ものを **100（ひゃく）**と　いいます。

100は　一のくらいが　0、十のくらいが　0、百(ひゃく)のくらいが　１の　かずです。

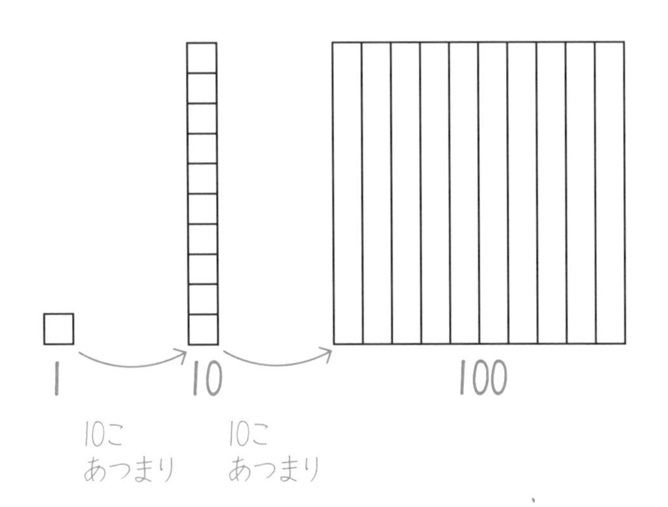

1　つぎの　タイル(たいる)を　すうじで　かきましょう。

①

百のくらい	十のくらい	一のくらい

百	十	一

②

百のくらい	十のくらい	一のくらい

百	十	一

2　いちばん　おおきい　かずと　にばんめに　おおきい　かずを　かきましょう。

106、117、125、104、120

こたえ　（いちばんめ　　　）　（にばんめ　　　）

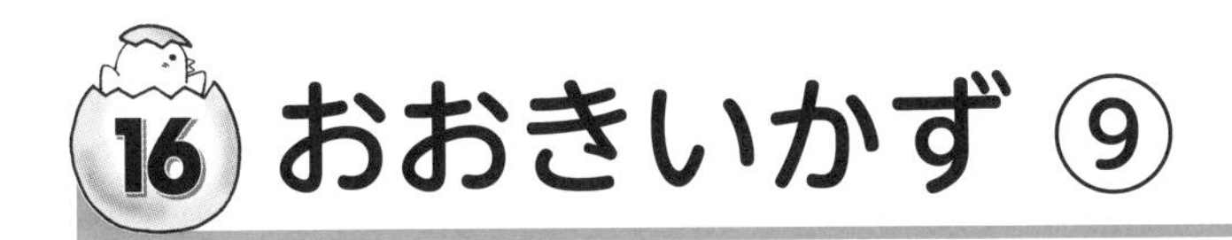

16 おおきいかず ⑨

学習日　月　日　なまえ

いろをぬろう

1 じゅんじょよく　かぞえて　かずを　かきましょう。

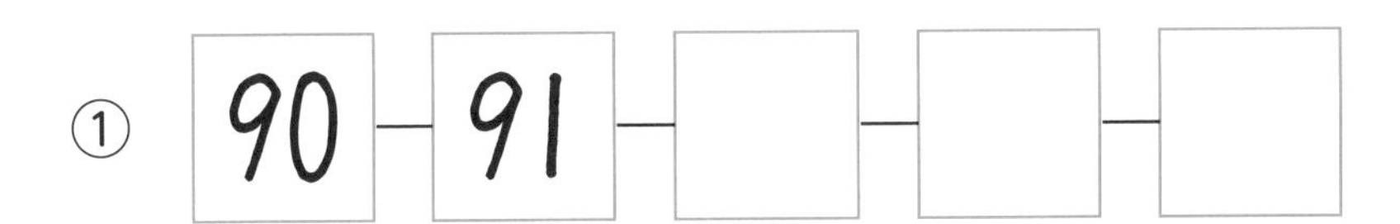

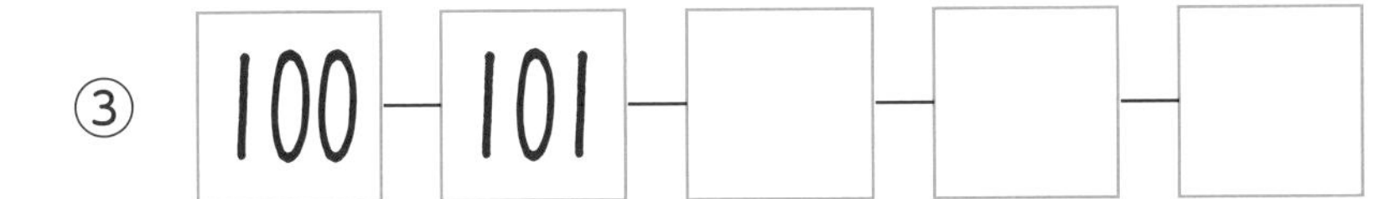

④ 107 ― □ ― 109 ― □ ― 111

⑤ 110 ― □ ― 112 ― □ ― 114

⑥ 115 ― □ ― □ ― 118 ― 119

⑦ □ ― 111 ― 110 ― □ ― 108

⑧ 120 ― □ ― 118 ― □ ― 116

2 いくつとびに　なっているか　かんがえて　かずを　かきましょう。

① 70 ― 80 ― □ ― □ ― 110

② 96 ― 98 ― □ ― □ ― 104

③ □ ― 80 ― □ ― 100 ― □

④ 90 ― □ ― □ ― 105 ― 110

3 □に　かずを　かきましょう。

① 100より　1　おおきい　かずは

□です。

② 100より　1　ちいさい　かずは

□です。

16 おおきいかず ⑩

学習日　月　日　なまえ

1 □に　あてはまる　かずを　かきましょう。

①
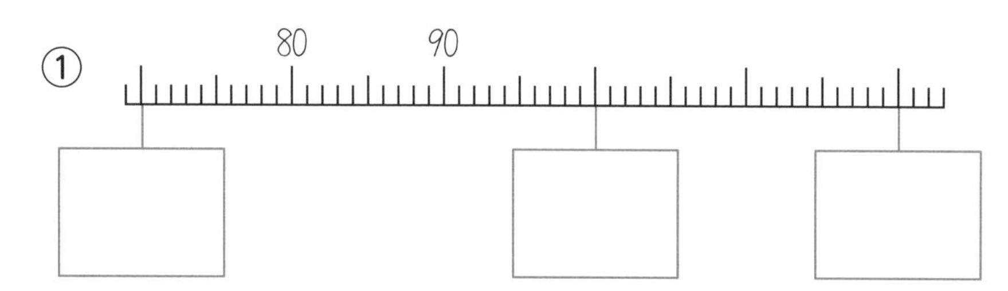

②
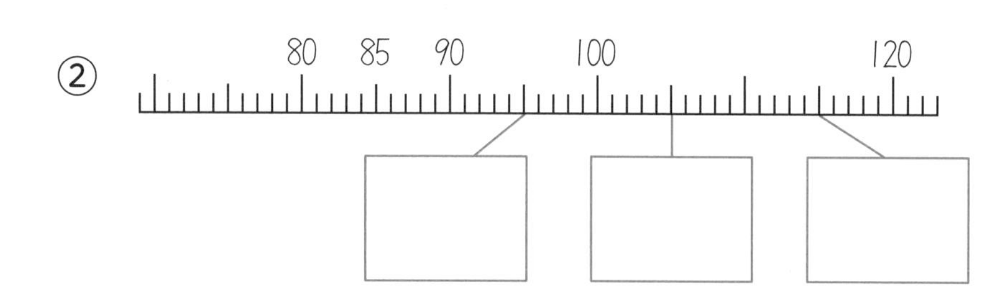

③
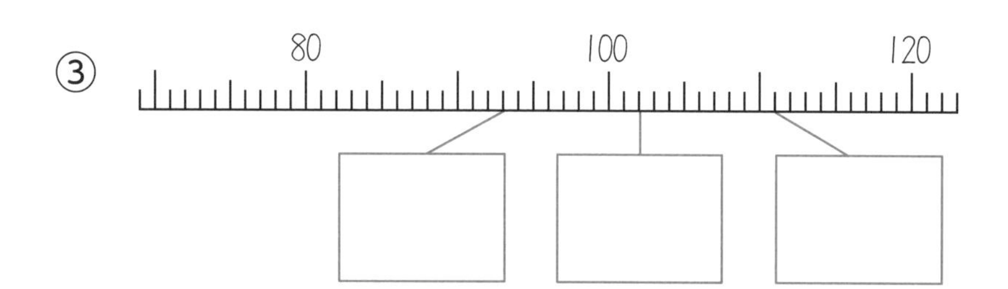

④
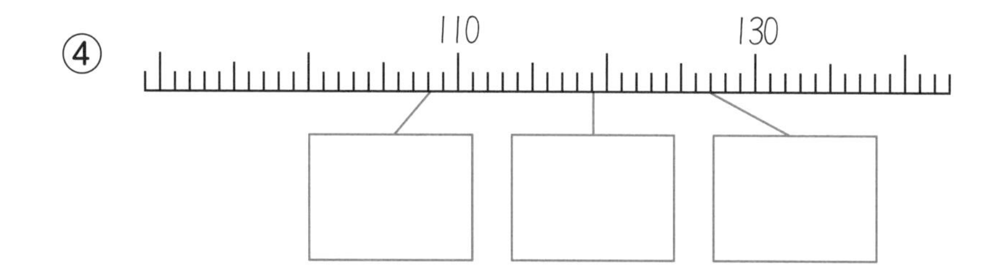

2 □に　かずを　かきましょう。

① 100より　10　おおきい　かずは　□です。

② 110より　5　おおきい　かずは　□です。

③ 110より　10　ちいさい　かずは　□です。

④ 120より　10　ちいさい　かずは　□です。

3 おおきい　ほうに　○を　しましょう。

① 120　，102
(　　)　(　　)

② 119　，129
(　　)　(　　)

どちらがひろい ①

学習日　月　日　なまえ

1 どちらが　ひろいですか。ひろい　ほうに　○を　つけましょう。

①

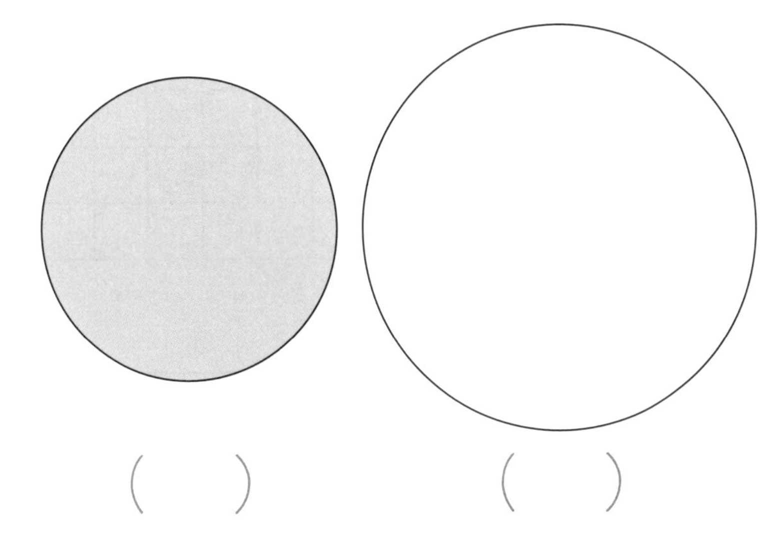

（　　）　（　　）

②

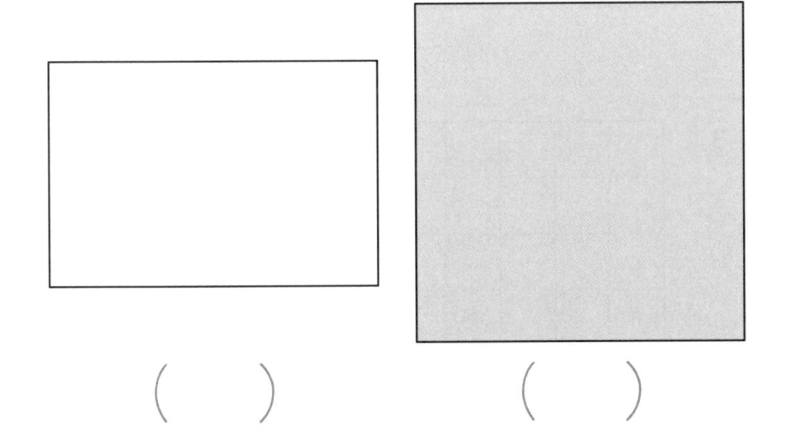

（　　）　（　　）

2 ㋐と　㋑の　どちらが　ひろいですか。

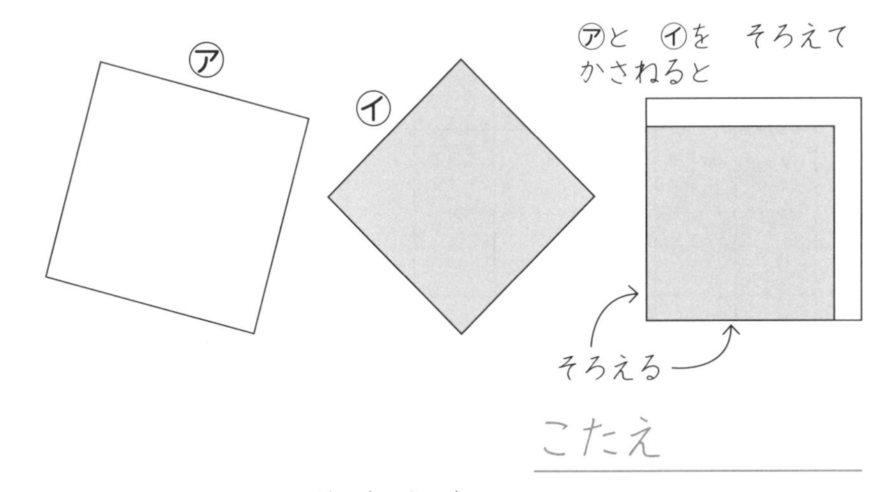

こたえ

3 3まいの　ハンカチ(はんかち)を　かさねます。

① いちばん　ひろいのは　どれですか。

こたえ

② いちばん　せまいのは　どれですか。

こたえ

17 どちらがひろい ②

学習日　月　日　なまえ

1 ㋐と　㋑の　どちらが　ひろいですか。

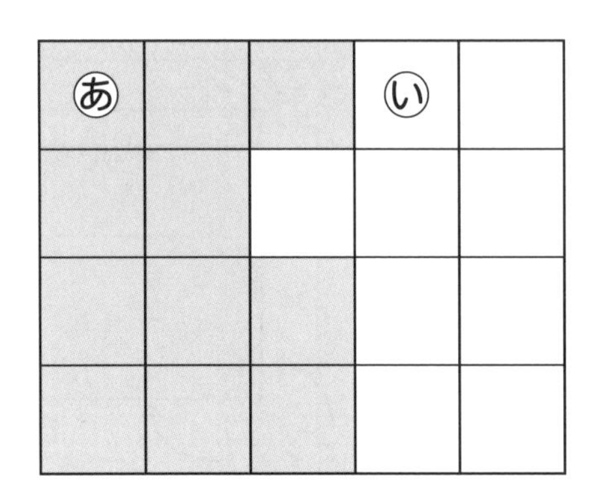

こたえ

2 ① ㋐の　がわの　□は、なんますですか。

こたえ

② ㋑の　がわの　■は、なんますですか。

こたえ

③ ㋐と　㋑の　どちらが　ひろいですか。

こたえ

3 どちらが　ひろいですか。ひろい　ほうに　○を　つけましょう。

①

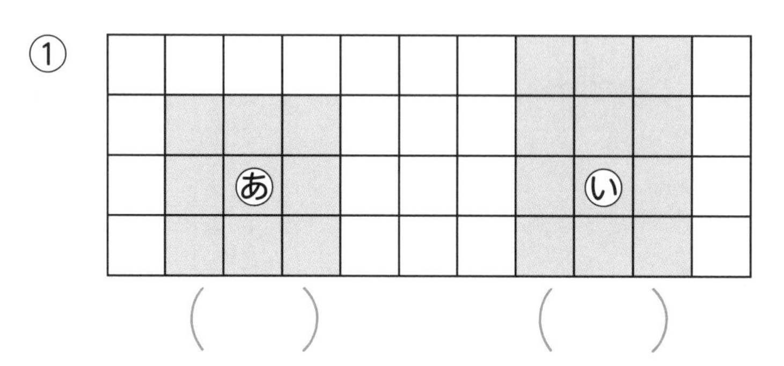

(　　)　(　　)

②

(　　)　(　　)

③

(　　)　(　　)

18 とけい ①

学習日　月　日　なまえ

いろをぬろう　わからない　だいたいできた　できた！

1 とけいを　みて　こたえましょう。

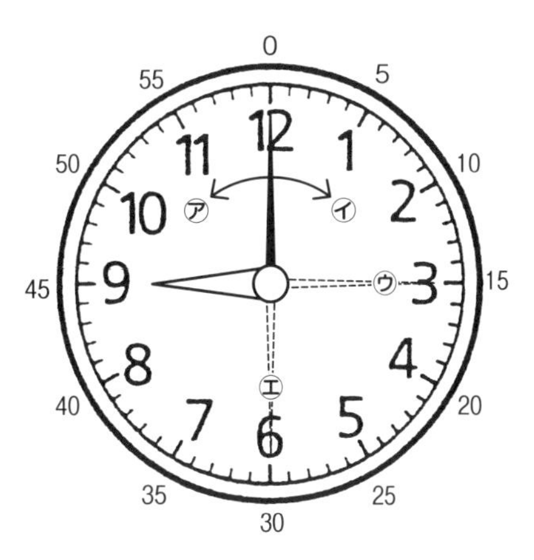

① なんじ　ですか。

こたえ　9じ

② ながい　はりは、㋐と　㋑の　どちらに　うごきますか。

こたえ

③ 30ぷん　たちました。ながい　はりは、㋒と　㋓の　どちらに　ありますか。

こたえ

④ ③のとき、みじかい　はりは、つぎの　あ～うのどこに　ありますか。

あ　9の　ところ

い　10の　ところ

う　9と　10の　あいだ

こたえ

2 とけいを　よみましょう。

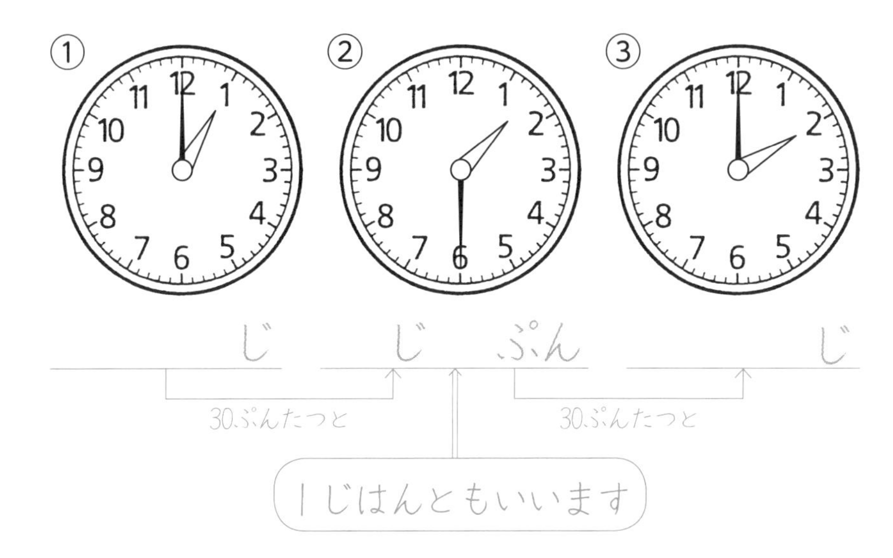

3 とけいを　よみましょう。

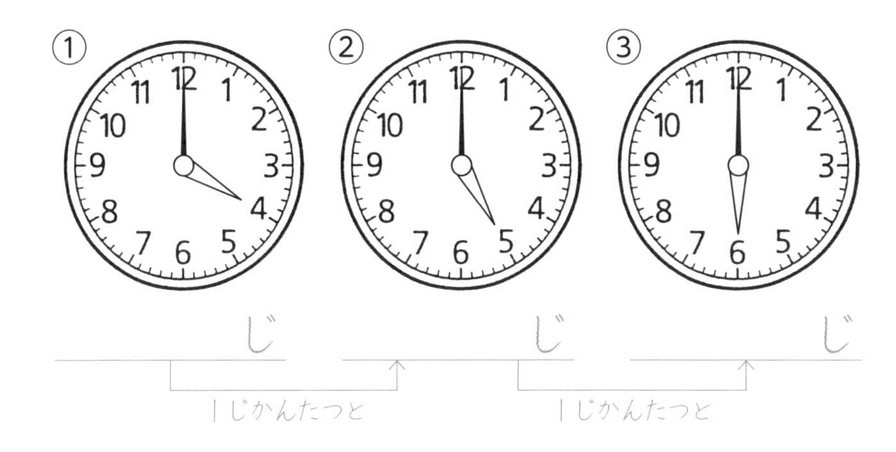

※　とけいの　ながい　はりは、1じかんで　1まわりします。1まわりは　60ぷんです。

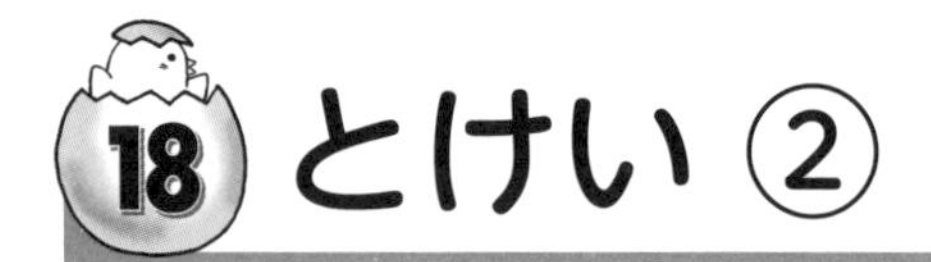

18 とけい ②

学習日　月　日　なまえ

1 とけいを　よみましょう。

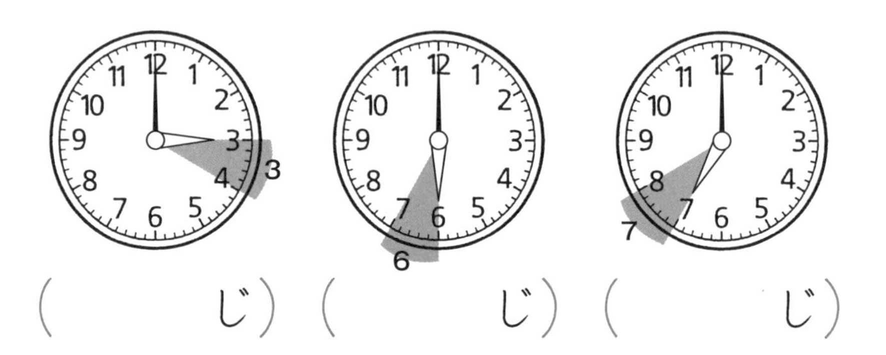

（　　じ）（　　じ）（　　じ）

2 とけいを　よみましょう。

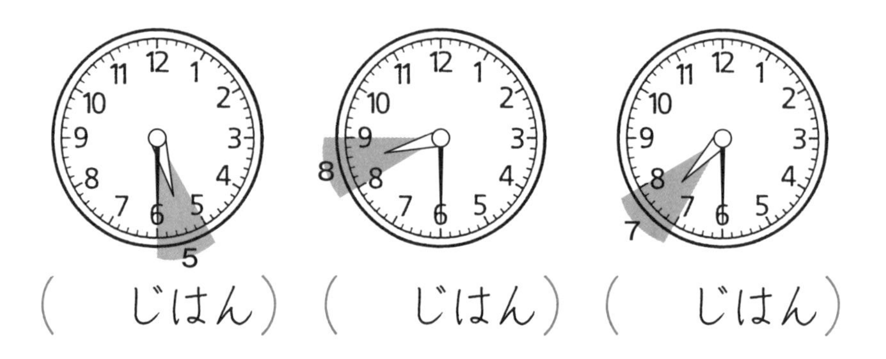

（　　じはん）（　　じはん）（　　じはん）

3 とけいを　よみましょう。

①（　　）②（　　）

③（　　）④（　　）

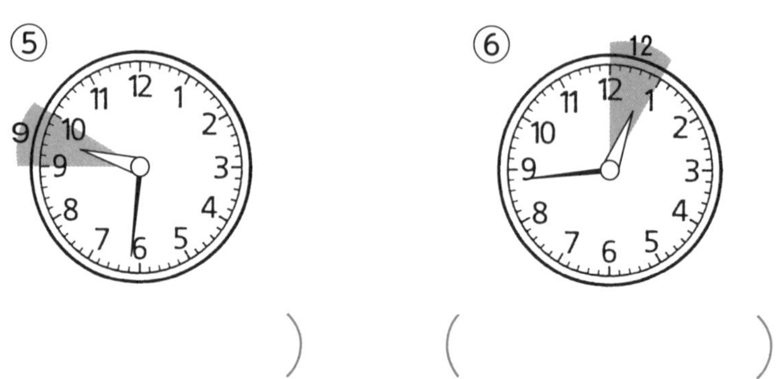

⑤（　　）⑥（　　）

19 特別ゼミ　かぞえかた①

学習日　月　日　なまえ

1　ケーキの　かずを　かぞえます。はこに　ケーキが　2こずつ　はいって　います。

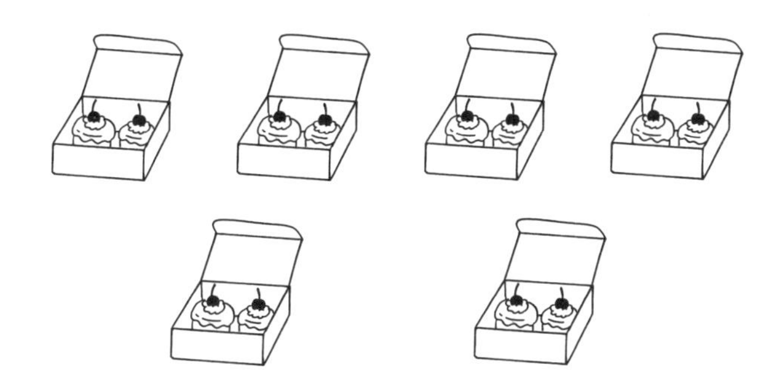

① 1，2，3，…とかぞえて、ケーキの　かずを　かきましょう。

こたえ　　　　　こ

② 1つの　はこに、2こずつ　はいっているので、2，4，6，8，10，…と　かぞえて、ケーキの　かずを　かきましょう。

こたえ　　　　　こ

※　2こずつ、2，4，6，8，10，…と　かぞえるとき、「に，し，ろ，は（や），とお」などと　いいながら、かぞえることが　あります。

2　りんごが　さらに　2こずつ　のって　います。2，4，6，8，10，…と　かぞえて、りんごの　かずを　かきましょう。

こたえ　　　　　こ

2　つぎの　□に　あてはまる　かずを　かきましょう。

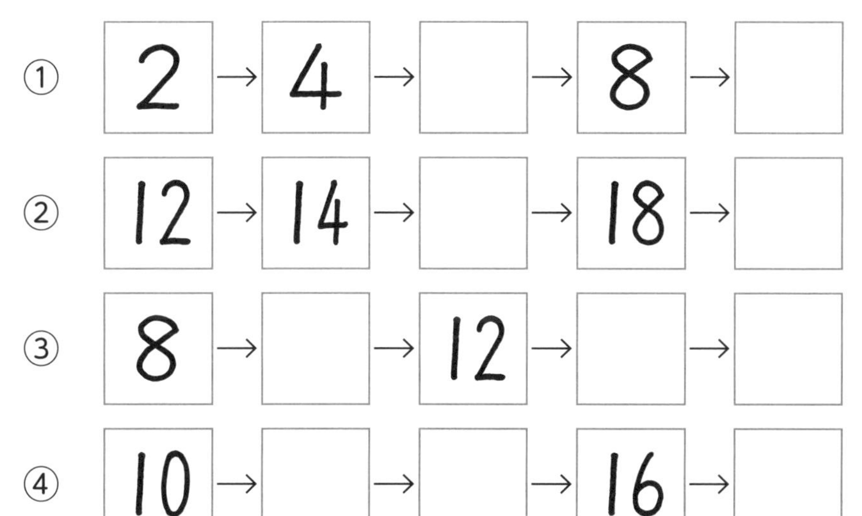

19 特別(とくべつ)ゼミ　かぞえかた ②

学習日　月　日　なまえ

1 バナナが　5ほんずつ　つながって　います。バナナの　かずを　かぞえましょう。

こたえ　　　ぽん

2 つぎの　□に　あてはまる　かずを　かきましょう。

① 5 → □ → 15 → □ → 25

② □ → 30 → □ → 40 → □

③ 5 → 10 → □ → □ → □

3 したの　とけいの　○に　ふんの　めもりを　かきましょう。

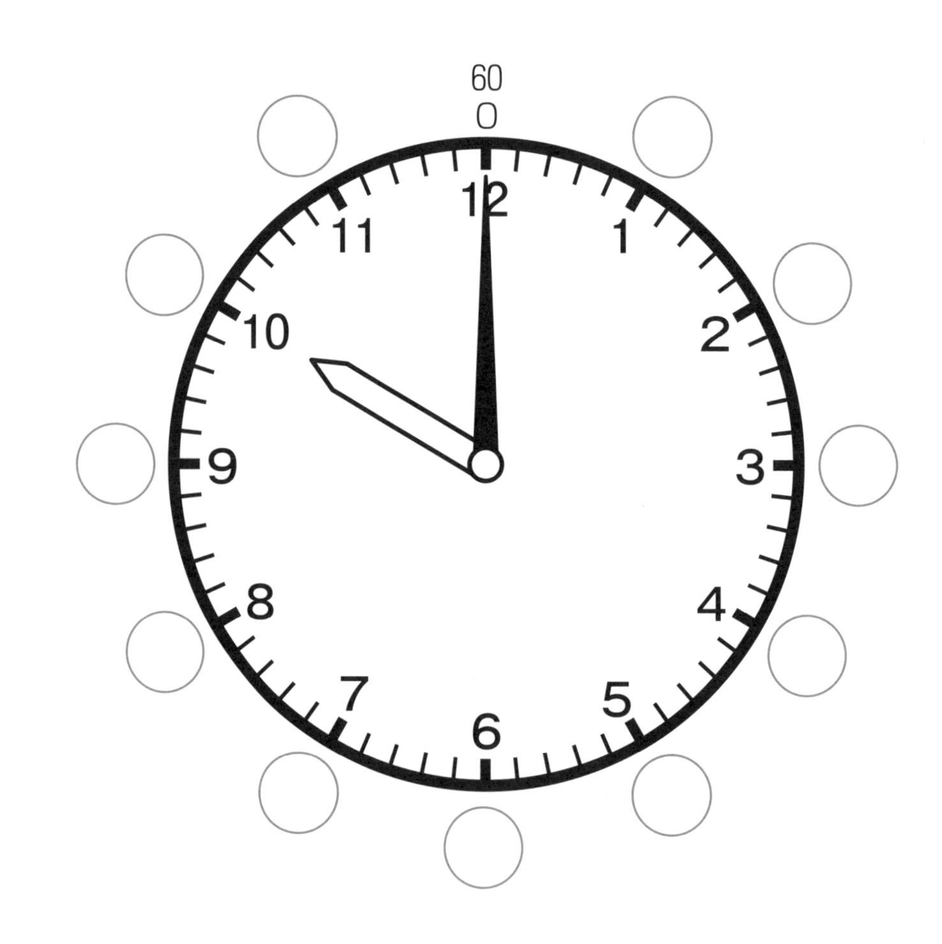

19 特別ゼミ　かぞえかた③

学習日　月　日　なまえ

1　１はこに　キャラメルが　10こ　はいっています。つぎの　キャラメルのかずは　なんこですか。

①

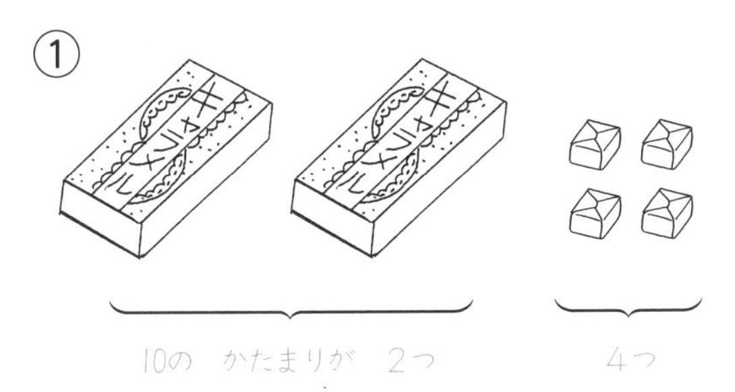

こたえ　24　こ

②

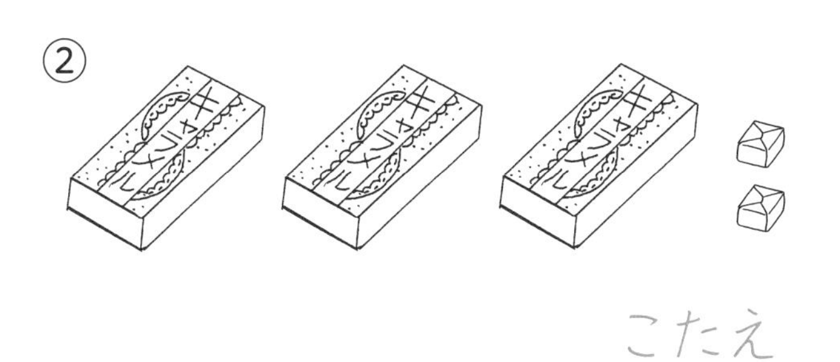

こたえ

③

こたえ

2　つぎの　□に　かずを　かきましょう。

①　②

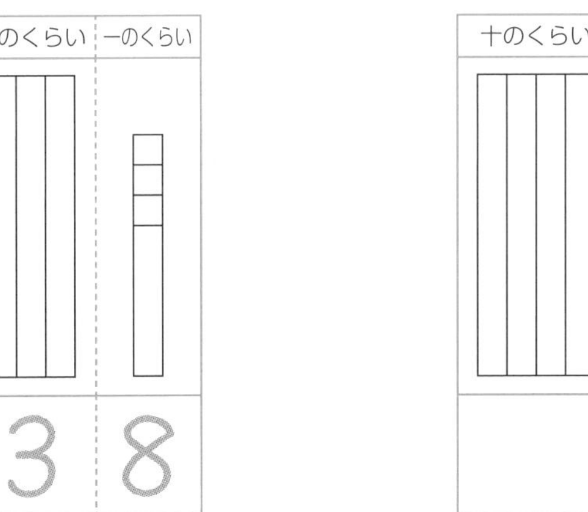

①は、10の　かたまりが　3こと、1が　8こです。

3　つぎの　□に　あてはまる　かずをかきましょう。

①　10の　かたまりが　3こと、1が　8こ　あつまった　かずは　□　です。

②　10の　かたまりが　4こと、1が　7こ　あつまった　かずは　□　です。

19 特別(とくべつ)ゼミ　ずをつかって ①

学習日　月　日　なまえ

つぎの　もんだいを　かんがえて　みましょう。

1　ドングリが　7こ　ありました。おねえさんから　5こ　もらいました。あわせて　なんこ　ありますか。

① ドングリの　えを　○で　かきましょう。

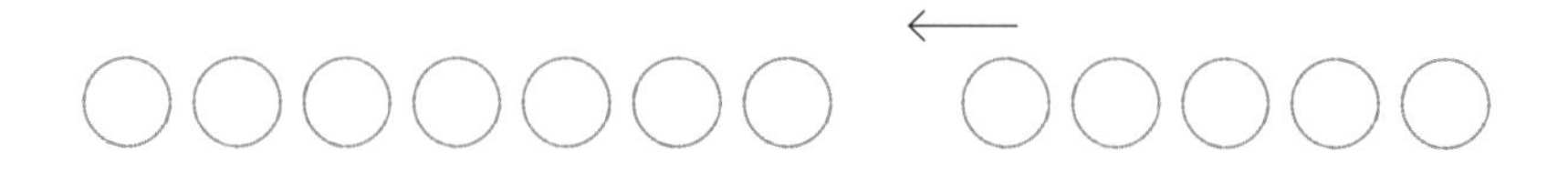

② しきを　かいて、こたえを　だしましょう。

しき　□＋□＝□

こたえ

えの　かわりに、テープで、かんがえて　みましょう。

2　ももが　6こ　ありました。おかあさんから　5こ　もらいました。あわせて　なんこ　ありますか。

① 2つの　テープを　つなげます。

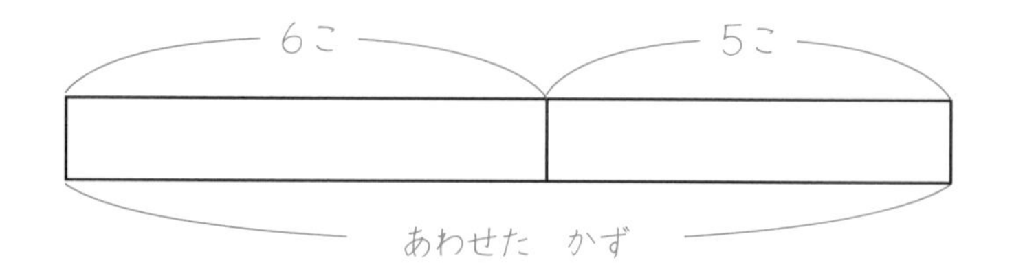

② しきを　かいて、こたえを　だしましょう。

しき　□＋□＝□

こたえ

19 特別（とくべつ）ゼミ　ずをつかって ②

なまえ

1　すずめが　8わ　いました。そこへ　6わ　とんで　きました。いま、すずめは　なんわ　いますか。

はじめ 8 わ　　とんできた 6 わ

あわせた　かず

しき　□＋□＝□

こたえ ＿＿＿＿＿＿

2　ももが　10こ　ありました。ともだちと　いっしょに　4こ　たべました。のこりは　なんこですか。

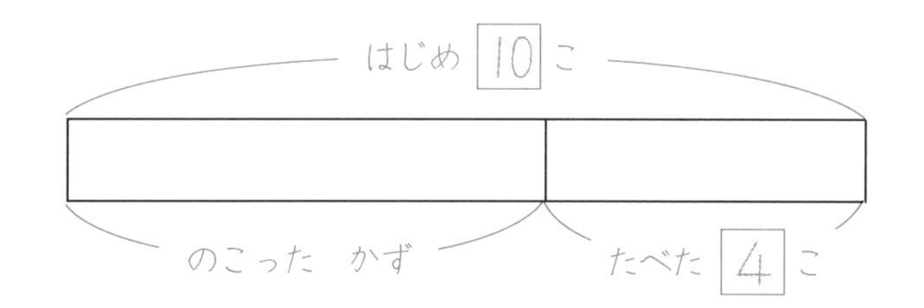

しき　□－□＝□

こたえ ＿＿＿＿＿＿

19 特別ゼミ ずをつかって ③

学習日　月　日　なまえ

1 6にんが ケーキを 1こずつ とりました。でも ケーキは 5こ のこっています。ケーキは はじめに なんこ ありましたか。

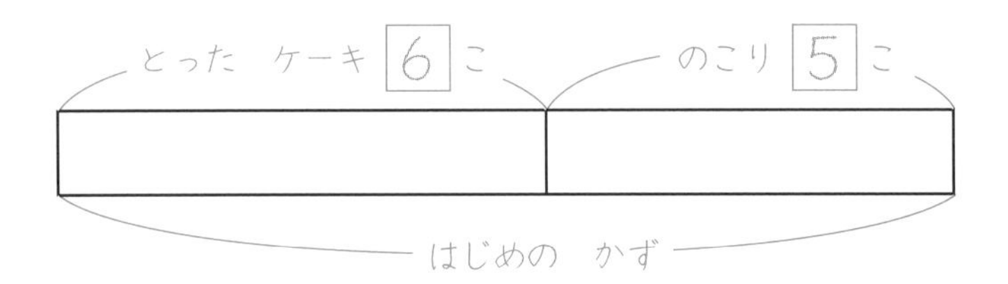

しき □＋□＝□

こたえ ＿＿＿＿

2 おとこのこと、おんなのこが あわせて 13にん います。おとこのこは 7にんです。おんなのこは なんにん いますか。

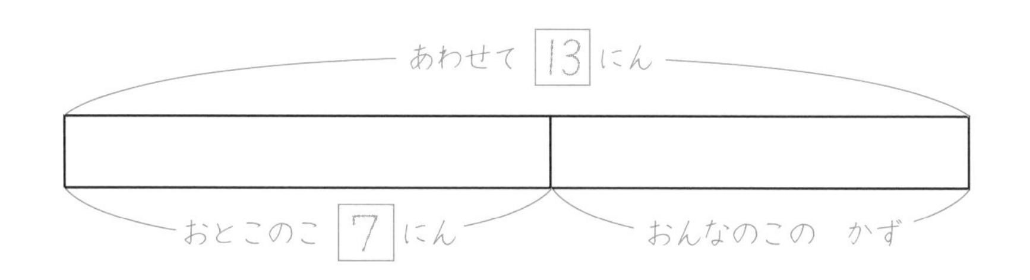

しき □－□＝□

こたえ ＿＿＿＿

特別ゼミ　ずをつかって ④

学習日　月　日　なまえ

1　トンボが　7ひき、バッタが　5ひき います。トンボは、バッタより　なんびき　おおいですか。

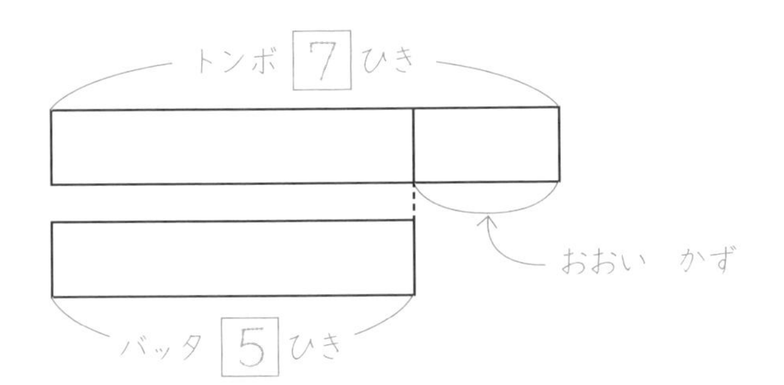

しき □－□＝□

こたえ ＿＿＿＿＿＿

2　にんじんが　7ほん、きゅうりが　12ほん　あります。にんじんは、きゅうりより　なんぼん　すくないですか。

にんじん 7 ほん　すくない　かず

きゅうり 12 ほん

しき □－□＝□

こたえ ＿＿＿＿＿＿

19 特別（とくべつ）ゼミ　ずをつかって ⑤

学習日　月　日　なまえ

1　あかい　はなが　7ほん　あります。しろい　はなは、あかい　はなより　4ほん　おおいです。しろい　はなは、なんぼん　ありますか。

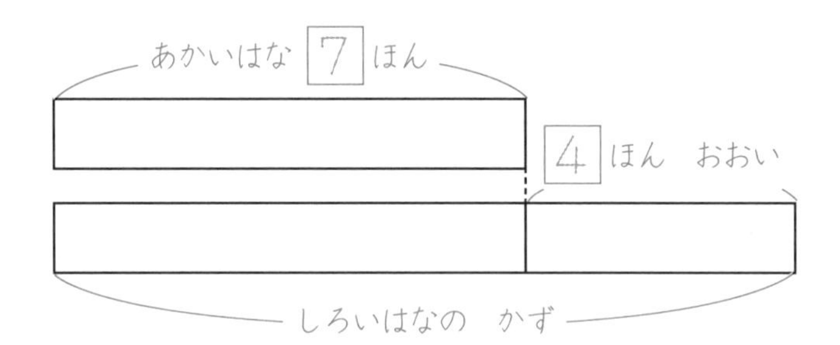

しき □＋□＝□

こたえ ＿＿＿＿＿＿

2　えほんが　13さつと、どうわの　ほんが　あります。どうわの　ほんは、えほんより　5さつ　すくないです。どうわの　ほんは、なんさつ　ありますか。

えほん 13 さつ
どうわの　ほんの　かず
5 さつ　すくない

しき □－□＝□

こたえ ＿＿＿＿＿＿

19 特別ゼミ　きそくをつかむ

学習日　月　日　なまえ

1　あかい　つみき（■）と、しろい　つみき（□）を　つんでいます。つぎに　つむのは、どちらの　いろですか。

①
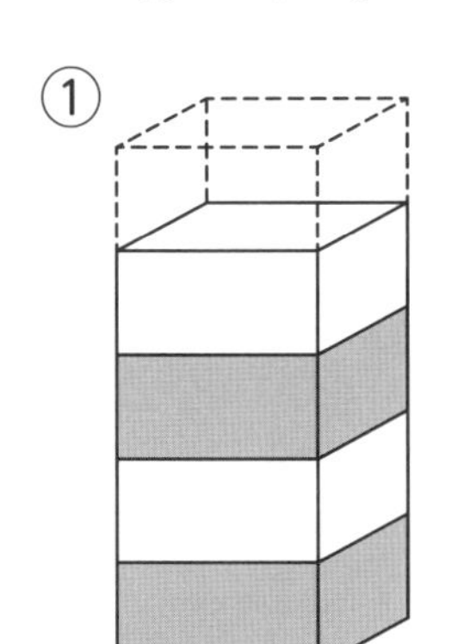

②
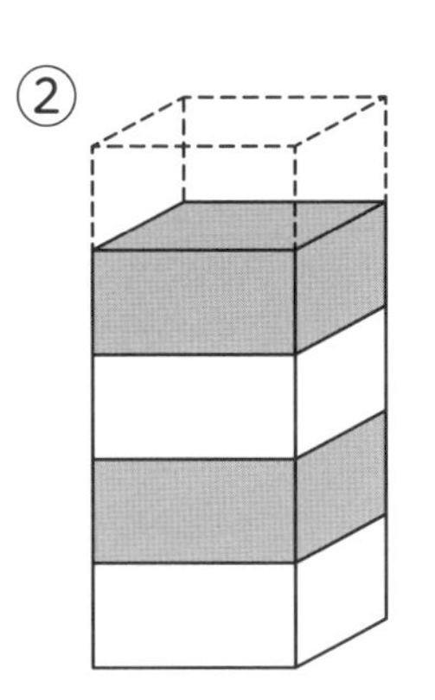

③
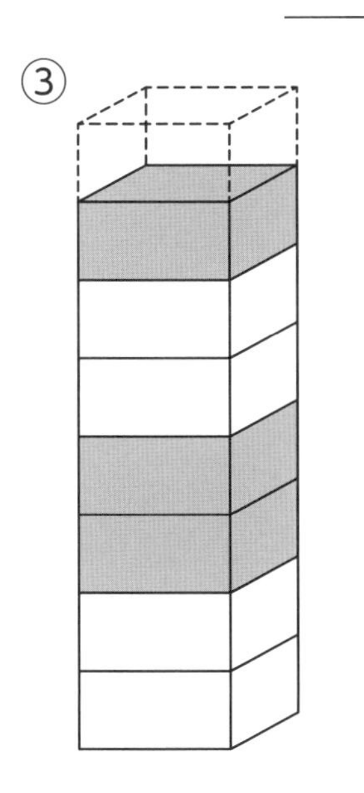

④
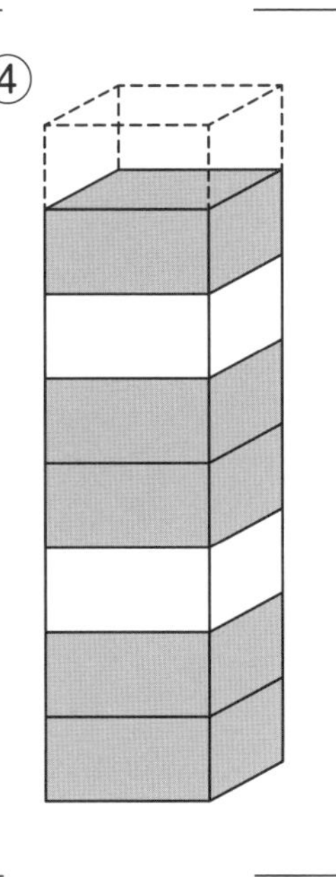

2　ある　ひみつの　ルールに　よって、あかの　タイルと、しろの　タイルで　つくった　あんごうが　とどきました。⬇の　ところが　こわれています。ここに　はいる　タイルは、なにいろですか。

①
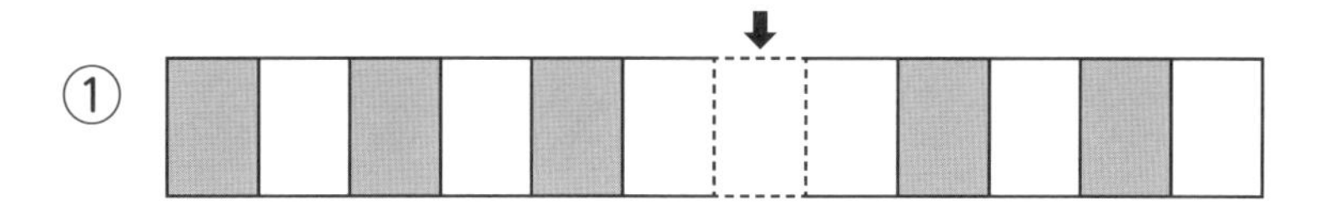

②
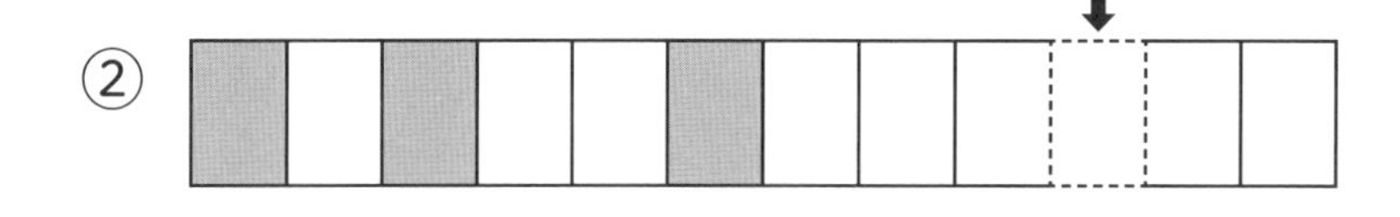

③
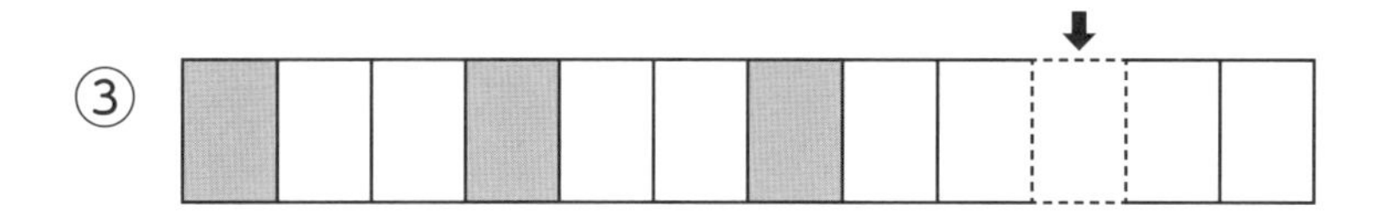

④
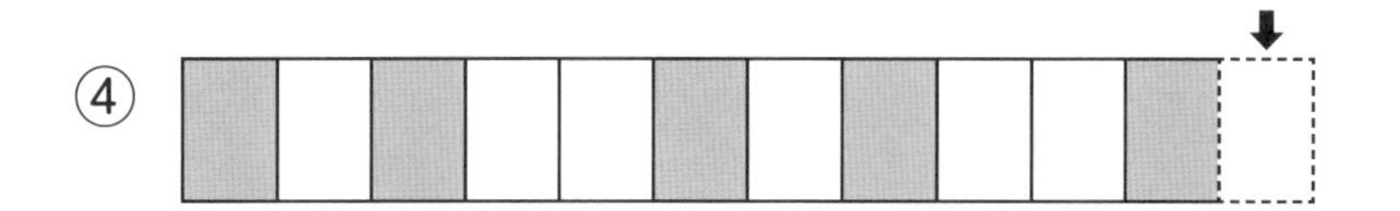

19 特別ゼミ　いろいろためす

学習日　月　日　なまえ

いろをぬろう

1　みぎのように　９この　へやの　ある　いえが　あります。１つの　へやには、コウモリが　すんでいます。

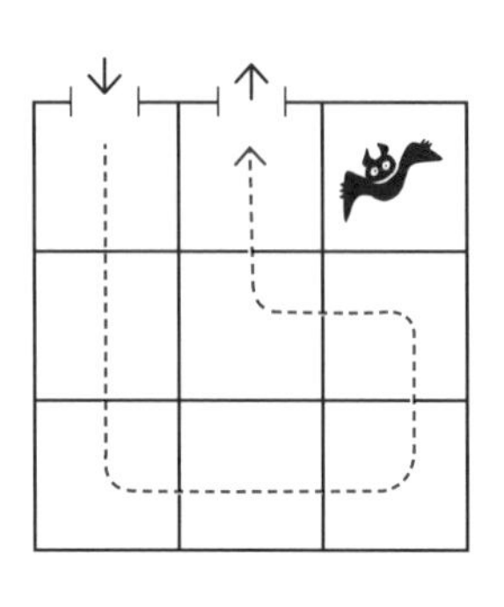

どのへやも　１かいだけ　とおり、コウモリの　へやは　とおらないで、でぐちに　いくには　どのように　いけば　よいですか。

①
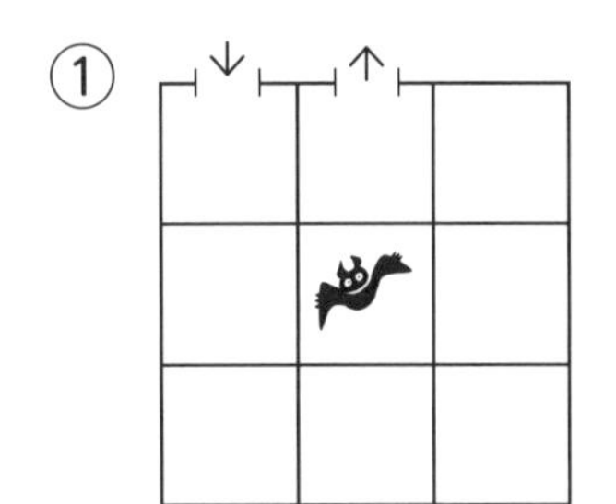

②
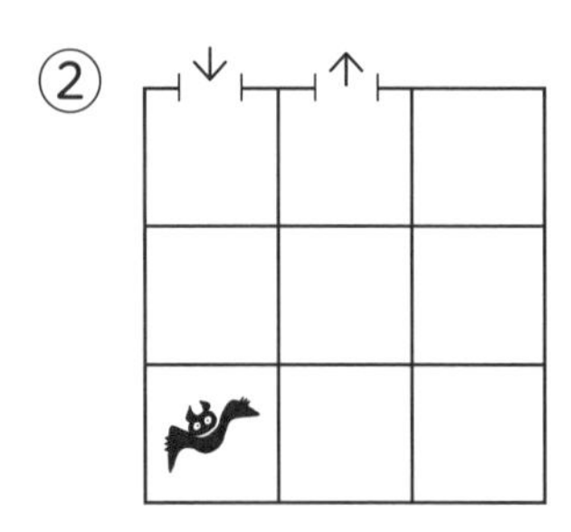

③
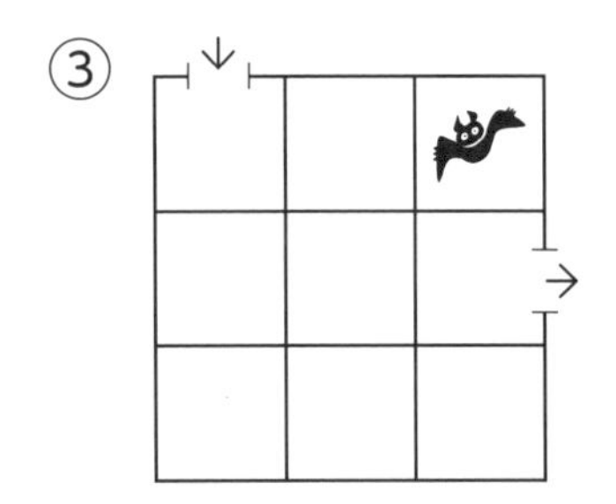

④
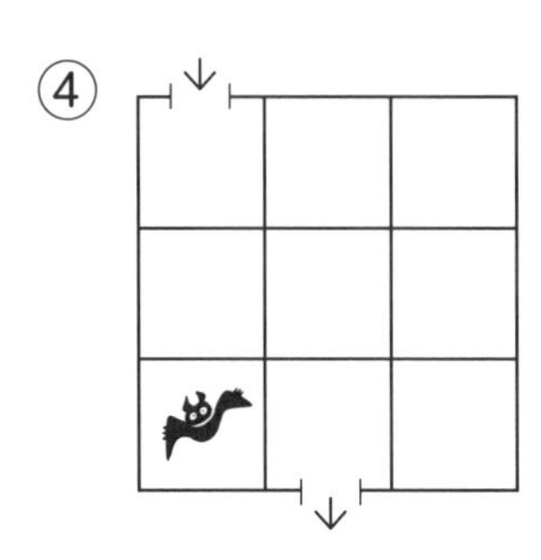

2　つぎのような　16この　へやのときは　どのように　いけば　よいですか。いきかたを　かんがえましょう。

①

②
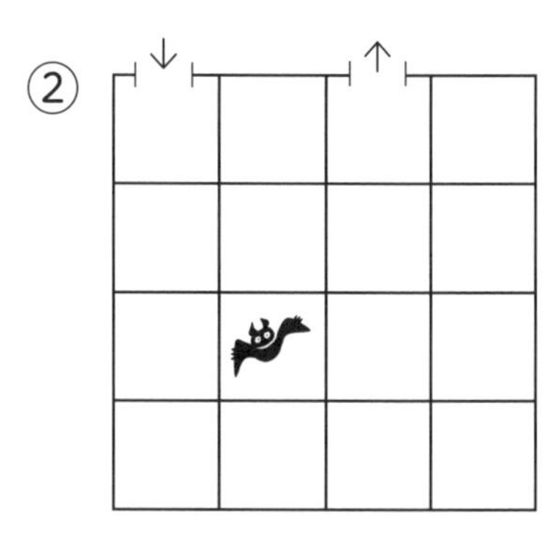

③
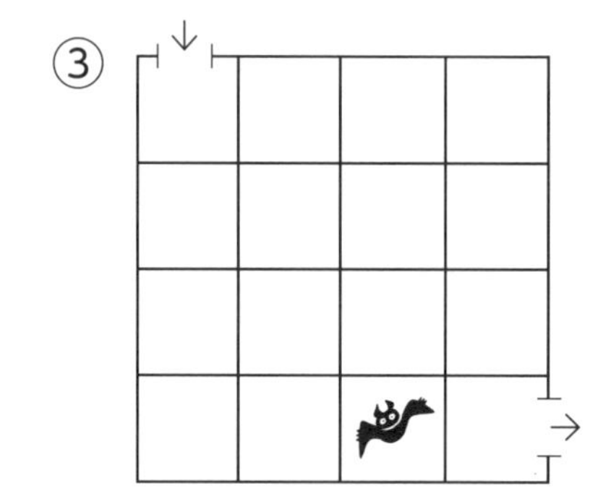

④
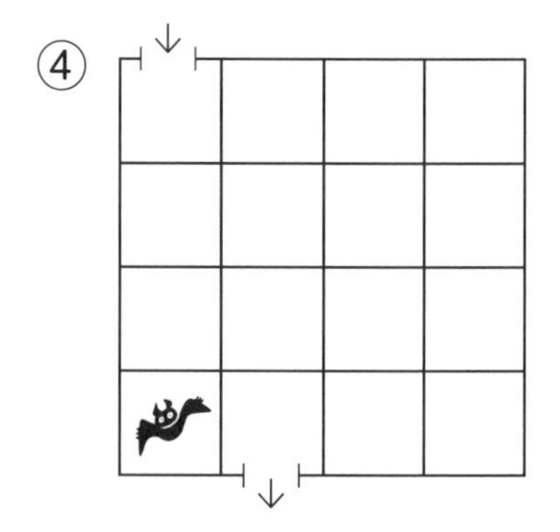

こたえ

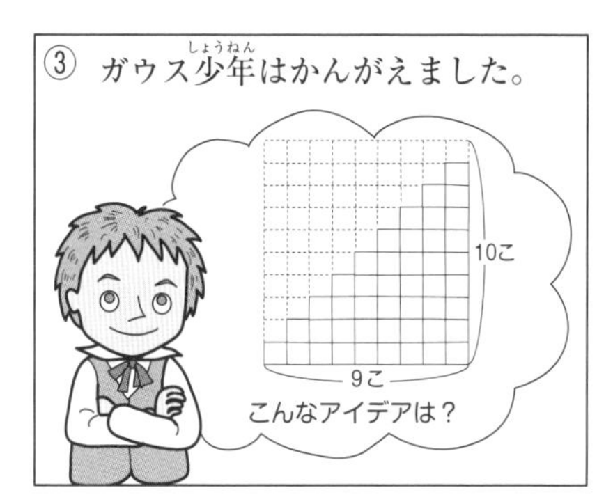

ガウス
（1777年〜1855年）
ドイツ

ドイツのブラウンシュヴァイクというところの貧しい家に生まれました。

父親はレンガ積みの職人だったので、ガウスに最高の教育を受けさせようとは、考えてもいませんでした。

しかし、少年のころからかしこく、「神童」といわれていたことを知った領主は、お金を出すので、進学させるように父親にすすめました。

父親のゆるしをもらい、ブラウンシュヴァイクにある学校に入りました。ここで、学問にたいする基礎知識を身につけてから、ゲッチンゲン大学へと進学しました。

「数学の父」といわれるほどの大数学者になっていきました。数学のいろいろな分野でも活躍しましたが、磁気、電気、光などの重要な研究もしました。磁気の強さをあらわす単位に彼の名前の「ガウス」が使われています。

5までのかず ①

学習日　月　日　なまえ

いろを ぬろう　わからない　だいたい できた　できた！

1 おなじ なかまに おなじ いろを ぬりましょう。

2 おなじ なかまに おなじ いろを ぬりましょう。

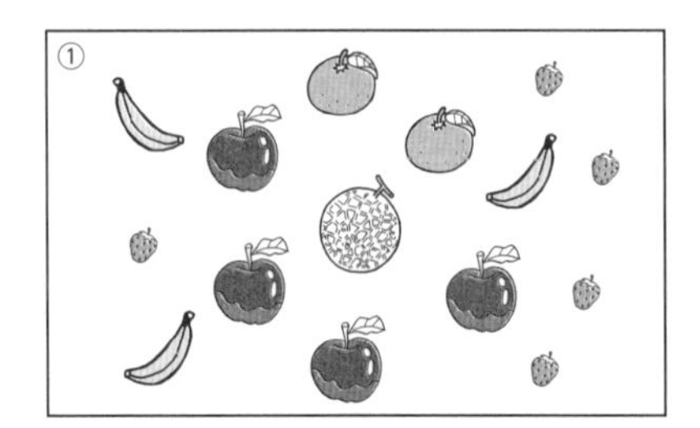

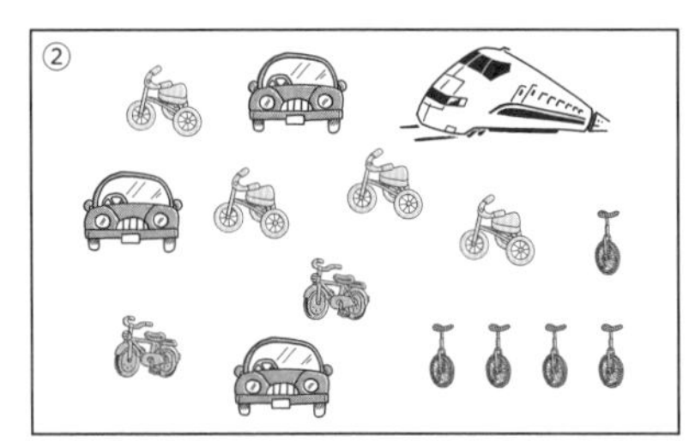

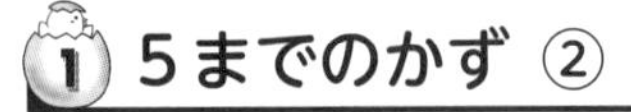

5までのかず ②

学習日　月　日　なまえ

いろを ぬろう　わからない　だいたい できた　できた！

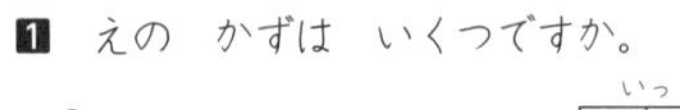

1 えの かずは いくつですか。

① すいかは 1（いっ） こ

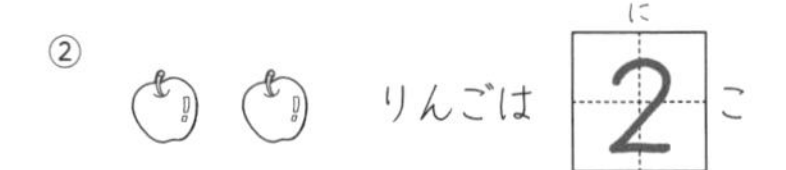

② りんごは 2（に） こ

③ みかんは 3（さん） こ

④ ももは 4（よん） こ

⑤ いちごは 5（ご） こ

2 すうじの れんしゅうを しましょう。

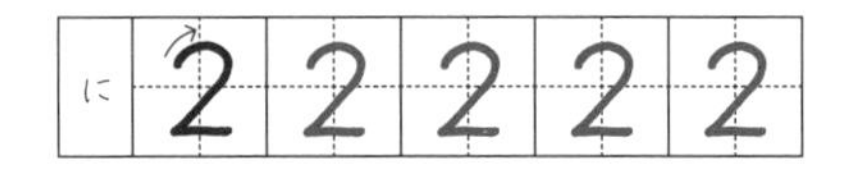

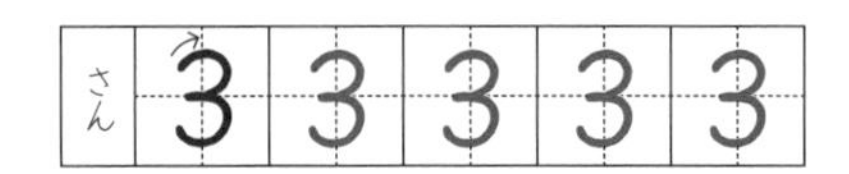

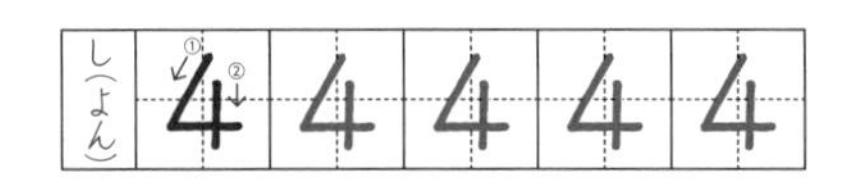

5までのかず ③

学習日　月　日　なまえ

いろを ぬろう　わからない　だいたい できた　できた！

1 おなじ かずを せんで むすびましょう。

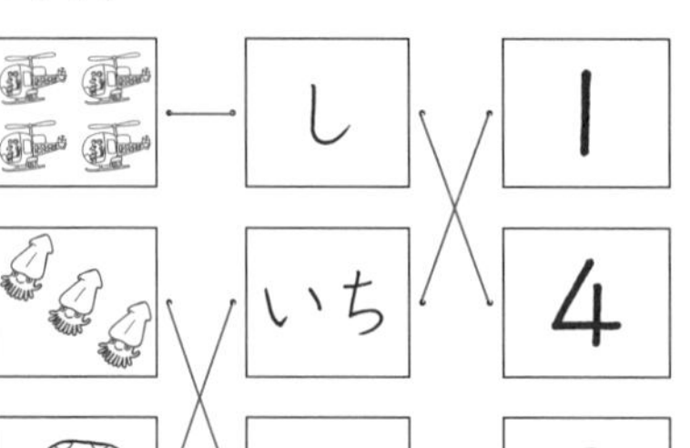

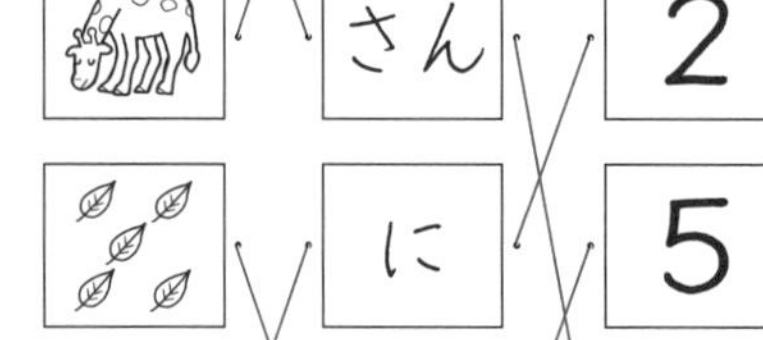

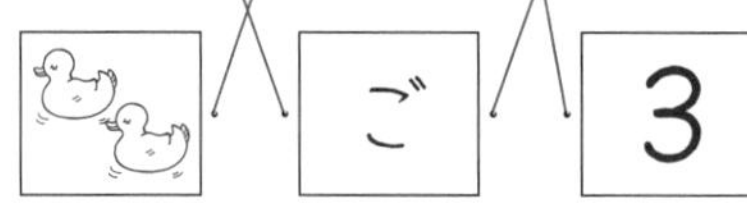

2 さいころの めの かずは いくつですか。□に かきましょう。

①

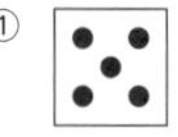

②

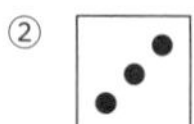

③

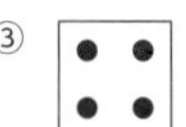

④

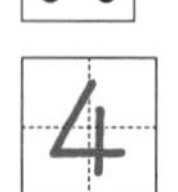

⑤

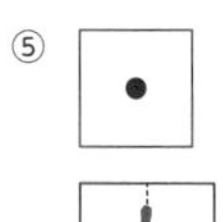

1

5までのかず ④

学習日　月　日　なまえ

いろを ぬろう　わからない　だいたい できた　できた！

1 えの かずは いくつですか。

① みかんは 4 こ

② めろんは 1 こ

③ れもんは 3 こ

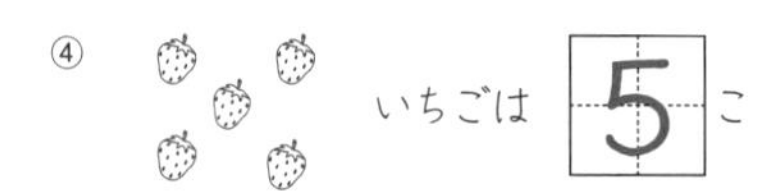

④ いちごは 5 こ

⑤ ももは 2 こ

2 えの かずと おなじ かずの タイ（たい）ルを せんで つなぎましょう。

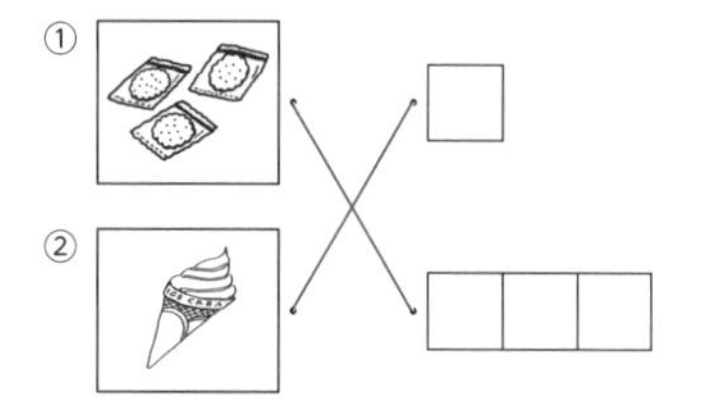

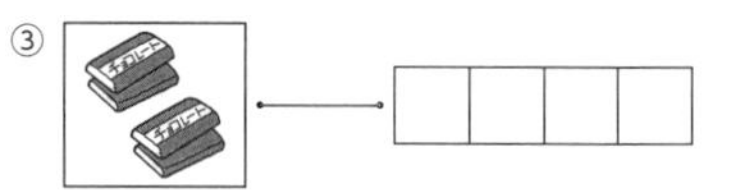

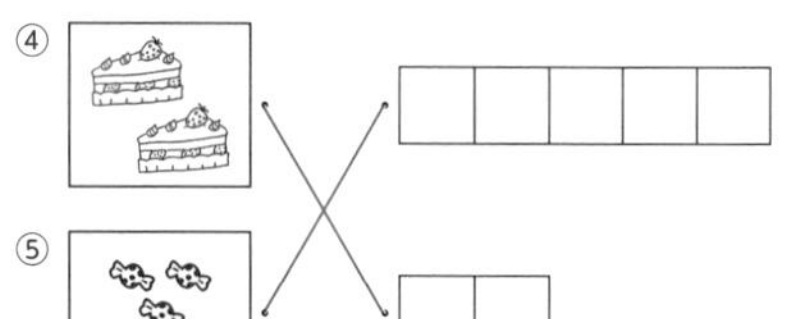

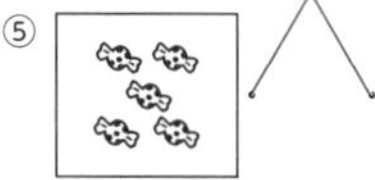

1 5までのかず ⑤

学習日　月　日　なまえ　いろをぬろう　わからない　だいたいできた　できた!

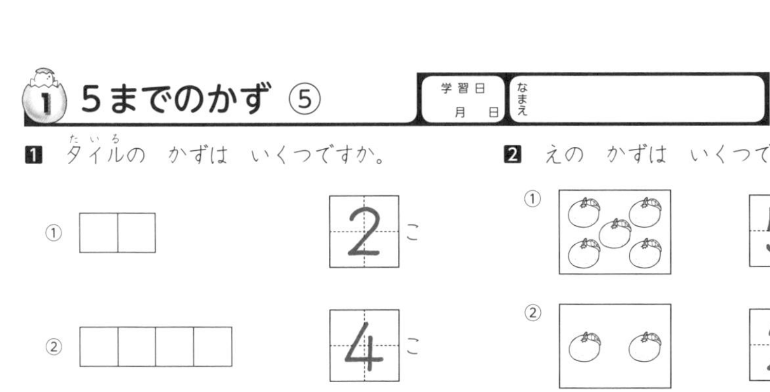

1 タイル(たいる)の　かずは　いくつですか。

① 2こ
② 4こ
③ 3こ
④ 1こ
⑤ 5こ

2 えの　かずは　いくつですか。

① 5こ
② 2こ
③ 1こ
④ 3こ
⑤ 4こ

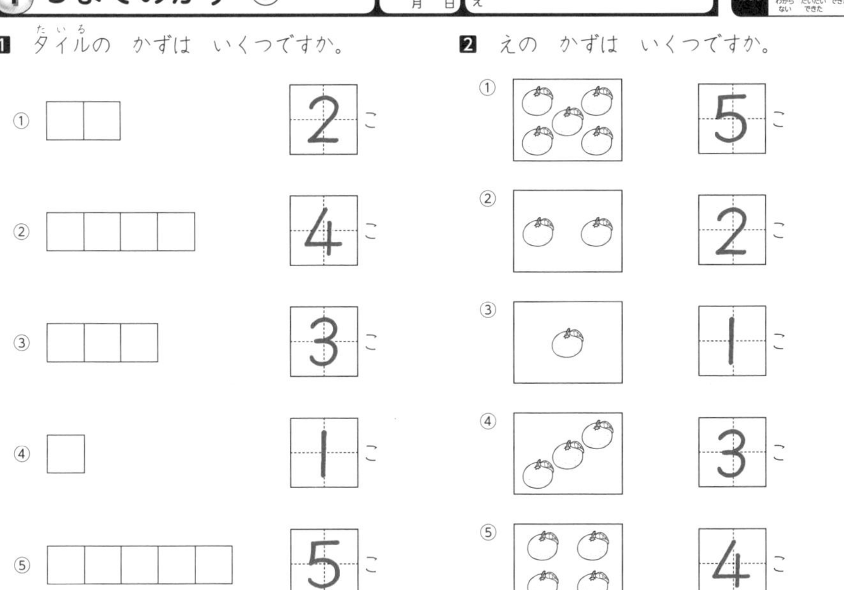

1 5までのかず ⑥

学習日　月　日　なまえ　いろをぬろう　わからない　だいたいできた　できた!

1 つみきは　いくつ　ありますか。

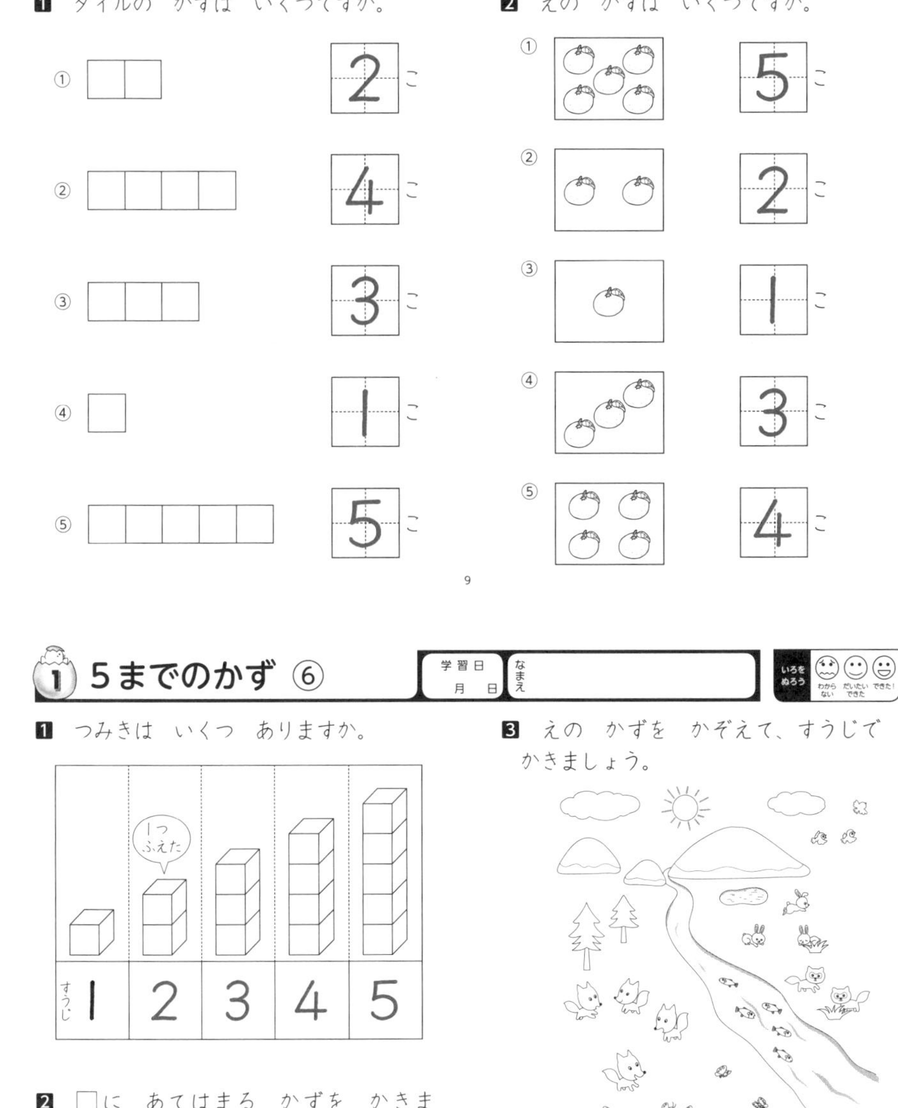

2 □に　あてはまる　かずを　かきましょう。

1→2→3→4→5
1→2→3→4→5

3 えの　かずを　かぞえて、すうじで　かきましょう。

①（1）②（3）③（2）④（4）⑤（5）

1 5までのかず ⑦

学習日　月　日　なまえ　いろをぬろう　わからない　だいたいできた　できた!

1 ひとつ　ふえた　かずを　かきましょう。

① 2
② 3
③ 4
④ 5

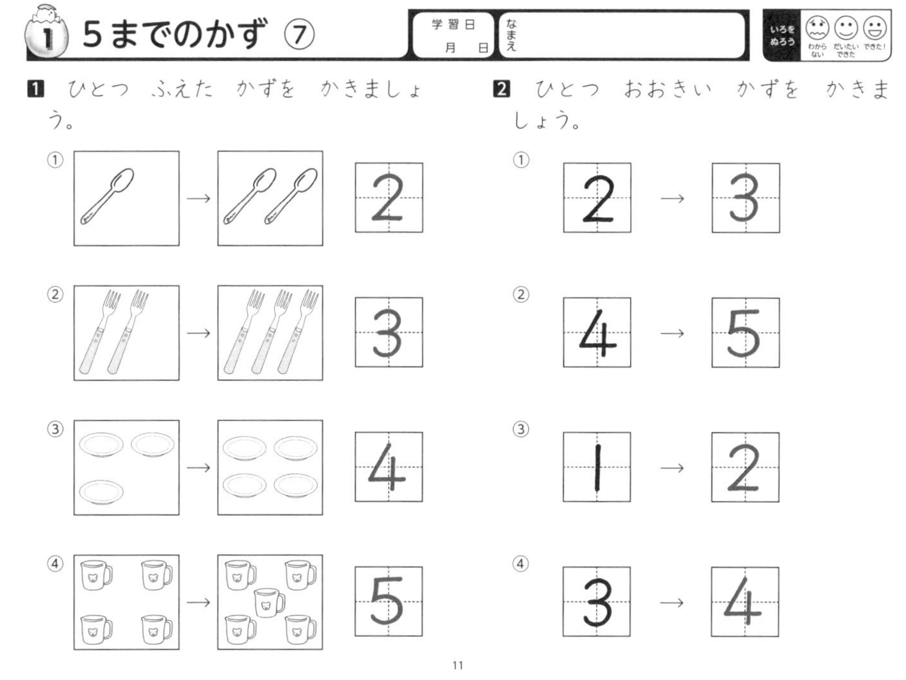

2 ひとつ　おおきい　かずを　かきましょう。

① 2 → 3
② 4 → 5
③ 1 → 2
④ 3 → 4

1 5までのかず ⑧

学習日　月　日　なまえ　いろをぬろう　わからない　だいたいできた　できた!

1 ひとつ　へった　かずを　かきましょう。

① 4
② 3
③ 2
④ 1

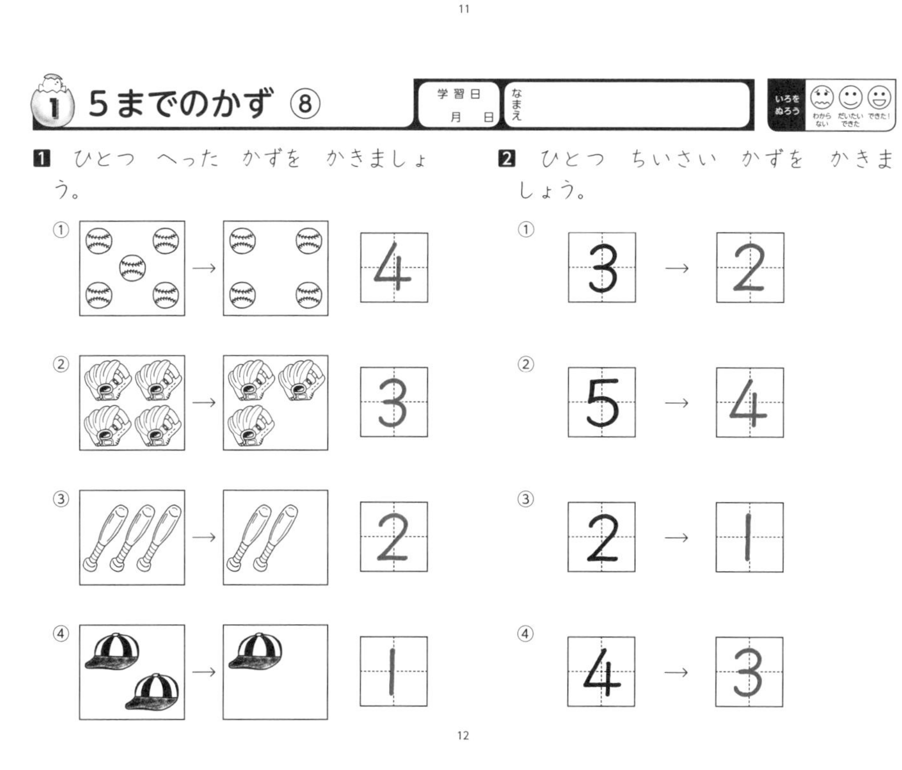

2 ひとつ　ちいさい　かずを　かきましょう。

① 3 → 2
② 5 → 4
③ 2 → 1
④ 4 → 3

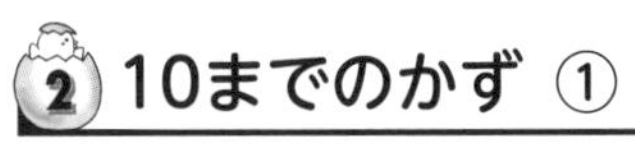

10までのかず ①

1 えの　かずは　いくつですか。

① すいかは 6（ろく） こ

② りんごは 7（しち） こ

③ みかんは 8（はち） こ

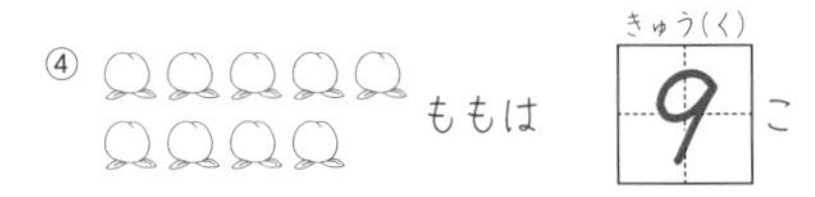
④ ももは 9（きゅう（く）） こ

⑤ いちごは 10（じっ（じゅう）） こ

2 すうじの　れんしゅうを　しましょう。

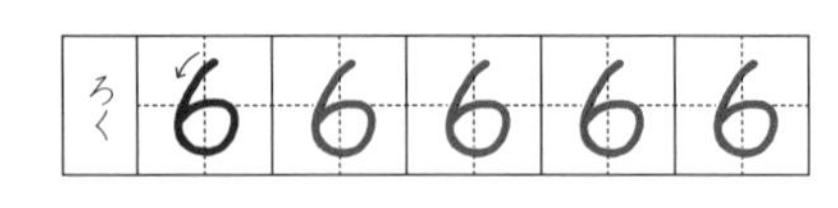

ろく	6	6	6	6	6
しち	7	7	7	7	7
はち	8	8	8	8	8
く（きゅう）	9	9	9	9	9
じゅう	10	10	10	10	10

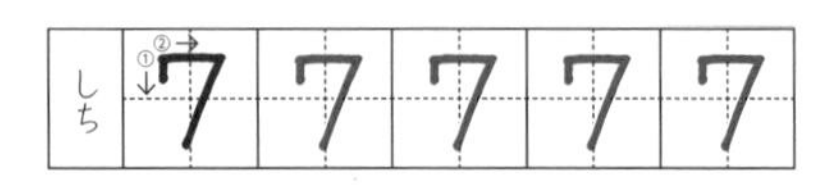

10までのかず ②

1 タイルの　かずを　かぞえて　すうじで　かきましょう。

① …… すうじは 6

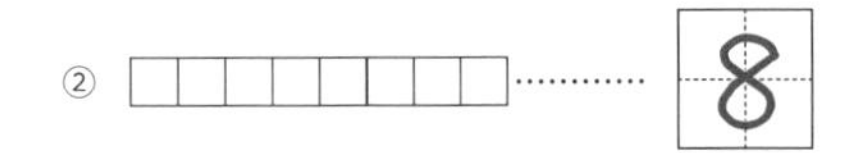
② ………… 8

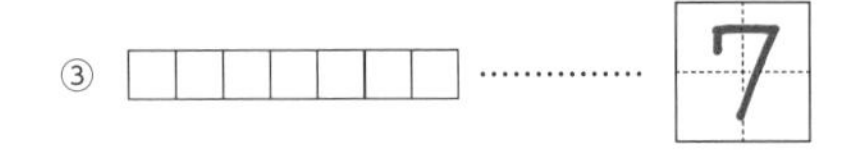
③ ………… 7

④ …… 9

⑤ … 10

2 えの　かずと　おなじ　かずの　つみきを　せんで　つなぎましょう。

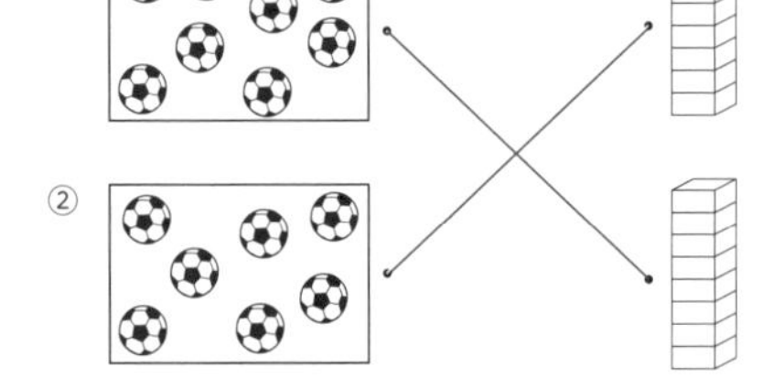

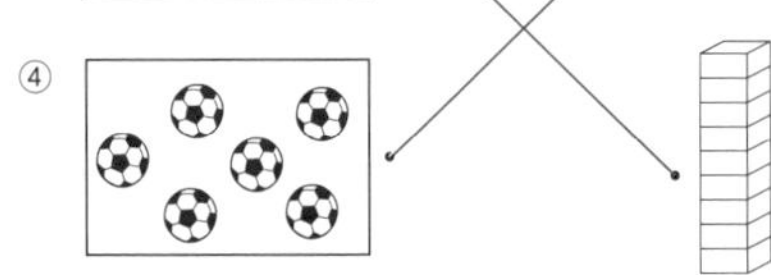

10までのかず ③

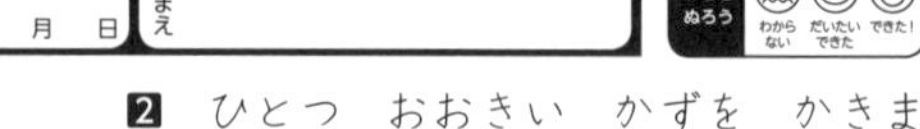

1 ひとつ　ふえた　かずを　かきましょう。

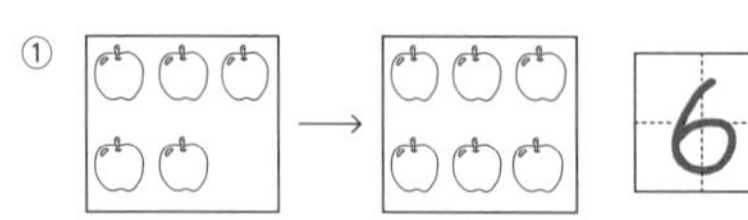
① 6

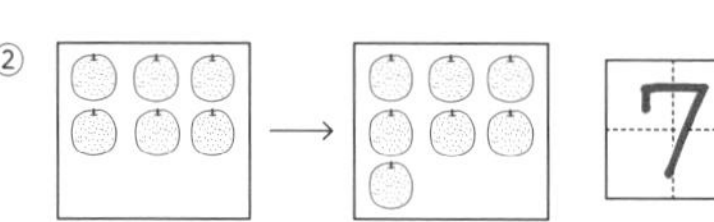

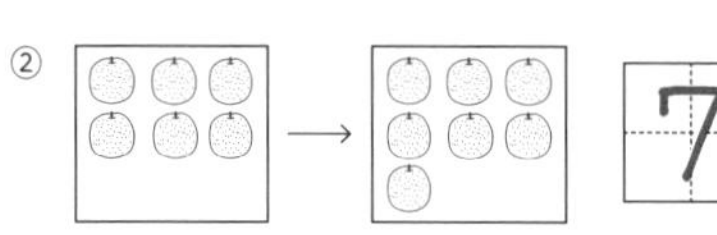
② 7

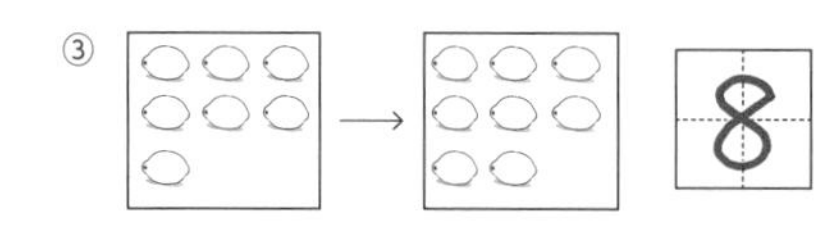
③ 8

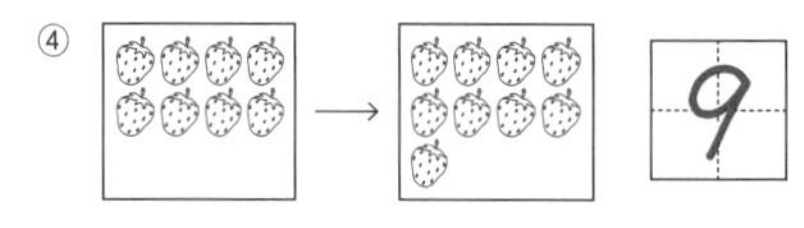
④ 9

2 ひとつ　おおきい　かずを　かきましょう。

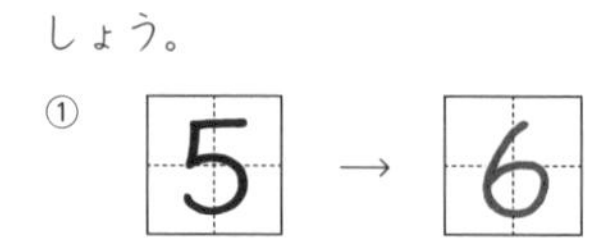
① 5 → 6

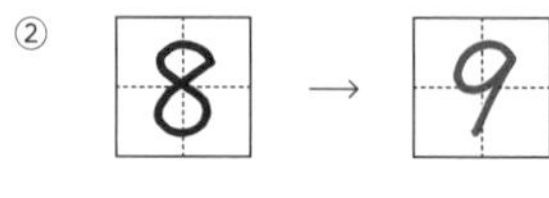

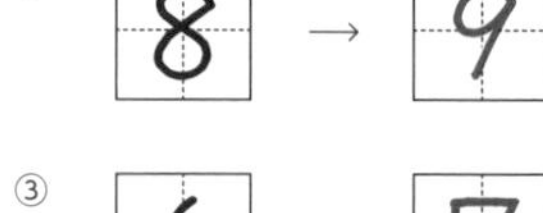
② 8 → 9

③ 6 → 7

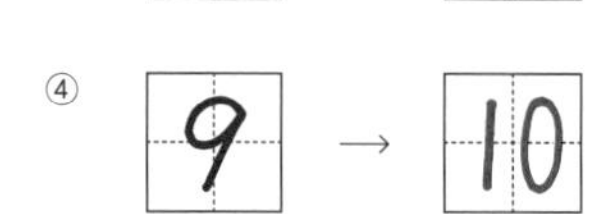
④ 9 → 10

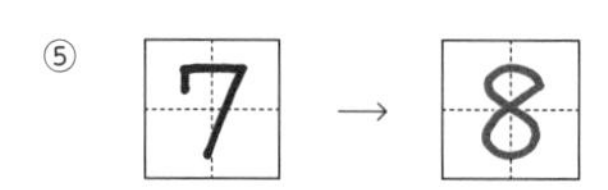
⑤ 7 → 8

10までのかず ④

1 ひとつ　へった　かずを　かきましょう。

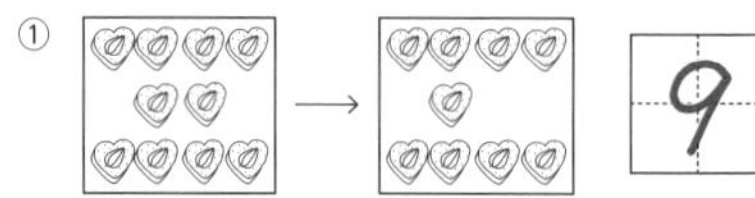

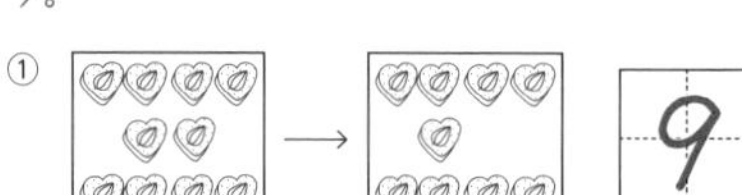
① 9

② 8

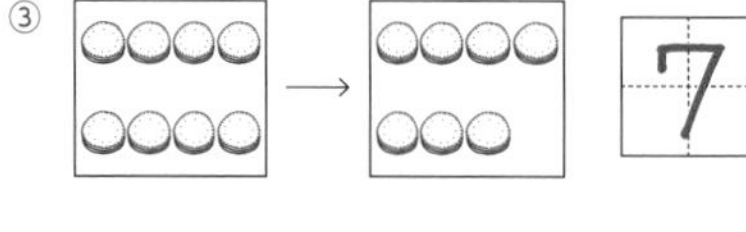
③ 7

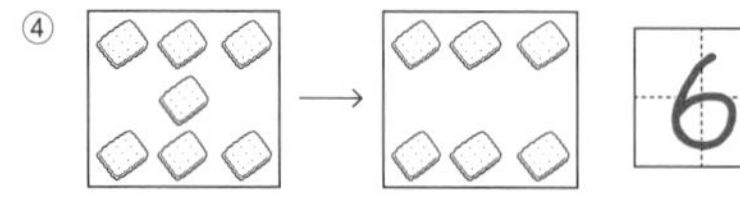
④ 6

2 ひとつ　ちいさい　かずを　かきましょう。

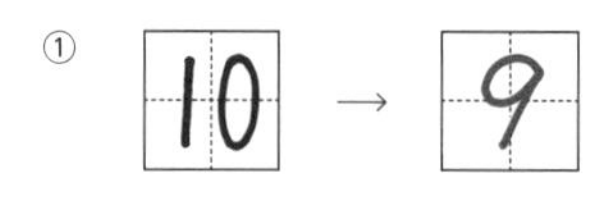
① 10 → 9

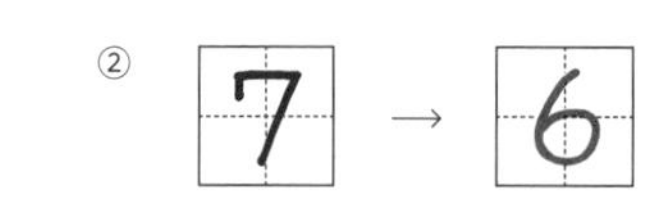
② 7 → 6

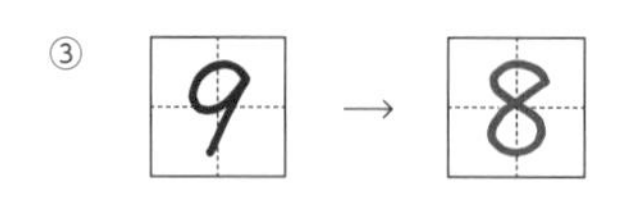
③ 9 → 8

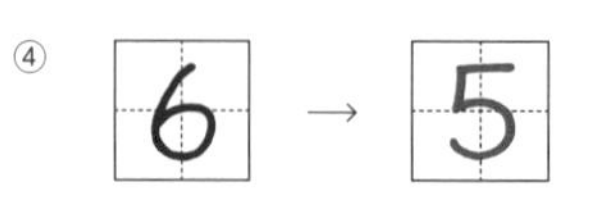
④ 6 → 5

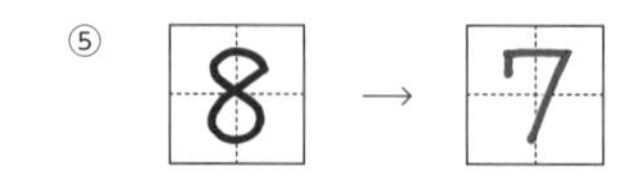
⑤ 8 → 7

10までのかず ⑤

いろを ぬろう　わからない　だいたい できた　できた!

1 えの　かずを　かぞえて　すうじで　かきましょう。

① 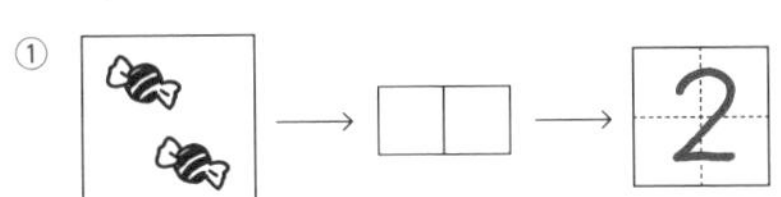 → □□ → 2

② （1こ たべた／1こ なくす） → 1

③ （これも たべた／1こも ない） → 0

2 0（れい）の　れんしゅうを　しましょう。

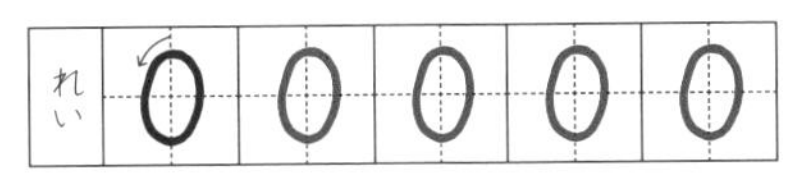

3 えの　かずは　いくつですか。

① 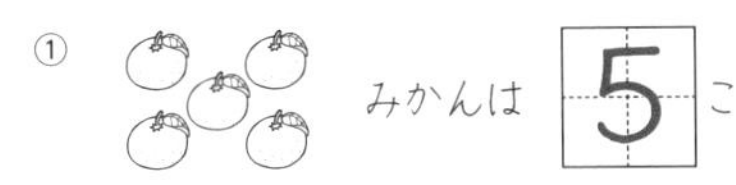 みかんは 5 こ

② みかんは 2 こ

③ みかんは 0 こ

④ みかんは 3 こ

⑤ みかんは 4 こ

10までのかず ⑦

1 タイル（たいる）を　2つに　わけます。

① 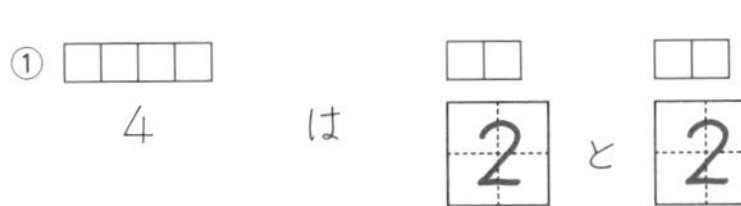 4 は 2 と 2

② 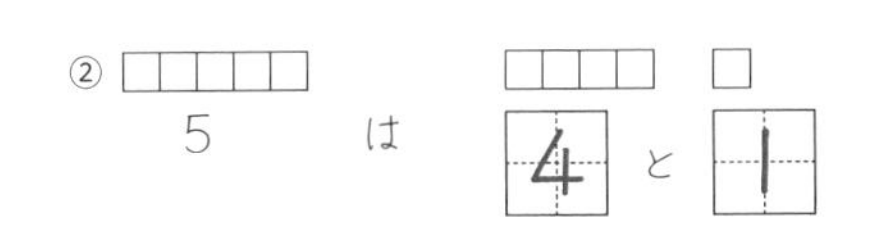 5 は 4 と 1

③ 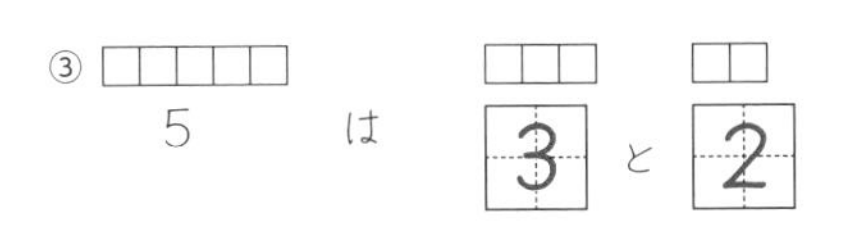 5 は 3 と 2

④ 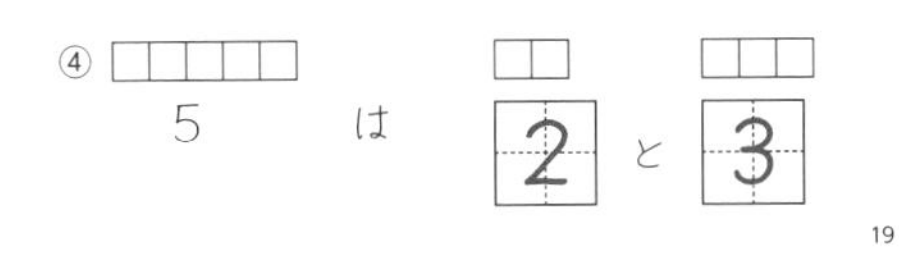 5 は 2 と 3

2 □に　あてはまる　かずを　かきましょう。

	上	下
①	2	1・1
②	3	1・2
③	3	2・1
④	4	1・3
⑤	4	3・1
⑥	5	1・4
⑦	5	2・3
⑧	5	3・2

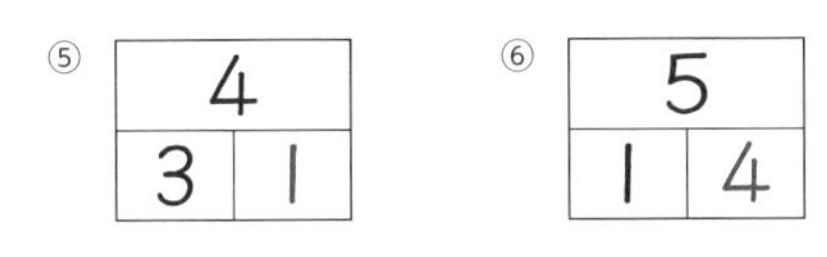

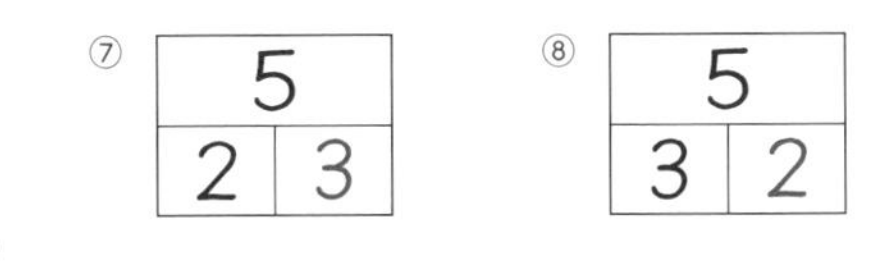

10までのかず ⑥

1 □に　かずを　かきましょう。

① 0 → 1 → 2 → 3 → 4 → 5 → 6 → 7 → 8 → 9

② 1 → 2 → 3 → 4 → 5 → 6 → 7 → 8 → 9 → 10

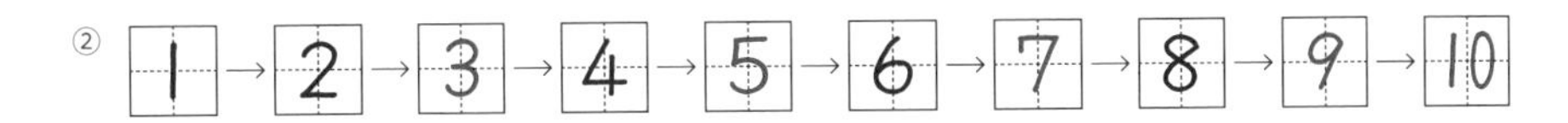

③ 9 → 8 → 7 → 6 → 5 → 4 → 3 → 2 → 1 → 0

④ 10 → 9 → 8 → 7 → 6 → 5 → 4 → 3 → 2 → 1

⑤ 2 → 4 → 6 → 8 → 10

⑥ 1 → 3 → 5 → 7 → 9

2こずつ ふえるよ

10までのかず ⑧

1 6を　2つに　わけます。

①  6は 5 と 1

②  6は 4 と 2

③  6は 3 と 3

④  6は 2 と 4

⑤ 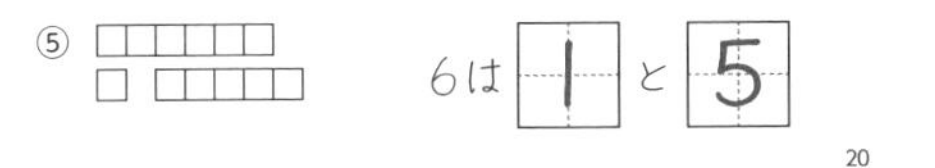 6は 1 と 5

2 7を　2つに　わけます。

① 7は 6 と 1

② 7は 5 と 2

③ 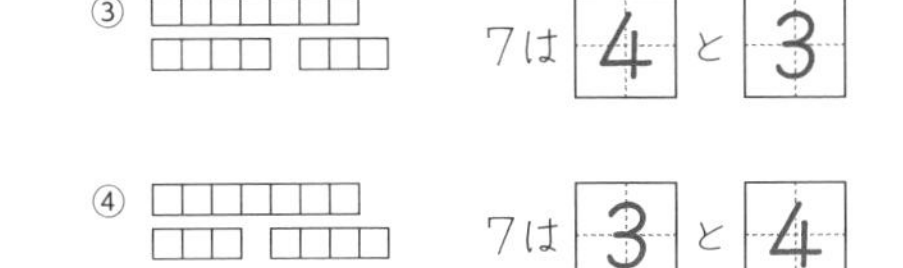 7は 4 と 3

④ 7は 3 と 4

⑤  7は 2 と 5

⑥  7は 1 と 6

2 10までのかず ⑨

学習日　月　日　なまえ

いろをぬろう　わからない　だいたいできた　できた!

1 8を　2つに　わけます。

① 8は 7 と 1
② 8は 6 と 2
③ 8は 5 と 3
④ 8は 4 と 4
⑤ 8は 3 と 5
⑥ 8は 2 と 6

2 9を　2つに　わけます。

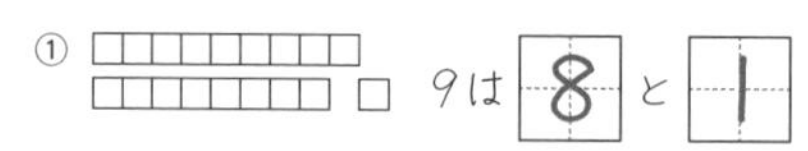

① 9は 8 と 1
② 9は 7 と 2
③ 9は 6 と 3
④ 9は 5 と 4
⑤ 9は 4 と 5
⑥ 9は 3 と 6

2 10までのかず ⑩

学習日　月　日　なまえ

いろをぬろう　わからない　だいたいできた　できた!

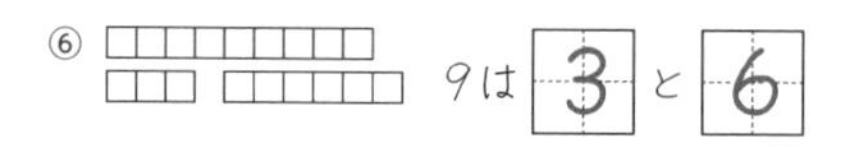

1 □に　あてはまる　かずを　かきましょう。

	上	左	右
①	6	5	1
②	6	3	3
③	6	4	2
④	7	5	2
⑤	7	6	1
⑥	7	2	5
⑦	7	3	4
⑧	7	4	3

あわせて6

2 □に　あてはまる　かずを　かきましょう。

	上	左	右
①	8	3	5
②	8	4	4
③	8	6	2
④	8	1	7
⑤	9	5	4
⑥	9	1	8
⑦	9	3	6
⑧	9	7	2

2 10までのかず ⑪

学習日　月　日　なまえ

いろをぬろう　わからない　だいたいできた　できた!

1 10を　2つに　わけます。

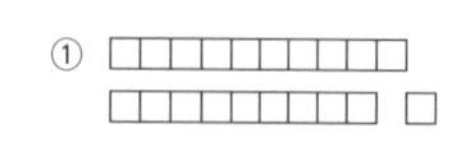

① 10は 9と 1
② 10は 8と 2
③ 10は 7と 3
④ 10は 6と 4
⑤ 10は 5と 5

2 10を　2つに　わけます。

① 10は 4と 6
② 10は 3と 7
③ 10は 2と 8
④ 10は 1と 9

2 10までのかず ⑫

学習日　月　日　なまえ

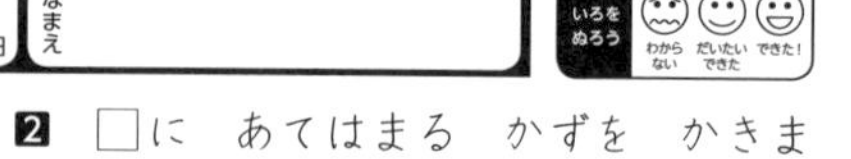

いろをぬろう　わからない　だいたいできた　できた!

1 □に　あてはまる　かずを　かきましょう。

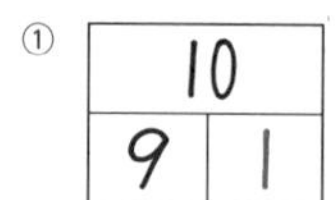

	上	左	右
①	10	9	1
②	10	8	2
③	10	7	3
④	10	6	4
⑤	10	5	5
⑥	10	4	6
⑦	10	3	7
⑧	10	2	8

2 □に　あてはまる　かずを　かきましょう。

	上	左	右
①	10	3	7
②	10	6	4
③	10	1	9
④	10	5	5
⑤	10	4	6
⑥	10	8	2
⑦	10	2	8
⑧	10	7	3

10までのかず ⑬

学習日　月　日　なまえ

1 10を　つくりましょう。

① 3 と 7 で 10
② 6 と 4 で 10
③ 9 と 1 で 10
④ 4 と 6 で 10
⑤ 7 と 3 で 10
⑥ 8 と 2 で 10
⑦ 1 と 9 で 10
⑧ 5 と 5 で 10

2 10を　つくりましょう。

① 4 と 6 で 10
② 9 と 1 で 10
③ 5 と 5 で 10
④ 1 と 9 で 10
⑤ 8 と 2 で 10
⑥ 6 と 4 で 10
⑦ 2 と 8 で 10
⑧ 7 と 3 で 10

10までのかず ⑮ まとめ

学習日　月　日　なまえ

てん　ごうかく 80～100てん

1 □に　あてはまる　かずを　かきましょう。（1つ5てん）

① 6 ― 2 4
② 6 ― 3 3
③ 7 ― 4 3
④ 7 ― 2 5
⑤ 8 ― 3 5
⑥ 8 ― 6 2
⑦ 9 ― 5 4
⑧ 9 ― 6 3
⑨ 10 ― 3 7
⑩ 10 ― 6 4

2 □に　あてはまる　かずを　かきましょう。（1つ5てん）

① 10 は 6 と 4
② 10 は 8 と 2
③ 10 は 3 と 7
④ 10 は 5 と 5

3 10に なる　かずを　⬭で　かこみましょう。（1つ5てん）

たて　よこ　ななめに　10 を　みつけて　かこんでみよう

5	5	6	3
8	9	2	7
2	4	1	6
7	3	5	4

6つ　かこめるよ

10までのかず ⑭

学習日　月　日　なまえ

1 10を　つくりましょう。

① 4 と 6 で 10
② 3 と 7 で 10
③ 2 と 8 で 10
④ 9 と 1 で 10
⑤ 6 と 4 で 10
⑥ 2 と 8 で 10
⑦ 9 と 1 で 10
⑧ 5 と 5 で 10

2 10を　つくりましょう。

① 4 と 6 で 10
② 1 と 9 で 10
③ 8 と 2 で 10
④ 5 と 5 で 10
⑤ 1 と 9 で 10
⑥ 3 と 7 で 10
⑦ 6 と 4 で 10
⑧ 7 と 3 で 10

なんばんめ ①

学習日　月　日　なまえ

1 ⬭で　かこみましょう。

① まえから　3にん

② まえから　4にんめ

まえ　うしろ

③ うしろから　3にん

まえ　うしろ

④ うしろから　4にんめ

まえ　うしろ

2 そうたさんは　まえから　4ばんめです。

① そうたさんを　○で　かこみましょう。

② そうたさんの　まえには　なんにん　いますか。

（　3にん　）

③ そうたさんの　うしろには　なんにん　いますか。

（　4にん　）

④ そうたさんは　うしろから　なんばんめですか。

（　5ばんめ　）

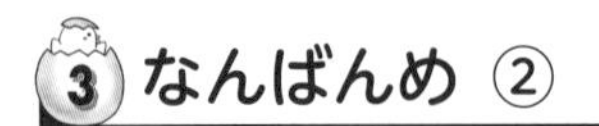

3 なんばんめ ②

学習日　月　日　なまえ
いろを ぬろう　わからない　だいたいできた　できた！

1 えを　みて　こたえましょう。

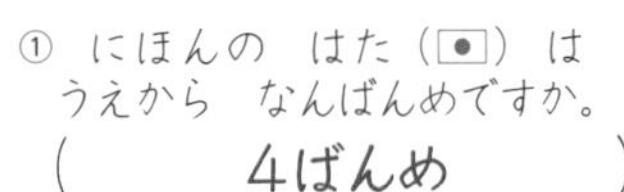
① にほんの　はた（●）は
うえから　なんばんめですか。
（　4ばんめ　）

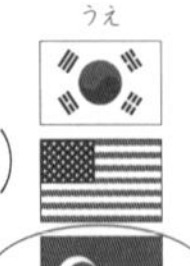

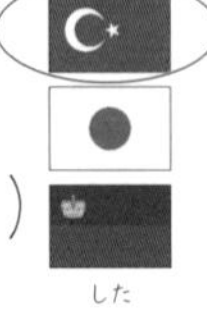

② にほんの　はた（●）は
したから　なんばんめですか。
（　2ばんめ　）

③ アメリカの　はた（🇺🇸）は　うえから　なんばんめで　したから　なんばんめですか。
（　うえから　2ばんめ
　したから　4ばんめ　）

④ うえから　3ばんめの　はたを　○で
かこみましょう。

2 えを　みて　こたえましょう。

① ねこは　うえから　なん
ばんめですか。
（　2ばんめ　）

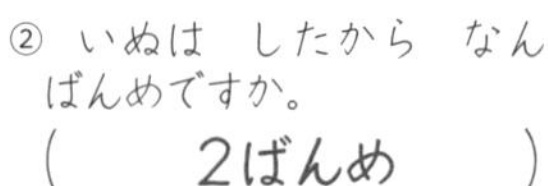
② いぬは　したから　なん
ばんめですか。
（　2ばんめ　）

③ したから　4ばんめの　どうぶつを
○でかこみましょう。

3 あやかさんの　ロッカーは　うえの
だんの　みぎから　2ばんめです。
⬭を　しましょう。

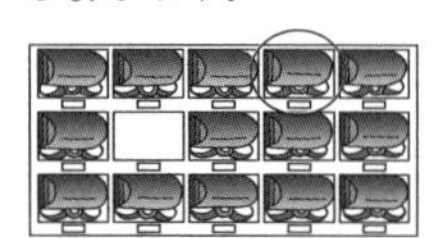

4 あわせていくつ ①

学習日　月　日　なまえ
いろを ぬろう　わからない　だいたいできた　できた！

1 さらに　りんごが　2こ、もう1つの
さらに　りんごが　1こ　のっています。
りんごは　あわせて　なんこですか。

① えを　かくと

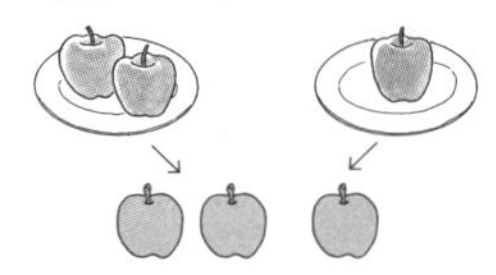

② しきで　かくと

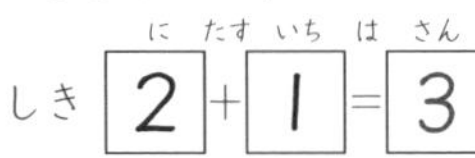
しき　2 ＋ 1 ＝ 3
（に　たす　いち　は　さん）

こたえ　3こ

※「あわせる」ことを「＋（たす）」と　かきます。

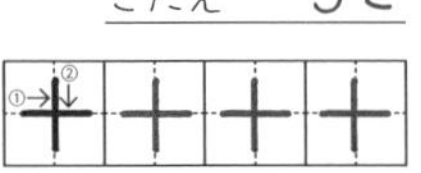

2 かごに　きゅうりが　2ほん、べつの
かごに　きゅうりが　3ぼん　のってい
ます。きゅうりは　ぜんぶで　なんぼん
ですか。

① えを　かくと

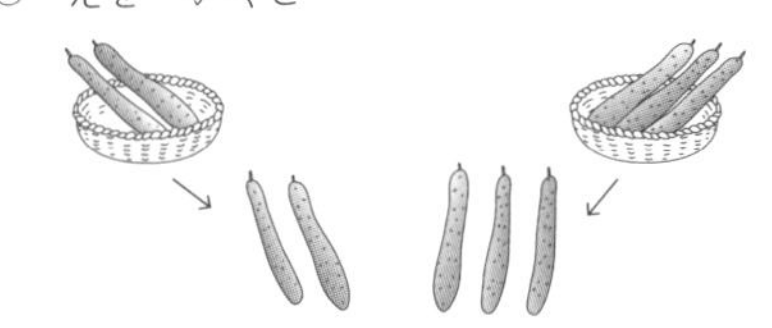

② しきを　なぞって、こたえを　だし
ましょう。

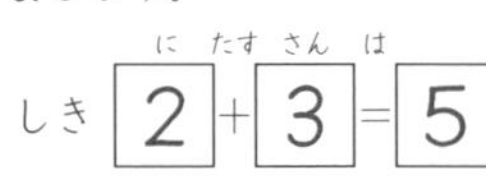
しき　2 ＋ 3 ＝ 5
（に　たす　さん　は）

こたえ　5ほん

※「ぜんぶ」の　ことも「＋」を　つかいます。

4 あわせていくつ ②

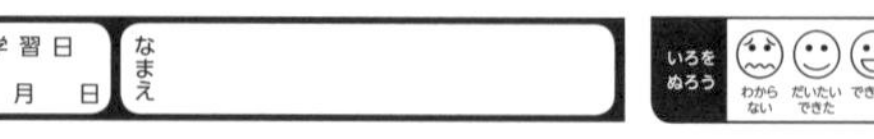
学習日　月　日　なまえ
いろを ぬろう　わからない　だいたいできた　できた！

1 まるい　さらが　4まい、しかくい
さらが　3まい　あります。
あわせて　なんまい　ありますか。

① タイル（たいる）の　ずを　なぞりましょう。

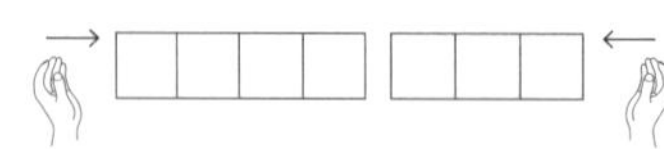

② しきを　なぞって　こたえを　だし
ましょう。

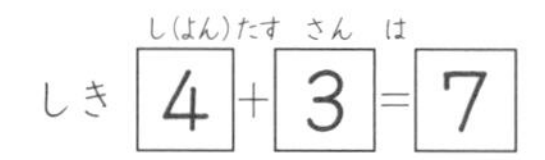
しき　4 ＋ 3 ＝ 7
（し（よん）たす　さん　は）

こたえ　7まい

2 さらに　みかんが　3こ、べつの　さ
らに　5こ　のっています。
ぜんぶで　なんこ　ありますか。

① タイルの　ずを　なぞりましょう。

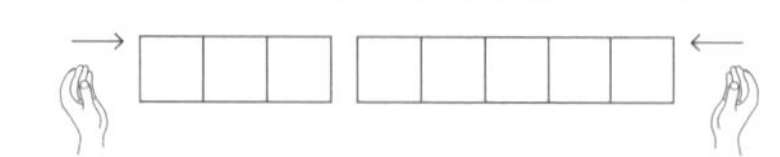

② しきを　かいて　こたえを　だしま
しょう。

しき　3 ＋ 5 ＝ 8

こたえ　8こ

4 あわせていくつ ③

学習日　月　日　なまえ
いろを ぬろう　わからない　だいたいできた　できた！

1 あかい　はなが
4ほん、きいろい
はなが　3ぼん　あ
ります。はなは　あ
わせて　なんぼん　ありますか。

しき　4 ＋ 3 ＝ 7

こたえ　7ほん

2 5＋4の　しきに
なる　もんだいを
つくりましょう。

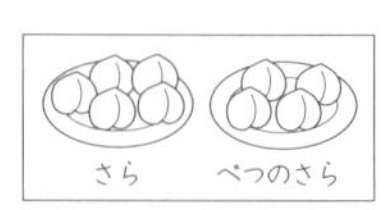

さらに　ももが　5　こ、べつの　さらに
4　こ　のっています。あわせて
なんこ　ありますか。

3 おおきい　ボール（ぼうる）
が　2こ、ちいさい
ボールが　4こ　あ
ります。ボールは
ぜんぶで　なんこ　ありますか。

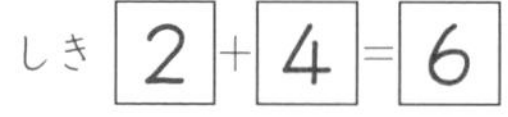
しき　2 ＋ 4 ＝ 6

こたえ　6こ

4 6＋4の　しきに
なる　もんだいを
つくりましょう。

たかしさんは　かいがらを　6　こ、
ゆみ　さんは　かいがら　を　4　こ
ひろいました。ぜんぶで　なんこ
ひろいましたか。

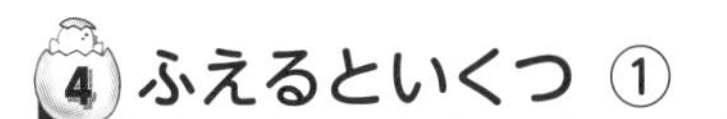

4 ふえるといくつ ①

1 メロンが　１こ　あります。となりの　いえから　メロンを　１こ　もらいました。メロンは　あわせて　なんこに　なりましたか。

① えを　かくと

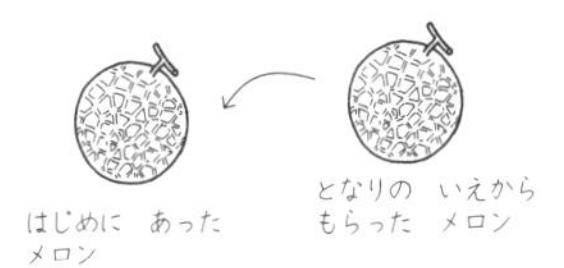

② しきで　かくと

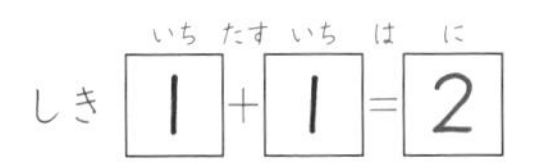

しき　1 + 1 = 2

こたえ　2こ

2 ちゅうしゃじょうに　くるまが　２だい　とまっています。そこに　べつの　くるまが　２だい　きました。くるまは、ぜんぶで　なんだいに　なりましたか。

① えを　かくと

② しきを　なぞって　こたえを　だしましょう。

しき　2 + 2 = 4

こたえ　4だい

※ ふえるときも　「＋」を　つかいます。

4 ふえるといくつ ②

学習日　月　日　なまえ

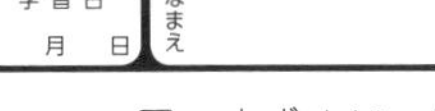

いろを ぬろう　わからない　だいたいできた　できた！

1 すいそうに　めだかが　６ぴき　います。そこへ　べつの　めだかを　２ひき　いれました。あわせて　なんびきに　なりましたか。

① タイルの　ずを　なぞりましょう。

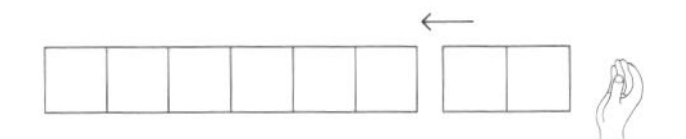

② しきを　なぞって　こたえを　だしましょう。

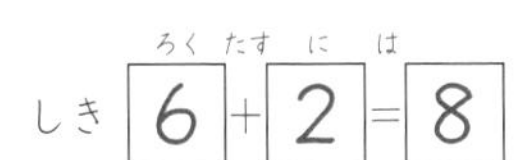

しき　6 + 2 = 8

こたえ　8ぴき

2 すずめが　５わ　でんせんに　とまっています。そこへ　べつの　すずめが　４わ　きました。ぜんぶで　なんわに　なりましたか。

① タイルの　ずを　なぞりましょう。

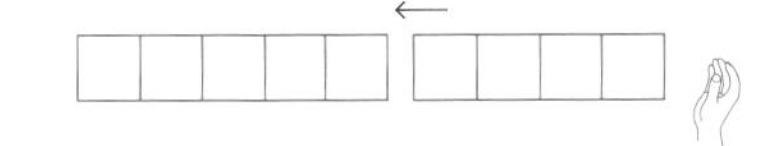

② しきを　かいて　こたえを　だしましょう。

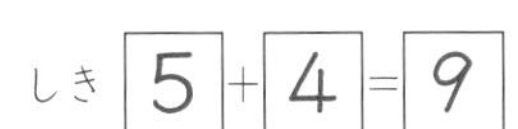

しき　5 + 4 = 9

こたえ　9わ

4 ふえるといくつ ③

1 えんぴつが　５ほん　あります。にいさんから　３ぼん　もらいました。えんぴつは　ぜんぶで　なんぼんに　なりましたか。

しき　5 + 3 = 8

こたえ　8ほん

2 ４＋３の　しきに　なる　もんだいを　つくりましょう。

こどもが　4　にん　あそんでいます。そこへ　3　にんの　こどもが　きました。こどもは　あわせて　なんにんに　なりましたか。

3 みかんが　３こ　あります。おかあさんから　６こ　もらいました。あわせて　なんこに　なりましたか。

しき　3 + 6 = 9

こたえ　9こ

4 ４＋４の　しきに　なる　もんだいを　つくりましょう。

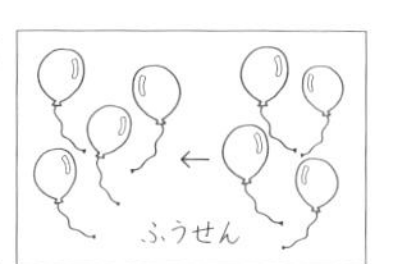

ふうせん　が　4　こ　あります。おとうさんから　4　こ　もらいました。ぜんぶで　なんこ　に　なりましたか。

5 10までのたしざん ①

1 つぎの　けいさんを　しましょう。

① 6＋2＝ 8
② 3＋6＝ 9
③ 5＋3＝ 8
④ 2＋2＝ 4
⑤ 1＋1＝ 2
⑥ 8＋2＝ 10
⑦ 4＋2＝ 6
⑧ 5＋1＝ 6

2 つぎの　けいさんを　しましょう。

① 4＋5＝ 9
② 6＋3＝ 9
③ 2＋6＝ 8
④ 4＋4＝ 8
⑤ 3＋2＝ 5
⑥ 1＋7＝ 8
⑦ 9＋1＝ 10
⑧ 3＋7＝ 10

5 10までのたしざん ②

学習日　月　日　なまえ

いろを ぬろう　わからない　だいたいできた　できた！

1 つぎの　けいさんを　しましょう。

① 1+9= 10
② 3+5= 8
③ 7+3= 10
④ 2+4= 6
⑤ 6+4= 10
⑥ 5+5= 10
⑦ 5+2= 7
⑧ 1+3= 4

2 つぎの　けいさんを　しましょう。

① 2+8= 10
② 4+6= 10
③ 7+1= 8
④ 7+2= 9
⑤ 1+5= 6
⑥ 3+4= 7
⑦ 4+3= 7
⑧ 5+4= 9

5 10までのたしざん ③

学習日　月　日　なまえ

いろを ぬろう　わからない　だいたいできた　できた！

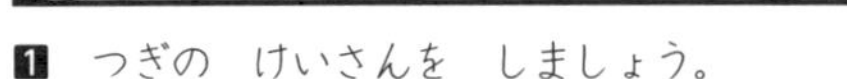

1 つぎの　けいさんを　しましょう。

① 3+4= 7
② 2+7= 9
③ 6+2= 8
④ 4+1= 5
⑤ 8+1= 9
⑥ 7+3= 10
⑦ 1+6= 7
⑧ 3+5= 8

2 つぎの　けいさんを　しましょう。

① 2+3= 5
② 4+5= 9
③ 5+5= 10
④ 1+2= 3
⑤ 8+2= 10
⑥ 6+4= 10
⑦ 4+3= 7
⑧ 3+6= 9

5 10までのたしざん ④

学習日　月　日　なまえ

いろを ぬろう　わからない　だいたいできた　できた！

1 つぎの　けいさんを　しましょう。

① 3+1= 4
② 1+4= 5
③ 5+3= 8
④ 2+8= 10
⑤ 7+2= 9
⑥ 6+3= 9
⑦ 2+1= 3
⑧ 4+4= 8

2 つぎの　けいさんを　しましょう。

① 3+7= 10
② 6+1= 7
③ 1+8= 9
④ 5+4= 9
⑤ 9+1= 10
⑥ 3+3= 6
⑦ 4+6= 10
⑧ 2+5= 7

6 のこりは いくつ ①

学習日　月　日　なまえ

いろを ぬろう　わからない　だいたいできた　できた！

1 りんごが　3こ　あります。いま　1こ　たべました。りんごは　なんこ　のこって　いますか。

① えを　かくと

② しきで　かくと

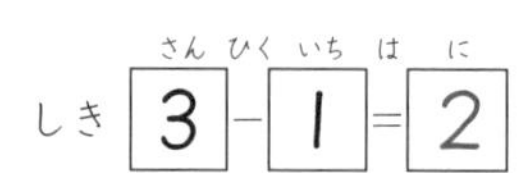
しき　3 − 1 ＝ 2（さん ひく いち は に）

こたえ　2こ

※ のこりの　かずを　だすとき　「−」（ひく）を　つかいます。

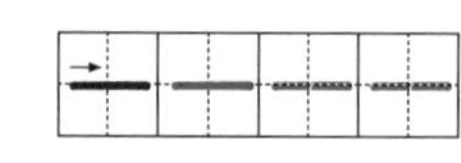

2 ふうせんが　5こ　あります。いま　2こ　とんで　いきました。ふうせんは　なんこ　のこって　いますか。

① えを　かくと

② しきを　なぞって　こたえを　だしましょう。

しき　5 − 2 ＝ 3（ご ひく に は）

こたえ　3こ

6 のこりはいくつ ②

学習日　月　日　なまえ

いろをぬろう　わからない　だいたいできた　できた!

1 たまごが 8こ あります。りょうりに たまごを 3こ つかいました。のこりは なんこに なりますか。

① 3この タイルを せんで かこみましょう。

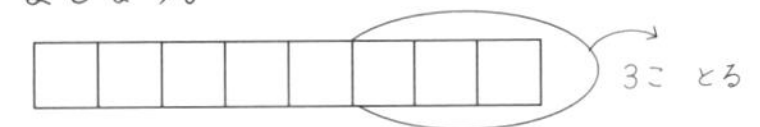

3こ とる

② しきを なぞって こたえを だしましょう。

しき 8－3＝5

こたえ 5こ

2 ちゅうしゃじょうに くるまが 6だい とまって います。いま 2だい でて いきました。ちゅうしゃじょうに のこっているのは なんだいに なりますか。

① 2この タイルを せんで かこみましょう。

2こ とる

② しきを かいて こたえを だしましょう。

しき 6－2＝4

こたえ 4だい

6 ちがいはいくつ ①

学習日　月　日　なまえ

いろをぬろう　わからない　だいたいできた　できた!

1 ももが 3こ、なしが 4こ あります。なしは ももより なんこ おおいですか。

① えを かくと

なしが おおいぞ

② しきで かくと

しき 4－3＝1

(し(よん) ひく さん は いち)

おおきい かず
ちいさい かず

こたえ 1こ

※ ちがいを しらべるときは、いつも（おおきいかず）－（ちいさいかず）にします。

2 あかい はなが 5ほん、しろい はなが 3ぼん さいています。あかい はなは、しろい はなより なんぼん おおいですか。

① えを かくと

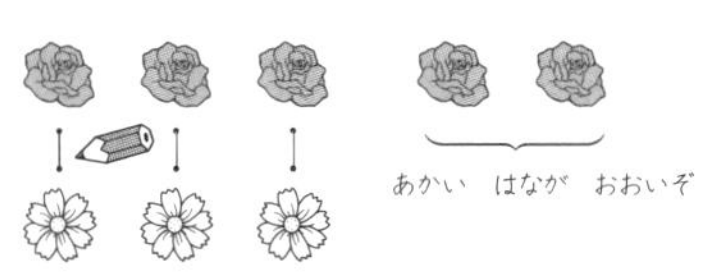

あかい はなが おおいぞ

② しきを なぞって、こたえを だしましょう。

しき 5－3＝2

(ご ひく さん は)

こたえ 2ほん

6 のこりはいくつ ③

学習日　月　日　なまえ

いろをぬろう　わからない　だいたいできた　できた!

1 あめが 6こ あります。2こ ともだちに あげました。のこりは なんこに なりますか。

2このあめに ×をつけましょう。

しき 6－2＝4

こたえ 4こ

3 えんぴつが 7ほん あります。でも 3ぼん なくしました。のこりは なんぼんに なりますか。

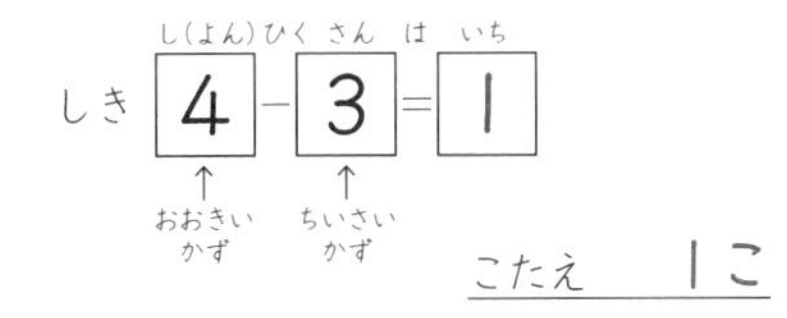

3ぼんのえんぴつに ×をつけましょう。

しき 7－3＝4

こたえ 4ほん

2 8－4の しきに なる もんだいを つくりましょう。

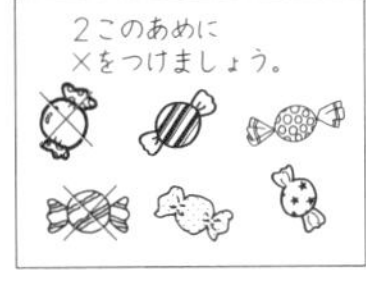

4ほんのバナナに ×をつけましょう。

バナナが 8 ほん あります。ともだちと 4 ほん たべました。のこり の バナナは なんぼんに なりますか。

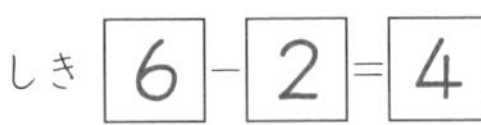
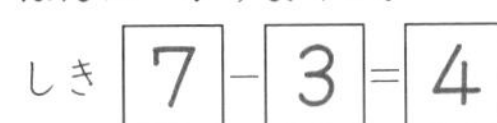
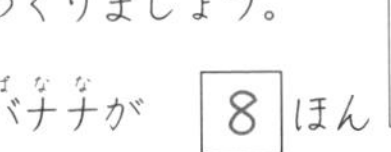

4 9－5の しきに なる もんだいを つくりましょう。

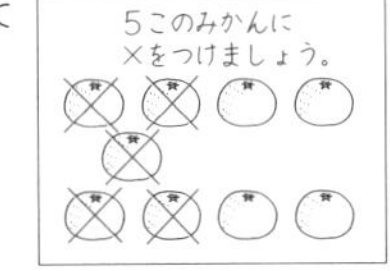

5このみかんに ×をつけましょう。

みかんが 9 こ あります。ともだちと 5 こ たべました。のこりは なんこ に なりますか。

6 ちがいはいくつ ②

学習日　月　日　なまえ

いろをぬろう　わからない　だいたいできた　できた!

1 コップが 8こ あります。はブラシが 7ほん あります。コップは、はブラシより なんこ おおいですか。

① タイルの ずに せんを ひきましょう。

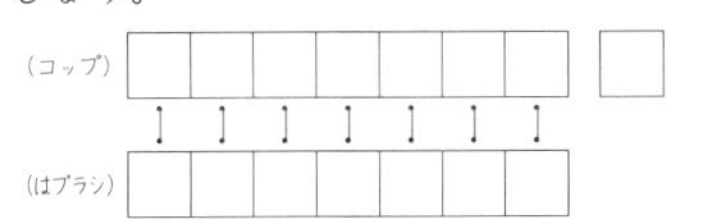

(コップ)
(はブラシ)

② しきを なぞって、こたえを だしましょう。

しき 8－7＝1

(はち ひくしち(なな) は)

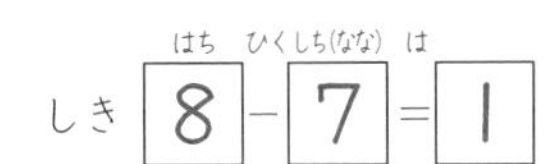

こたえ 1こ

2 さかなつりに いきました。にいさんは 6ぴき、ぼくは 3びき つりました。にいさんは、ぼくより なんびき おおく さかなを つりましたか。

① タイルの ずに せんを ひきましょう。

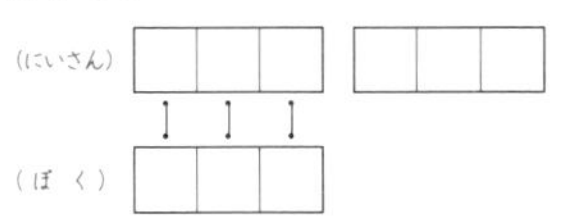

(にいさん)
(ぼく)

② しきを かいて、こたえを だしましょう。

しき 6－3＝3

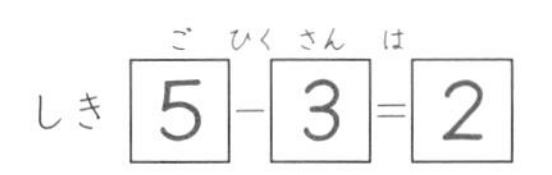

こたえ 3びき

6 ちがいはいくつ ③

学習日　月　日　なまえ

いろをぬろう　わからない　だいたいできた　できた!

1 トンボ（とんぼ）が　7ひき、バッタ（ばった）が　3びき　います。トンボは　バッタより　なんびき　おおいですか。

しき 7 − 3 ＝ 4

こたえ　4ひき

2 タイル（たいる）を　みて　6−5の　しきに　なる　もんだいを　つくりましょう。

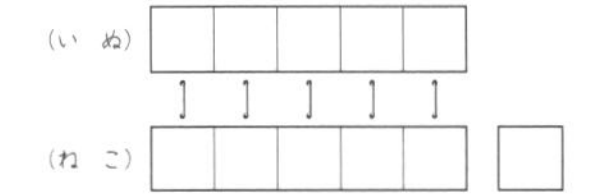

いぬが　5　ひき、ねこが　6　ぴき　います。ねこは　いぬ　より　なんびき　おおい　ですか。

3 きゅうりが　8ほん、なすが　4ほん　あります。きゅうりは、なすより　なんぼん　おおいですか。

しき 8 − 4 ＝ 4

こたえ　4ほん

4 タイルを　みて　9−6の　しきに　なる　もんだいを　つくりましょう。

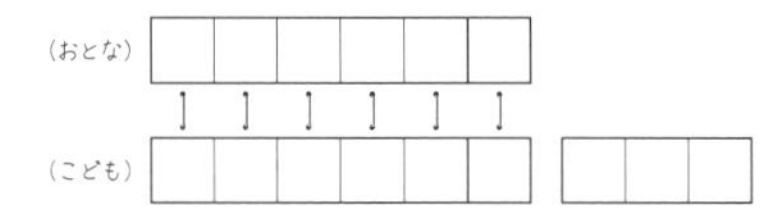

おとなが　6　にん、こどもが　9　にん　います。こども　は　おとな　より　なんにん　おおいですか。

7 10までのひきざん ①

1 つぎの　けいさんを　しましょう。

① 8−3＝ 5
② 5−2＝ 3
③ 2−1＝ 1
④ 9−6＝ 3
⑤ 10−4＝ 6
⑥ 6−3＝ 3
⑦ 7−2＝ 5
⑧ 10−8＝ 2

2 つぎの　けいさんを　しましょう。

① 7−4＝ 3
② 6−2＝ 4
③ 10−5＝ 5
④ 9−8＝ 1
⑤ 9−2＝ 7
⑥ 10−7＝ 3
⑦ 4−1＝ 3
⑧ 7−6＝ 1

7 10までのひきざん ②

学習日　月　日　なまえ

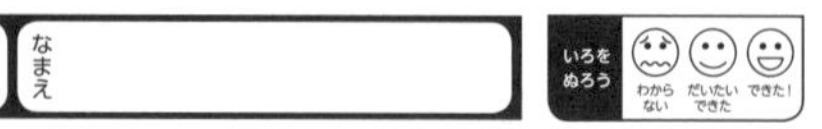

1 つぎの　けいさんを　しましょう。

① 8−2＝ 6
② 10−2＝ 8
③ 6−1＝ 5
④ 4−2＝ 2
⑤ 9−4＝ 5
⑥ 8−5＝ 3
⑦ 5−4＝ 1
⑧ 7−3＝ 4

2 つぎの　けいさんを　しましょう。

① 7−5＝ 2
② 8−1＝ 7
③ 9−7＝ 2
④ 5−3＝ 2
⑤ 3−2＝ 1
⑥ 10−3＝ 7
⑦ 8−6＝ 2
⑧ 6−4＝ 2

7 10までのひきざん ③

学習日　月　日　なまえ

1 つぎの　けいさんを　しましょう。

① 5−2＝ 3
② 9−3＝ 6
③ 10−4＝ 6
④ 8−7＝ 1
⑤ 3−1＝ 2
⑥ 6−4＝ 2
⑦ 8−2＝ 6
⑧ 10−6＝ 4

2 つぎの　けいさんを　しましょう。

① 6−2＝ 4
② 10−9＝ 1
③ 9−7＝ 2
④ 8−4＝ 4
⑤ 10−5＝ 5
⑥ 5−3＝ 2
⑦ 7−4＝ 3
⑧ 9−6＝ 3

7 10までのひきざん ④

学習日　月　日　なまえ

いろをぬろう　わからない　だいたいできた　できた！

1 つぎの　けいさんを　しましょう。

① 7−1＝ 6
② 9−1＝ 8
③ 10−3＝ 7
④ 4−2＝ 2
⑤ 6−3＝ 3
⑥ 7−5＝ 2
⑦ 8−3＝ 5
⑧ 9−5＝ 4

2 つぎの　けいさんを　しましょう。

① 5−1＝ 4
② 4−3＝ 1
③ 9−4＝ 5
④ 10−8＝ 2
⑤ 6−5＝ 1
⑥ 7−3＝ 4
⑦ 10−1＝ 9
⑧ 8−5＝ 3

49

8 どちらがながい ①

学習日　月　日　なまえ

いろをぬろう　わからない　だいたいできた　できた！

1 いちばん　ながいのは　どれですか。

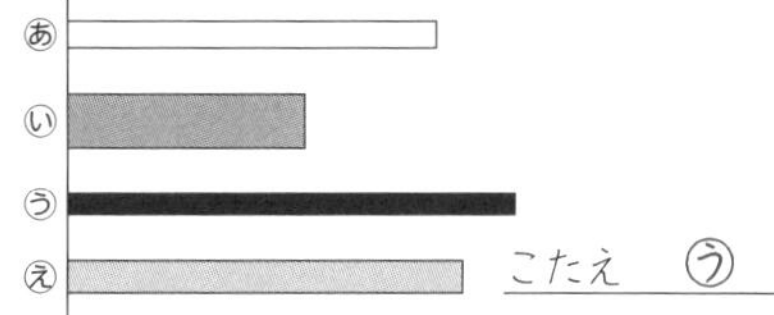

こたえ　う

2 いちばん　みじかいのを　1、いちばん　ながいのを　5として、みじかいほうから　ばんごうを　かきましょう。

（2）
（5）
（4）
（1）
（3）

3 たてと　よこの　ながさを　くらべましょう。　どちらが　ながいですか。

①

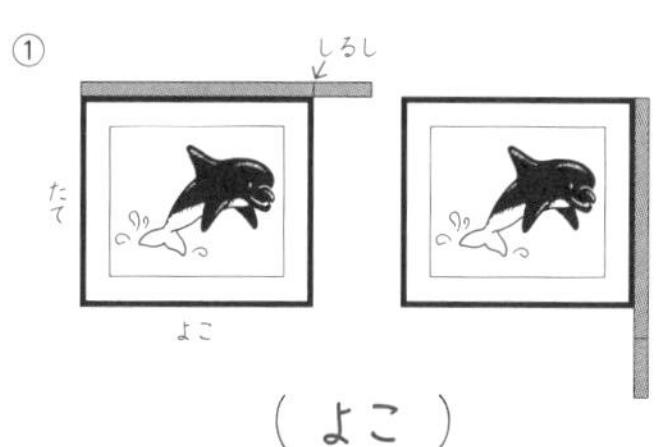

（よこ）

4 どちらが　ながいですか。
ながい　ほうに　○を　しましょう。

あ  （○）

い （　）

51

7 10までのたしざん・ひきざん まとめ

学習日　月　日　なまえ

てん　ごうかく 80〜100てん

1 つぎの　けいさんを　しましょう。（1つ5てん）

① 4＋3＝ 7
② 7＋2＝ 9
③ 9＋1＝ 10
④ 6＋2＝ 8
⑤ 2＋2＝ 4
⑥ 5＋3＝ 8
⑦ 3＋2＝ 5
⑧ 6＋3＝ 9
⑨ 8＋2＝ 10
⑩ 7＋3＝ 10

2 つぎの　けいさんを　しましょう。（1つ5てん）

① 8−4＝ 4
② 10−3＝ 7
③ 7−4＝ 3
④ 9−2＝ 7
⑤ 7−5＝ 2
⑥ 6−3＝ 3
⑦ 9−6＝ 3
⑧ 6−2＝ 4
⑨ 8−5＝ 3
⑩ 5−2＝ 3

127

8 どちらがながい ②

学習日　月　日　なまえ

いろをぬろう　わからない　だいたいできた　できた！

1 ながい　じゅんに（　）に　1、2、3、4、5を　かきましょう。

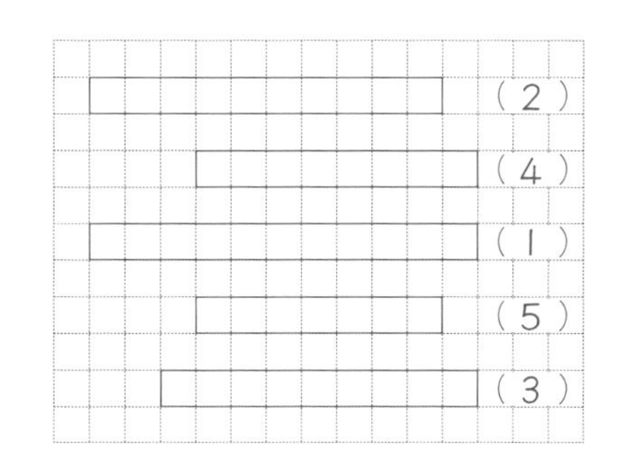

2 ながい　じゅんに（　）に　1、2、3、4、5を　かきましょう。

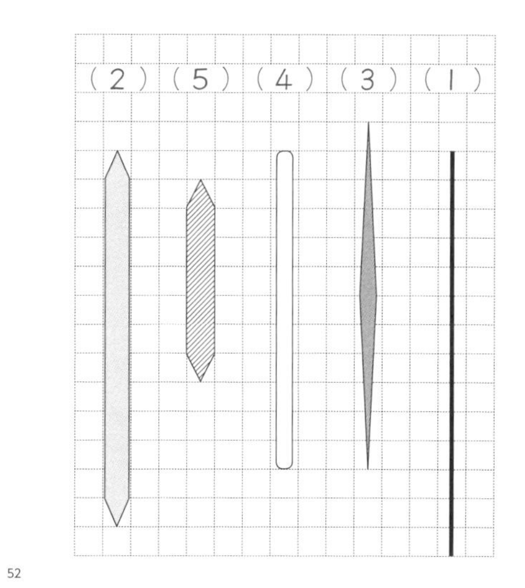

52

9 10よりおおきいかず ①

学習日　月　日　なまえ

1 みかんと　ももの　かずを　かぞえます。えに　／を　かきながら、1，2，3，4，5，6，7，8，9とかぞえ、10になったら　×を　かいて、おおきく　◯で　かこみます。みかんと　ももは、それぞれ　いくつ　ありますか。

①

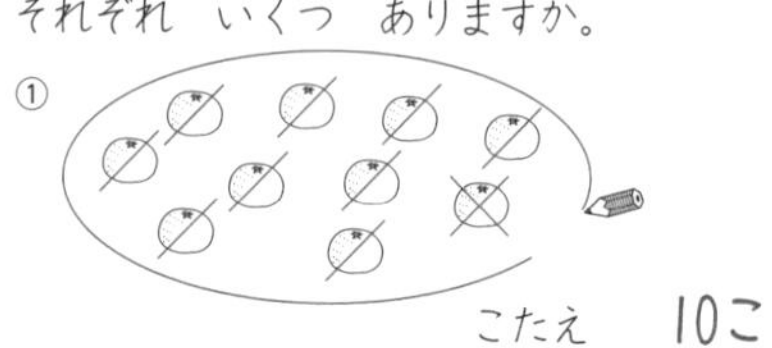

こたえ　10こ

②

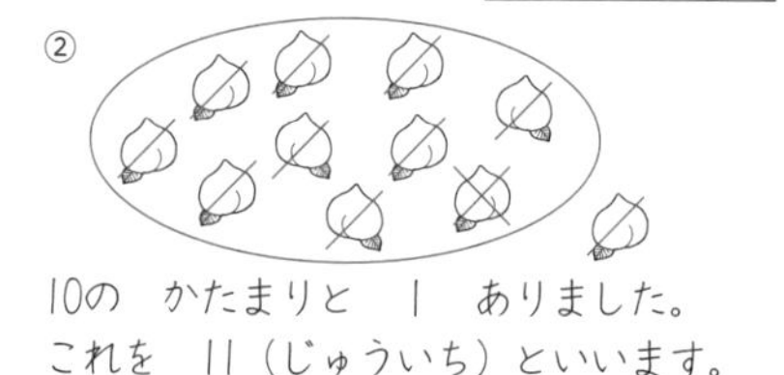

10の　かたまりと　1　ありました。
これを　11（じゅういち）といいます。

こたえ　11こ

2 パイナップルの　かずを　かぞえましょう。

こたえ　12こ

3 くりの　かずを　かぞえましょう。

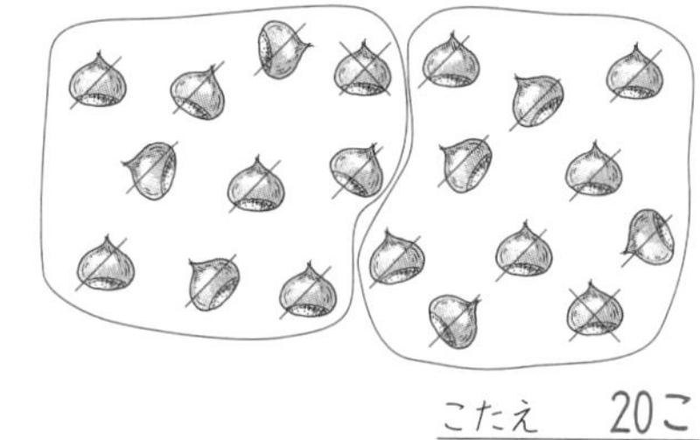

こたえ　20こ

9 10よりおおきいかず ②

学習日　月　日　なまえ

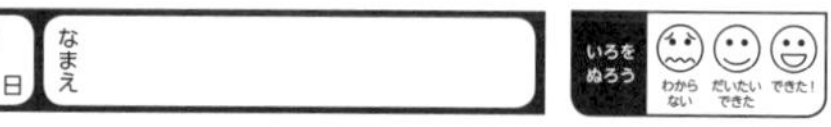

1 つぎの　かずを　□に　かきましょう。

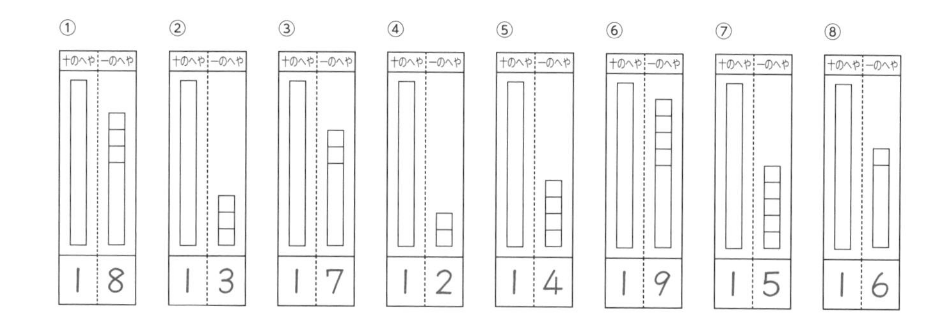

9 10よりおおきいかず ③

学習日　月　日　なまえ

1 つぎの　かずだけ　タイルに　いろを　ぬりましょう。

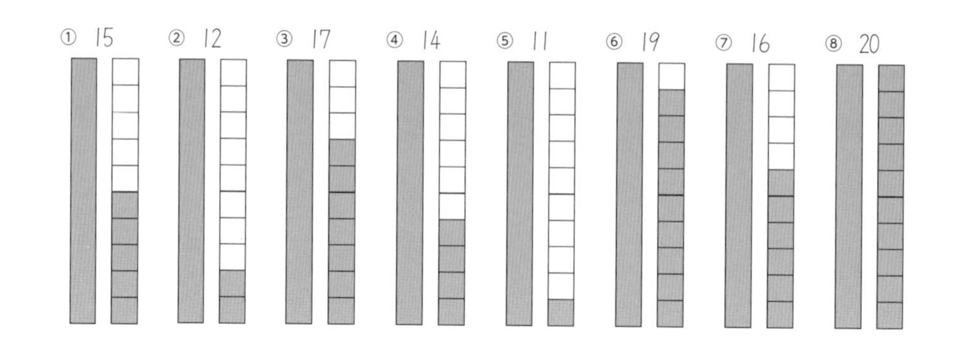

9 10よりおおきいかず ④

学習日　月　日　なまえ

1 つぎの　かずを　よみましょう。

1	2	3	4	5	6	7	8	9	10
いち	に	さん	し	ご	ろく	しち	はち	く	じゅう

11	12	13	14	15	16	17	18	19	20
じゅういち	じゅうに	じゅうさん	じゅうし	じゅうご	じゅうろく	じゅうしち	じゅうはち	じゅうく	にじゅう

かずは　じゅんばんに　1つずつ
おおきく　なっています。

2 つぎの　□に　あてはまる　かずを　かきましょう。

① 4 → 5 → 6 → 7 → 8

② 10 → 11 → 12 → 13 → 14

③ 16 → 17 → 18 → 19 → 20

3 つぎの　□に　あてはまる　かずを　かきましょう。

① 9 → 10 → 11 → 12 → 13

② 12 → 13 → 14 → 15 → 16

③ 14 → 15 → 16 → 17 → 18

④ 10 → 9 → 8 → 7 → 6

⑤ 17 → 16 → 15 → 14 → 13

⑥ 15 → 14 → 13 → 12 → 11

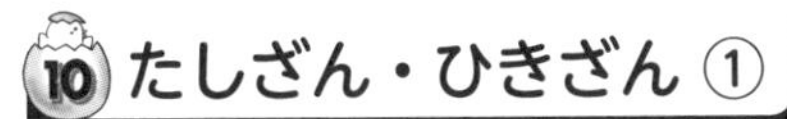

10 たしざん・ひきざん ①

学習日　月　日　なまえ

いろをぬろう　わからない　だいたいできた　できた!

12＋3の　けいさんを　タイル（たいる）で　かんがえて　みましょう。

十のくらい	一のくらい
1	2
＋	3
1	5

・一の　くらいは　2こと　3こで　5こ
・十の　くらいは　1ぽんが　そのまま
・12＋3は　15

一のくらいを　けいさん

$12+3=15$

あわせて5

1　つぎの　けいさんを　しましょう。

① $12+6=$ 18
② $17+2=$ 19
③ $13+3=$ 16
④ $15+4=$ 19
⑤ $14+5=$ 19
⑥ $16+2=$ 18
⑦ $12+4=$ 16
⑧ $11+6=$ 17

10 たしざん・ひきざん ②

学習日　月　日　なまえ

いろをぬろう　わからない　だいたいできた　できた!

1　つぎの　けいさんを　しましょう。

① $12+5=$ 17
② $16+3=$ 19
③ $11+8=$ 19
④ $15+3=$ 18
⑤ $14+4=$ 18
⑥ $13+6=$ 19
⑦ $11+3=$ 14
⑧ $14+2=$ 16

2　つぎの　けいさんを　しましょう。

① $15+2=$ 17
② $14+3=$ 17
③ $13+5=$ 18
④ $11+7=$ 18
⑤ $14+2=$ 16
⑥ $12+7=$ 19
⑦ $13+4=$ 17
⑧ $11+5=$ 16

10 たしざん・ひきざん ③

学習日　月　日　なまえ

いろをぬろう　わからない　だいたいできた　できた!

15－2の　けいさんを　タイル（たいる）で　かんがえて　みましょう。

十のくらい	一のくらい
1	5
－	2
1	3

・一の　くらいは　5こから　2こ　ひいて　3こ
・十の　くらいは　1ぽんが　そのまま
・15－2は　13

一のくらいを　けいさん

$15-2=13$

ひいて3

1　つぎの　けいさんを　しましょう。

① $19-2=$ 17
② $15-4=$ 11
③ $13-2=$ 11
④ $16-5=$ 11
⑤ $18-3=$ 15
⑥ $19-7=$ 12
⑦ $17-5=$ 12
⑧ $14-3=$ 11

10 たしざん・ひきざん ④

学習日　月　日　なまえ

いろをぬろう　わからない　だいたいできた　できた!

1　つぎの　けいさんを　しましょう。

① $18-7=$ 11
② $19-5=$ 14
③ $17-6=$ 11
④ $16-3=$ 13
⑤ $18-2=$ 16
⑥ $16-4=$ 12
⑦ $15-3=$ 12
⑧ $19-8=$ 11

2　つぎの　けいさんを　しましょう。

① $18-4=$ 14
② $19-3=$ 16
③ $17-2=$ 15
④ $14-1=$ 13
⑤ $19-6=$ 13
⑥ $18-5=$ 13
⑦ $17-3=$ 14
⑧ $19-4=$ 15

11 3つのかずのけいさん ①

学習日　月　日　なまえ　いろをぬろう　わからない　だいたいできた　できた!

1 あめが　4こ　ありました。
　おかあさんから、3こ　もらいました。
　こんどは　おとうさんから、2こ　もらいました。
　あめは、あわせて　なんこに　なりましたか。

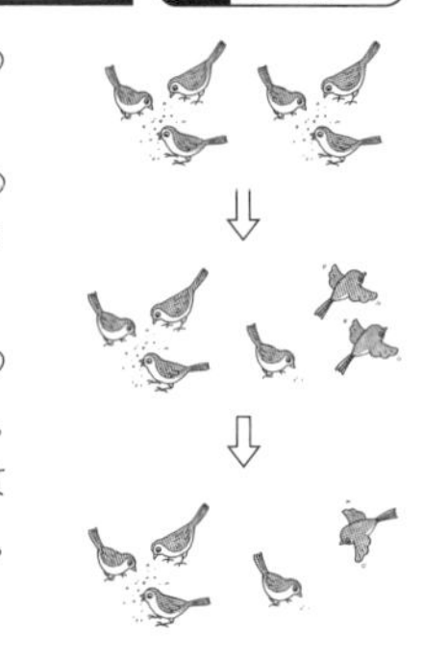

しき　4＋3＋2＝9

こたえ　9こ

※ けいさんは　ひだりから　じゅんに　します。
4＋3で　7、7＋2で　9と　なります。

2 すずめが　6わ　いました。
　2わの　すずめが　とんで　いきました。
　こんどは、1わ　とんで　きました。
　いま、すずめは　なんわ　いますか。

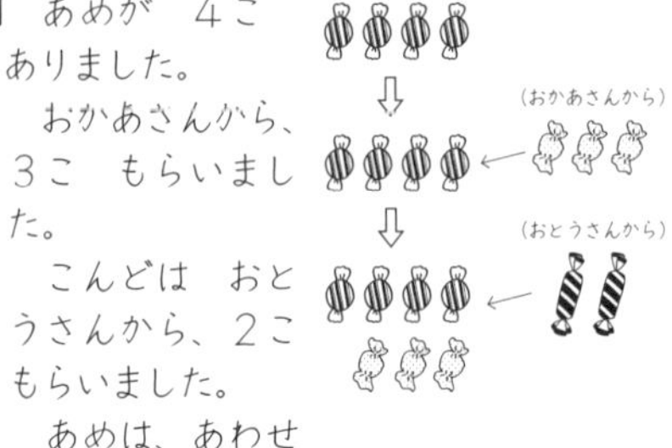

しき　6－2＋1＝5

こたえ　5わ

※ けいさんは、ひだりから　じゅんに　します。
6－2で　4、4＋1で　5と　なります。

11 3つのかずのけいさん ②

学習日　月　日　なまえ　いろをぬろう　わからない　だいたいできた　できた!

1 つぎの　けいさんを　しましょう。

① 1＋5＋2＝ 8
② 3＋2＋4＝ 9
③ 4＋2＋1＝ 7
④ 6＋1＋2＝ 9
⑤ 5＋5－1＝ 9
⑥ 6＋4－5＝ 5
⑦ 1＋9－2＝ 8
⑧ 7＋3－6＝ 4

2 つぎの　けいさんを　しましょう。

① 7－3＋4＝ 8
② 5－2＋5＝ 8
③ 8－4＋1＝ 5
④ 4－2＋6＝ 8
⑤ 7－3－3＝ 1
⑥ 9－2－5＝ 2
⑦ 10－6－1＝ 3
⑧ 10－5－3＝ 2

12 どちらがおおい ①

学習日　月　日　なまえ　いろをぬろう　わからない　だいたいできた　できた!

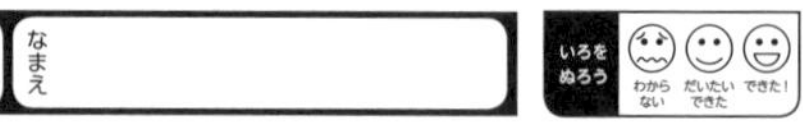

1 どちらの　かさが　おおいですか。
おおいほうに　○を　つけましょう。

① ㋐ 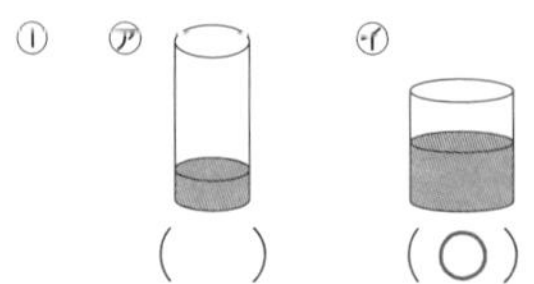 (　)　㋑  (○)

② ㋐ 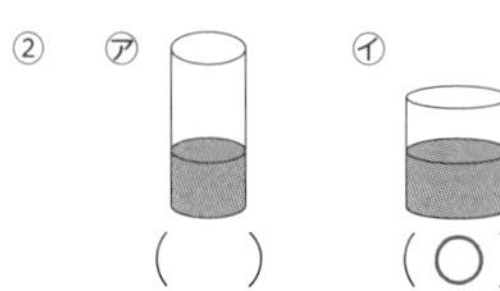 (　)　㋑ (○)

③ ㋐  (　)　㋑  (○)

おなじ　いれものに　みずを　うつします

2 みずが　いちばん　おおく　はいっているのは　どれですか。いちばん　すくないのは　どれですか。

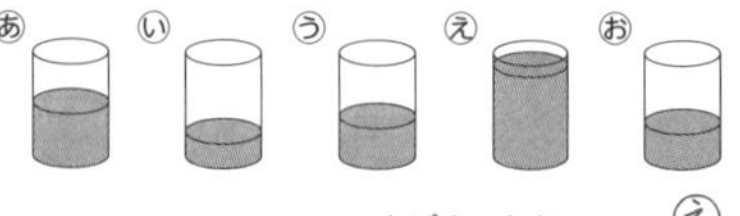

いちばん　おおい　㋓
いちばん　すくない　㋑

3 みずが　いちばん　おおく　はいっているのは　どれですか。いちばん　すくないのは　どれですか。

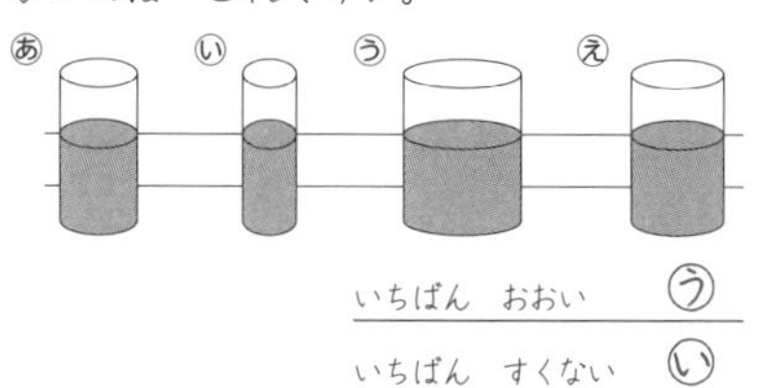

いちばん　おおい　㋒
いちばん　すくない　㋑

12 どちらがおおい ②

学習日　月　日　なまえ　いろをぬろう　わからない　だいたいできた　できた!

1 おなじ　おおきさの　コップを　つかって、みずの　かさを　くらべました。
おおい　ほうに　○を　つけましょう。

㋐ すいとう

(　)

㋑ やかん

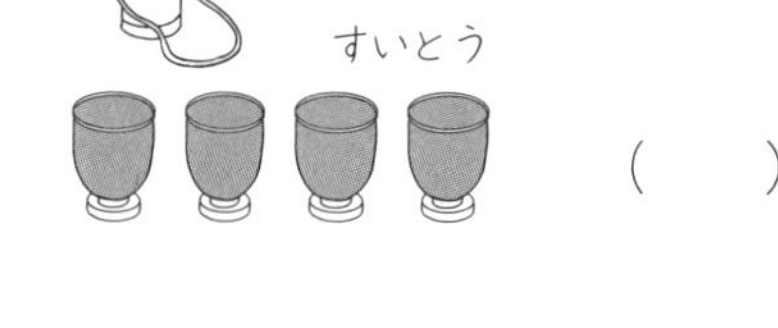

(○)

2 ㋐、㋑、㋒の　なかみを　おなじ　おおきさの　コップで　くらべました。

① ㋐と　㋑の　ちがいは　コップ　なんばいぶんですか。

こたえ　コップ　1ぱいぶん

② ㋐と　㋒の　ちがいは　コップ　なんばいぶんですか。

こたえ　コップ　1ぱいぶん

③ おおい　じゅんに　ならべましょう。

(㋑)→(㋐)→(㋒)

たしざん ①

学習日　月　日　なまえ

1 あと　いくつで　10に　なりますか。
□に　かずを　かきましょう。

	10	
①	4	6
②	2	8
③	5	5
④	7	3
⑤	1	9
⑥	6	4
⑦	8	2
⑧	3	7
⑨	9	1

2 □に　かずを　かきましょう。

① 8と 2 で10
② 3と 7 で10
③ 2と 8 で10
④ 4と 6 で10
⑤ 7と 3 で10
⑥ 9と 1 で10
⑦ 6と 4 で10
⑧ 5と 5 で10

たしざん ②

学習日　月　日　なまえ

1 □に　かずを　かきましょう。

① 10は　6と 4
② 10は　3と 7
③ 10は　2と 8
④ 10は　7と 3
⑤ 10は　1と 9
⑥ 10は　8と 2
⑦ 10は　5と 5
⑧ 10は　9と 1

2 つぎの　けいさんを　しましょう。

① 9+1= 10
② 8+2= 10
③ 7+3= 10
④ 6+4= 10
⑤ 5+5= 10
⑥ 4+6= 10
⑦ 3+7= 10
⑧ 2+8= 10

たしざん ③

学習日　月　日　なまえ

1 □に　かずを　かきましょう。

① 3と 7 で10
② 6と 4 で10
③ 9と 1 で10
④ 4と 6 で10
⑤ 7と 3 で10
⑥ 8と 2 で10
⑦ 2と 8 で10
⑧ 5と 5 で10

2 □に　かずを　かきましょう。

① 7と 3 で10
② 4 と6で10
③ 1と 9 で10
④ 8 と2で10
⑤ 5と 5 で10
⑥ 2 と8で10
⑦ 3と 7 で10
⑧ 6 と4で10

たしざん ④

学習日　月　日　なまえ

1 みかんが　9こ　あります。
おかあさんから　3こ　もらいました。
みかんは、あわせて　なんこに　なりますか。

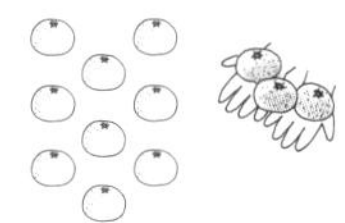

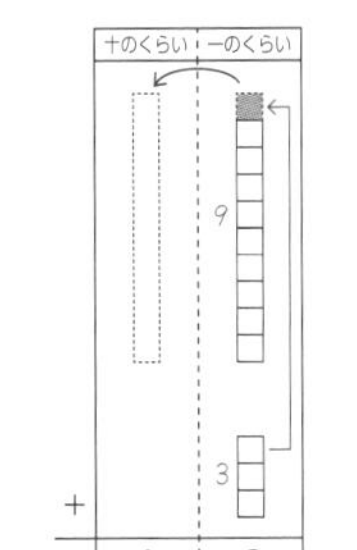

・9こに、3こから　1こ　もらって　10
・10こは、十の　くらいへ　いって　1ぽんに　かわる
・1ぽんと　2こで　12

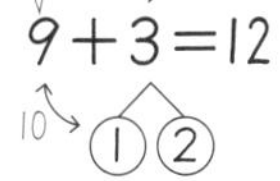

こたえ　12こ

2 つぎの　けいさんを　しましょう。

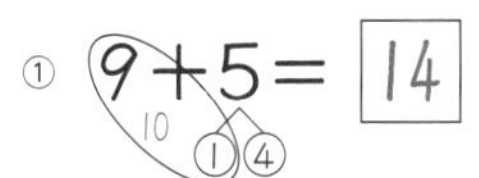

① 9+5= 14
② 9+9= 18
③ 9+7= 16
④ 9+2= 11
⑤ 9+3= 12
⑥ 9+8= 17

13 たしざん ⑤

学習日　月　日　なまえ

いろを ぬろう　わからない　だいたいできた　できた！

1 りんごが　8こ　あります。
となりの　いえから　3こ　もらいました。りんごは　あわせて　なんこに　なりますか。

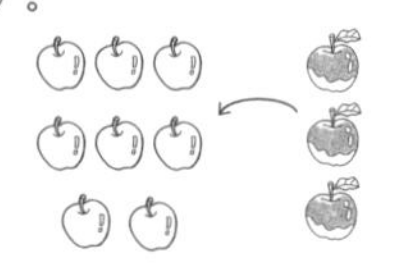

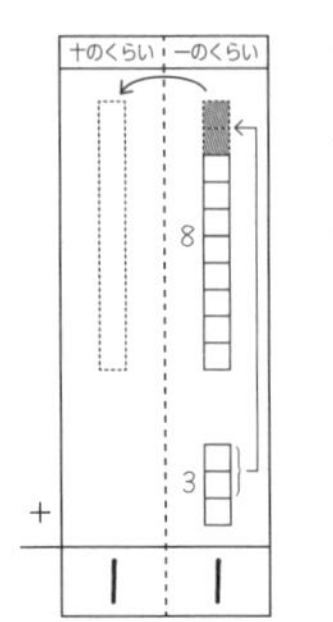

- 8こに、3こから　2こ　もらって　10
- 10こは、十の　くらいへ　いって　1ぽんに　かわる
- 1ぽんと　1こで　11

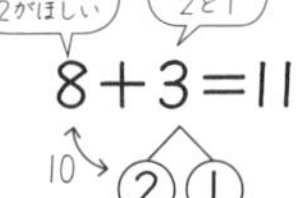

8＋3＝11
10　②①

こたえ　11こ

2 つぎの　けいさんを　しましょう。

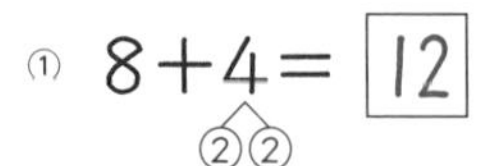

① 8＋4＝ 12 （②②）
② 8＋9＝ 17 （②⑦）
③ 8＋8＝ 16 （②⑥）
④ 8＋6＝ 14 （②④）
⑤ 8＋5＝ 13 （②③）
⑥ 8＋7＝ 15 （②⑤）

13 たしざん ⑥

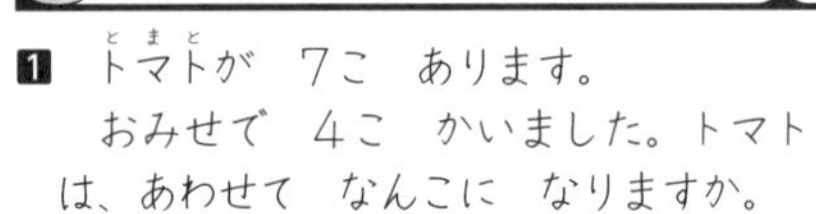

学習日　月　日　なまえ

いろを ぬろう　わからない　だいたいできた　できた！

1 トマトが　7こ　あります。
おみせで　4こ　かいました。トマトは、あわせて　なんこに　なりますか。

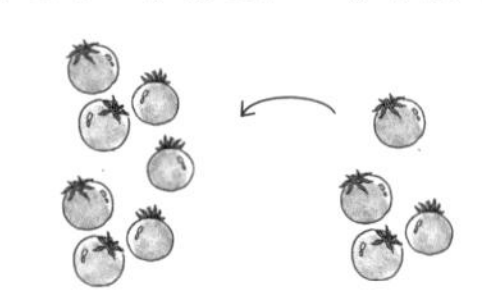

- 7こに、4こから　3こ　もらって　10
- 10こは、十の　くらいへ　いって　1ぽんに　かわる
- 1ぽんと　1こで　11

7＋4＝11
10　③①

こたえ　11こ

2 つぎの　けいさんを　しましょう。

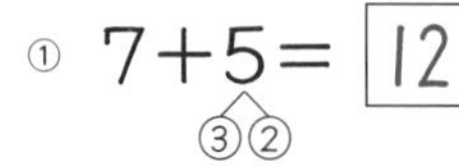

① 7＋5＝ 12 （③②）
② 7＋7＝ 14 （③④）
③ 7＋8＝ 15 （③⑤）
④ 7＋9＝ 16 （③⑥）
⑤ 7＋6＝ 13 （③③）
⑥ 7＋4＝ 11 （③①）

13 たしざん ⑦

学習日　月　日　なまえ

いろを ぬろう　わからない　だいたいできた　できた！

1 つぎの　けいさんを　しましょう。

① 9＋6＝ 15
② 9＋4＝ 13
③ 9＋7＝ 16
④ 9＋9＝ 18
⑤ 9＋3＝ 12
⑥ 9＋5＝ 14
⑦ 9＋8＝ 17
⑧ 9＋2＝ 11

2 つぎの　けいさんを　しましょう。

① 8＋5＝ 13
② 8＋3＝ 11
③ 8＋7＝ 15
④ 8＋4＝ 12
⑤ 8＋6＝ 14
⑥ 8＋9＝ 17
⑦ 8＋8＝ 16
⑧ 7＋9＝ 16

13 たしざん ⑧

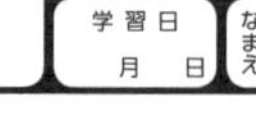

学習日　月　日　なまえ

いろを ぬろう　わからない　だいたいできた　できた！

1 つぎの　けいさんを　しましょう。

① 7＋5＝ 12
② 7＋8＝ 15
③ 7＋7＝ 14
④ 7＋4＝ 11
⑤ 7＋6＝ 13
⑥ 6＋9＝ 15
⑦ 6＋5＝ 11
⑧ 6＋8＝ 14

2 つぎの　けいさんを　しましょう。

① 6＋6＝ 12
② 6＋7＝ 13
③ 5＋8＝ 13
④ 5＋6＝ 11
⑤ 5＋9＝ 14
⑥ 5＋7＝ 12
⑦ 4＋9＝ 13
⑧ 4＋7＝ 11

13 たしざん ⑨

学習日　月　日　なまえ

1 つぎの　けいさんを　しましょう。

① 9＋2＝ 11
② 7＋4＝ 11
③ 9＋5＝ 14
④ 3＋9＝ 12
⑤ 9＋9＝ 18
⑥ 5＋7＝ 12
⑦ 6＋6＝ 12
⑧ 9＋8＝ 17

2 つぎの　けいさんを　しましょう。

① 2＋9＝ 11
② 9＋7＝ 16
③ 6＋8＝ 14
④ 9＋4＝ 13
⑤ 7＋7＝ 14
⑥ 6＋5＝ 11
⑦ 9＋3＝ 12
⑧ 7＋9＝ 16

13 たしざん ⑩

学習日　月　日　なまえ

いろを ぬろう　わからない　だいたいできた　できた!

1 つぎの　けいさんを　しましょう。

① 8＋7＝ 15
② 4＋8＝ 12
③ 8＋3＝ 11
④ 5＋9＝ 14
⑤ 7＋6＝ 13
⑥ 8＋9＝ 17
⑦ 7＋8＝ 15
⑧ 3＋8＝ 11

2 つぎの　けいさんを　しましょう。

① 5＋6＝ 11
② 8＋5＝ 13
③ 4＋7＝ 11
④ 8＋8＝ 16
⑤ 6＋9＝ 15
⑥ 7＋5＝ 12
⑦ 8＋4＝ 12
⑧ 6＋7＝ 13

13 たしざん ⑪

学習日　月　日　なまえ

1 つぎの　けいさんを　しましょう。

① 8＋5＝ 13
② 9＋6＝ 15
③ 7＋4＝ 11
④ 8＋7＝ 15
⑤ 9＋3＝ 12
⑥ 6＋5＝ 11
⑦ 7＋7＝ 14
⑧ 9＋4＝ 13

2 つぎの　けいさんを　しましょう。

① 6＋6＝ 12
② 8＋4＝ 12
③ 9＋3＝ 12
④ 7＋6＝ 13
⑤ 8＋7＝ 15
⑥ 9＋5＝ 14
⑦ 8＋6＝ 14
⑧ 7＋5＝ 12

13 たしざん ⑫ まとめ

学習日　月　日　なまえ

てん　ごうかく 80〜100 てん

1 つぎの　けいさんを　しましょう。　（１つ５てん）

① 3＋9＝ 12
② 6＋6＝ 12
③ 5＋7＝ 12
④ 9＋9＝ 18
⑤ 2＋8＝ 10
⑥ 8＋8＝ 16
⑦ 4＋8＝ 12
⑧ 7＋6＝ 13
⑨ 9＋7＝ 16
⑩ 8＋6＝ 14

2 バスに　6にん　のっています。
7にん　のってきました。
あわせて　なんにんに　なりますか。
（しき10てん、こたえ10てん）

しき　6＋7＝13

こたえ　13にん

3 わたしは、いちごを　8こ　たべました。いもうとは　5こ　たべました。
あわせて　なんこ　たべましたか。
（しき10てん、こたえ10てん）

しき　8＋5＝13

こたえ　13こ

4 7＋3の　しきに　なる　もんだいを
つくりましょう。　（10てん）

（れい）おとなが　7にん、こどもが　3にん
います。あわせて　なんにんですか。

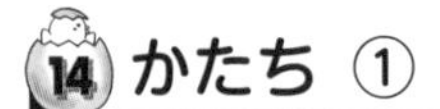

14 かたち ①

1 したの　かたちに　いろを　ぬりましょう。
まるには　あかいろ
さんかくには　きいろ
しかくには　あおいろ

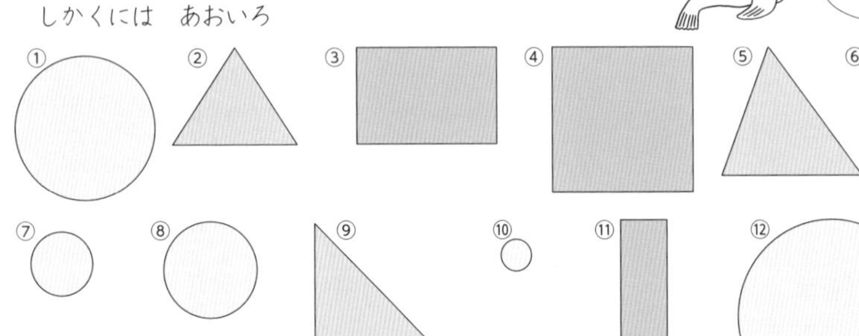

15 ひきざん ①

1 □に　かずを　かきましょう。

① 10 は　4と 6
② 10 は　9と 1
③ 10 は　5と 5
④ 10 は　8と 2
⑤ 10 は　1と 9
⑥ 10 は　7と 3
⑦ 10 は　2と 8
⑧ 10 は　6と 4

2 □に　かずを　かきましょう。

① 10 は　5と 5
② 10 は　8と 2
③ 10 は　6と 4
④ 10 は　7と 3
⑤ 10 は　4と 6
⑥ 10 は　9と 1
⑦ 10 は　1と 9
⑧ 10 は　3と 7

14 かたち ②

1 かたちを　なかまに　わけて、(　　)に　ばんごうを　かきましょう。

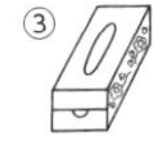

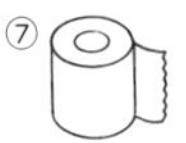

2 ◺を　4まいで　つくった　かたちです。
2まいを　あかいろで、もう2まいを　あおいろで　ぬりましょう。

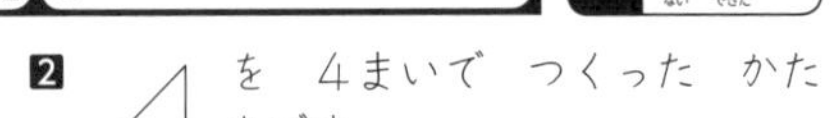
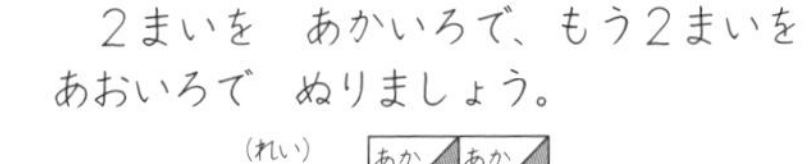
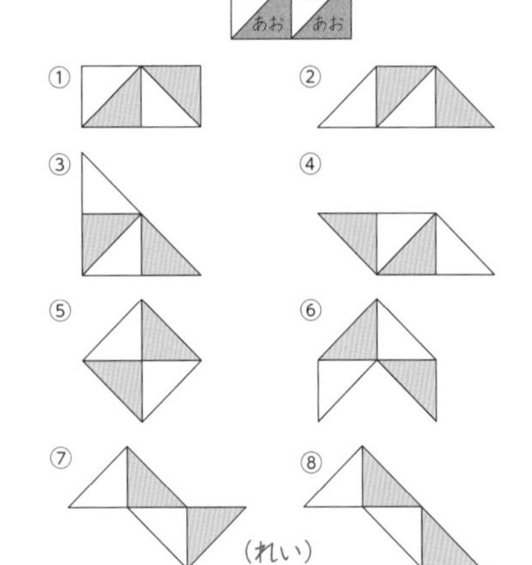

15 ひきざん ②

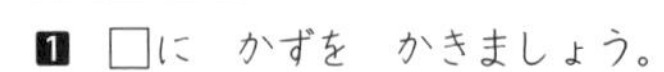
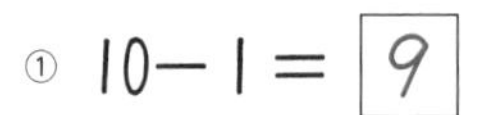

1 つぎの　けいさんを　しましょう。

① 10−1= 9
② 10−3= 7
③ 10−5= 5
④ 10−7= 3
⑤ 10−9= 1
⑥ 10−2= 8
⑦ 10−4= 6
⑧ 10−6= 4

2 つぎの　けいさんを　しましょう。

① 10−9= 1
② 10−6= 4
③ 10−3= 7
④ 10−7= 3
⑤ 10−4= 6
⑥ 10−1= 9
⑦ 10−8= 2
⑧ 10−5= 5

15 ひきざん ③

1 □に かずを かきましょう。

① 10 は 4と 6

② 10 は 9と 1

③ 10 は 2と 8

④ 10 は 7と 3

⑤ 10 は 6と 4

⑥ 10 は 3と 7

⑦ 10 は 8と 2

⑧ 10 は 5と 5

2 □に かずを かきましょう。

① 10− 4 =6

② 10− 7 =3

③ 10− 9 =1

④ 10− 3 =7

⑤ 10− 2 =8

⑥ 10− 8 =2

⑦ 10− 1 =9

⑧ 10− 5 =5

15 ひきざん ④

学習日 月 日 なまえ

いろをぬろう わからない だいたいできた できた!

1 バナナが 12ほん ありました。ともだちと 9ほん たべました。のこりは なんぼんですか。

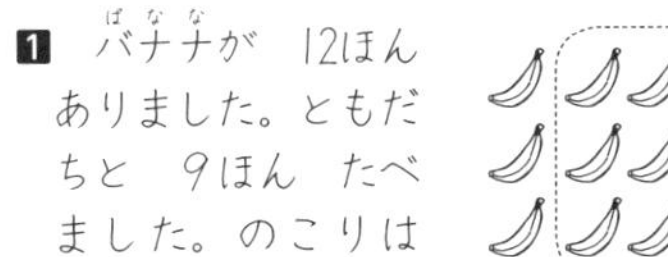

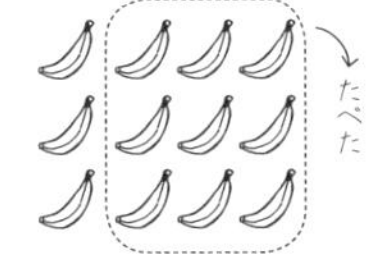

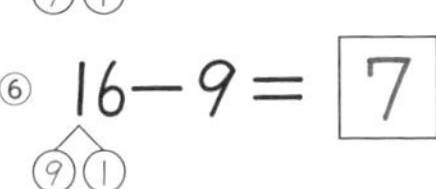

・2こ から 9こは ひけない

・1ぼんを 10こに かえる

・10こから 9こ ひいて 1こ

・2こと 1こで 3

10は 9と1

12−9=3

⑨① あわせて3

こたえ 3ぼん

2 つぎの けいさんを しましょう。

① 11−9= 2 (⑨①)

② 17−9= 8 (⑨①)

③ 15−9= 6 (⑨①)

④ 18−9= 9 (⑨①)

⑤ 13−9= 4 (⑨①)

⑥ 16−9= 7 (⑨①)

15 ひきざん ⑤

学習日 月 日 なまえ

1 ふうせんが 11こ あります。いま、8こ とんで いきました。
のこりは、なんこに なりましたか。

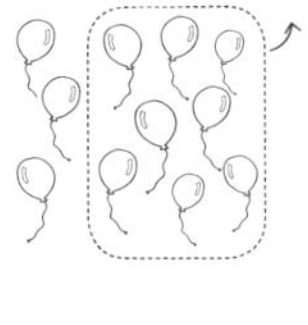

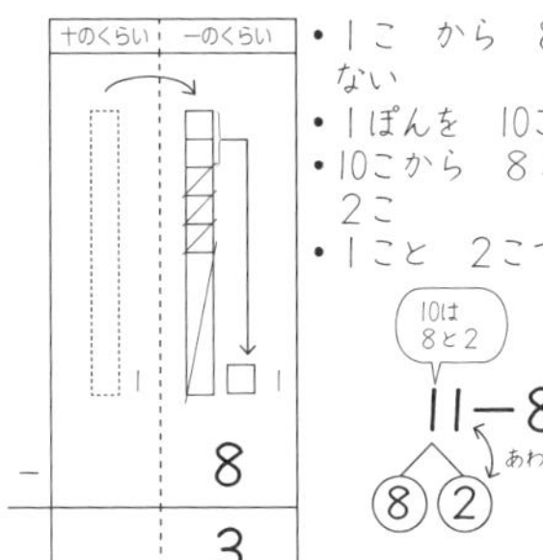

・1こ から 8こは ひけない

・1ぽんを 10こに かえる

・10こから 8こ ひいて 2こ

・1こと 2こで 3

10は 8と2

11−8=3

⑧② あわせて3

こたえ 3こ

2 つぎの けいさんを しましょう。

① 12−8= 4 (⑧②)

② 16−8= 8 (⑧②)

③ 17−8= 9 (⑧②)

④ 14−8= 6 (⑧②)

⑤ 13−8= 5 (⑧②)

⑥ 15−8= 7 (⑧②)

15 ひきざん ⑥

学習日 月 日 なまえ

いろをぬろう わからない だいたいできた できた!

1 どんぐりが 13こ あります。ともだちに 7こ あげました。のこっているのは なんこですか。

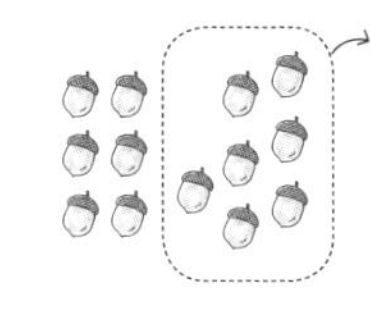

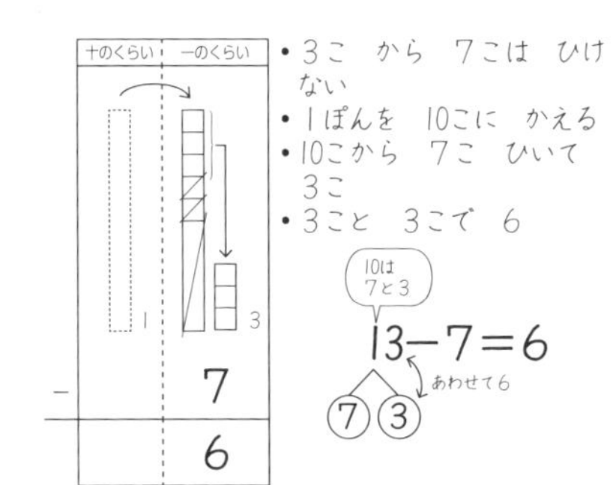

・3こ から 7こは ひけない

・1ぽんを 10こに かえる

・10こから 7こ ひいて 3こ

・3こと 3こで 6

10は 7と3

13−7=6

⑦③ あわせて6

こたえ 6こ

2 つぎの けいさんを しましょう。

① 11−7= 4 (⑦③)

② 16−7= 9 (⑦③)

③ 14−7= 7 (⑦③)

④ 13−7= 6 (⑦③)

⑤ 12−7= 5 (⑦③)

⑥ 15−7= 8 (⑦③)

15 ひきざん ⑦

なまえ

1 つぎの けいさんを しましょう。

① $16-9=$ 7
② $14-9=$ 5
③ $17-9=$ 8
④ $11-9=$ 2
⑤ $13-9=$ 4
⑥ $15-9=$ 6
⑦ $18-9=$ 9
⑧ $12-9=$ 3

2 つぎの けいさんを しましょう。

① $15-8=$ 7
② $13-8=$ 5
③ $17-8=$ 9
④ $11-8=$ 3
⑤ $16-8=$ 8
⑥ $12-8=$ 4
⑦ $14-8=$ 6
⑧ $11-7=$ 4

85

15 ひきざん ⑧

学習日 月 日 なまえ

いろを ぬろう わからない だいたいできた できた!

1 つぎの けいさんを しましょう。

① $15-7=$ 8
② $12-7=$ 5
③ $13-7=$ 6
④ $16-7=$ 9
⑤ $14-7=$ 7
⑥ $11-6=$ 5
⑦ $15-6=$ 9
⑧ $13-6=$ 7

2 つぎの けいさんを しましょう。

① $12-6=$ 6
② $14-6=$ 8
③ $12-5=$ 7
④ $14-5=$ 9
⑤ $11-5=$ 6
⑥ $13-5=$ 8
⑦ $11-4=$ 7
⑧ $13-4=$ 9

86

15 ひきざん ⑨

学習日 月 日 なまえ

いろを ぬろう わからない だいたいできた できた!

1 つぎの けいさんを しましょう。

① $14-7=$ 7
② $11-9=$ 2
③ $13-5=$ 8
④ $12-8=$ 4
⑤ $13-4=$ 9
⑥ $12-3=$ 9
⑦ $13-9=$ 4
⑧ $15-7=$ 8

2 つぎの けいさんを しましょう。

① $11-4=$ 7
② $14-9=$ 5
③ $11-5=$ 6
④ $15-8=$ 7
⑤ $13-6=$ 7
⑥ $11-2=$ 9
⑦ $12-4=$ 8
⑧ $13-8=$ 5

87

15 ひきざん ⑩

学習日 月 日 なまえ

いろを ぬろう わからない だいたいできた できた!

1 つぎの けいさんを しましょう。

① $16-7=$ 9
② $12-9=$ 3
③ $14-5=$ 9
④ $16-8=$ 8
⑤ $11-3=$ 8
⑥ $17-8=$ 9
⑦ $15-6=$ 9
⑧ $17-9=$ 8

2 つぎの けいさんを しましょう。

① $14-6=$ 8
② $11-8=$ 3
③ $12-7=$ 5
④ $18-9=$ 9
⑤ $13-7=$ 6
⑥ $16-9=$ 7
⑦ $12-5=$ 7
⑧ $14-8=$ 6

88

15 ひきざん ⑪

学習日　月　日　なまえ

1 つぎの　けいさんを　しましょう。

① 14−6＝ 8

② 16−7＝ 9

③ 11−4＝ 7

④ 14−7＝ 7

⑤ 11−9＝ 2

⑥ 14−5＝ 9

⑦ 12−9＝ 3

⑧ 11−8＝ 3

2 つぎの　けいさんを　しましょう。

① 14−9＝ 5

② 11−5＝ 6

③ 12−8＝ 4

④ 13−5＝ 8

⑤ 15−8＝ 7

⑥ 11−3＝ 8

⑦ 18−9＝ 9

⑧ 13−7＝ 6

15 ひきざん ⑫ まとめ

学習日　月　日　なまえ　　てん　ごうかく 80〜100 てん

1 つぎの　けいさんを　しましょう。（1つ5てん）

① 18−9＝ 9

② 15−7＝ 8

③ 12−4＝ 8

④ 17−9＝ 8

⑤ 16−8＝ 8

⑥ 13−6＝ 7

⑦ 12−3＝ 9

⑧ 14−5＝ 9

⑨ 11−2＝ 9

⑩ 12−5＝ 7

2 おりがみが　17まい　あります。9まい　つかいました。のこりは　なんまいですか。（しき10てん、こたえ10てん）

しき　17−9＝8

こたえ　8まい

3 しろい　はなが　12ほん、あかい　はなが　9ほん　あります。しろい　はなが　なんぼん　おおいですか。（しき10てん、こたえ10てん）

しき　12−9＝3

こたえ　3ぼん

4 こたえが　9の　ひきざんの　しきを　2つ　つくりましょう。（しき1つ5てん）

15 − 6 ＝9

17 − 8 ＝9

（れい）

16 おおきいかず ①

学習日　月　日　なまえ

いろを ぬろう　わから ない　だいたい できた　できた!

1 タイルの　かずを　かぞえます。タイルに　／を　かきながら　1，2，3，4，5，6，7，8，9と　かぞえ、10になったら　×を　かいて、おおきく ◯で　かこみます。

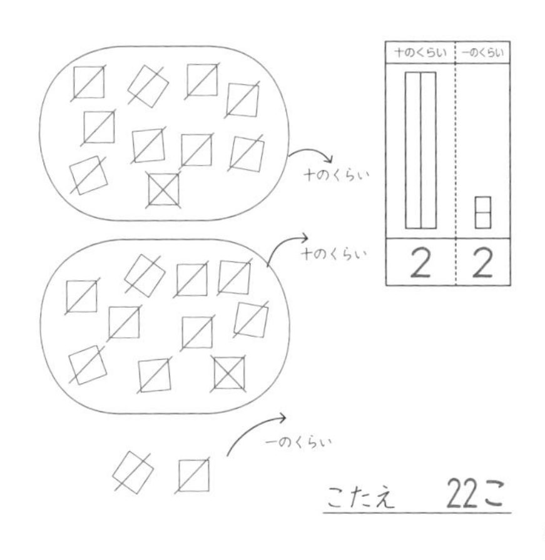

こたえ　22こ

2 みかんの　かずを　かぞえましょう。

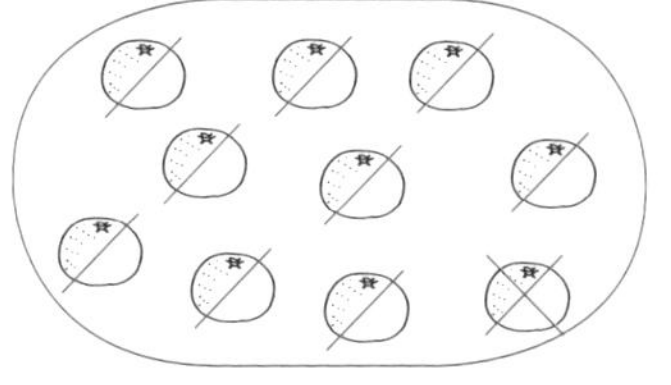

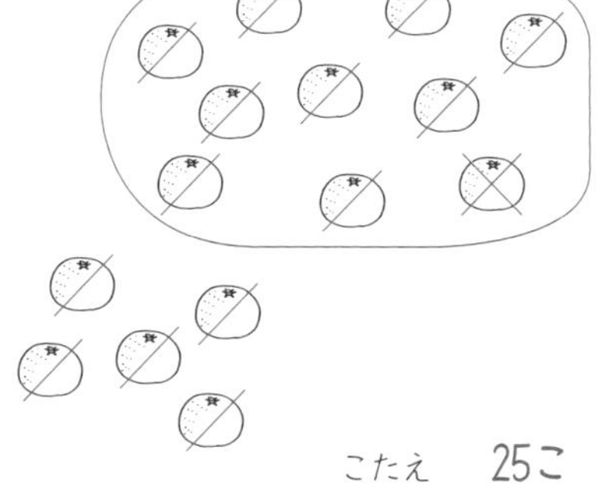

こたえ　25こ

16 おおきいかず ②

学習日　月　日　なまえ

いろを ぬろう　わから ない　だいたい できた　できた!

1 つぎの　かずを ▭ に　かきましょう。

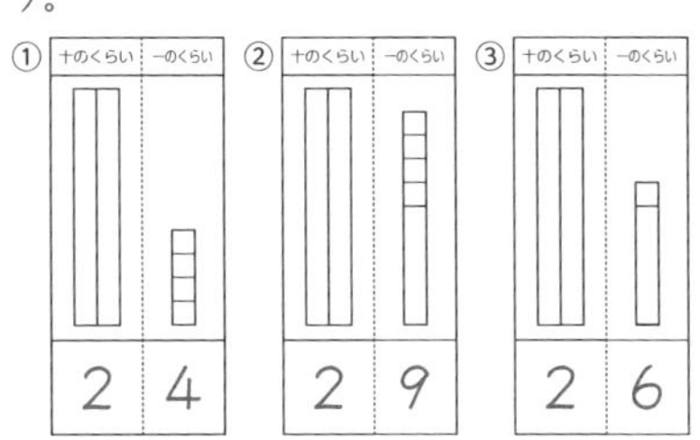

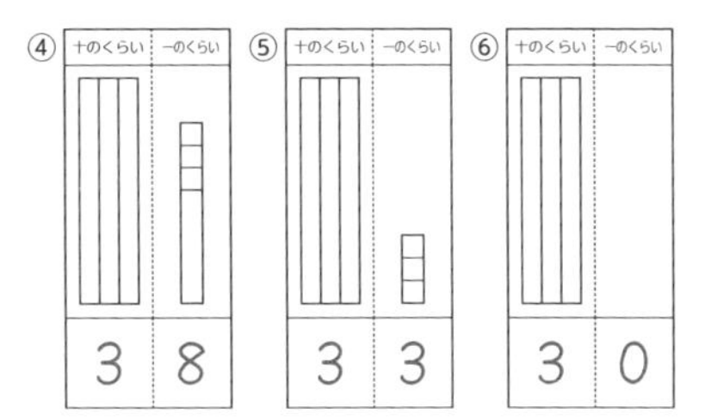

2 つぎの　かずだけ　タイルに　いろを　ぬりましょう。

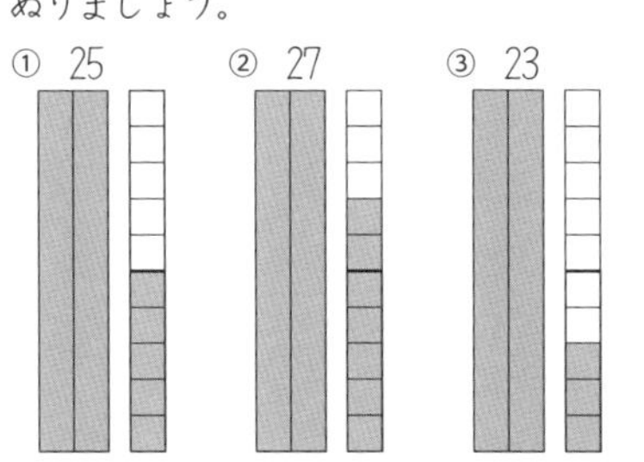

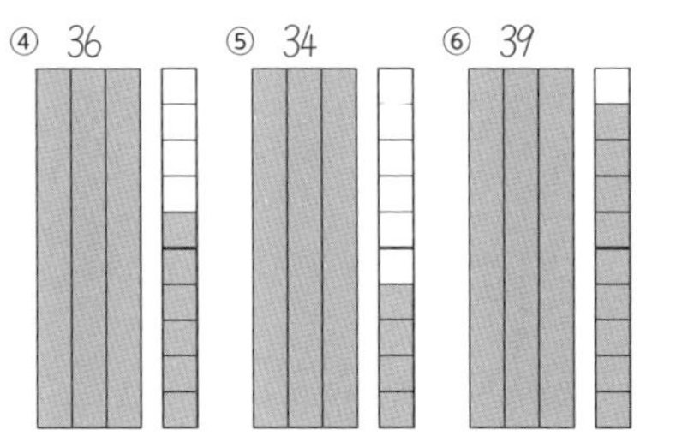

16 おおきいかず ③

いろをぬろう　わからない　だいたいできた　できた！

1 つぎの □に あてはまる かずを かきましょう。

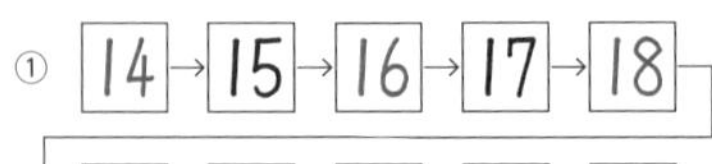

① 14→15→16→17→18→19→20→21→22→23

② 31→32→33→34→35→36→37→38→39→40

③ 30→29→28→27→26→25→24→23→22→21

④ 51→50→49→48→47

2 つぎの □に あてはまる かずを かきましょう。

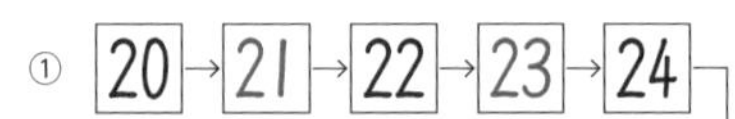

① 20→21→22→23→24→25→26→27→28→29→30→31→32→33→34

② 18→20→22→24→26→28→30→32→34→36

③ 5→10→15→20→25→30→35→40→45→50

16 おおきいかず ④

学習日 月 日　なまえ

いろをぬろう　わからない　だいたいできた　できた！

おおきい かずの けいさんを すると き、かずを たてに ならべて けいさん します。これを **ひっさん** と いいます。

20+10を ひっさんで しましょう。

	十のくらい	一のくらい
	2	0
+	1	0
	3	0

←① くらいを そろえてかく。
② ＋の きごうを かく。
←③ よこの せんを ひいて 一のくらい、十のくらいの けいさんを する。

1 つぎの けいさんを ひっさんで しましょう。

① 20+30

	2	0
+	3	0
	5	0

② 30+50

	3	0
+	5	0
	8	0

2 つぎの けいさんを ひっさんで しましょう。

① 70+10

	7	0
+	1	0
	8	0

② 50+20

	5	0
+	2	0
	7	0

③ 40+30

	4	0
+	3	0
	7	0

④ 20+40

	2	0
+	4	0
	6	0

⑤ 30+30

	3	0
+	3	0
	6	0

⑥ 60+20

	6	0
+	2	0
	8	0

16 おおきいかず ⑤

学習日 月 日　なまえ

いろをぬろう　わからない　だいたいできた　できた！

30−10を ひっさんで しましょう。

	十のくらい	一のくらい
	3	0
−	1	0
	2	0

←① くらいを そろえてかく。
② −の きごうを かく。
←③ よこの せんを ひいて 一のくらい、十のくらいの けいさんを する。

1 つぎの けいさんを ひっさんで しましょう。

① 80−20

	8	0
−	2	0
	6	0

② 60−20

	6	0
−	2	0
	4	0

2 つぎの けいさんを ひっさんで しましょう。

① 40−10

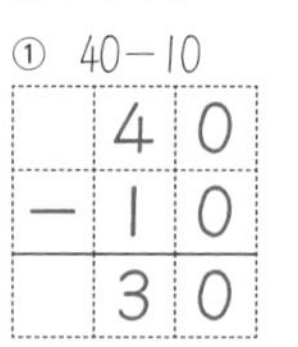

	4	0
−	1	0
	3	0

② 70−30

	7	0
−	3	0
	4	0

③ 80−50

	8	0
−	5	0
	3	0

④ 90−60

	9	0
−	6	0
	3	0

⑤ 60−40

	6	0
−	4	0
	2	0

⑥ 30−30

	3	0
−	3	0
		0

16 おおきいかず ⑥

学習日 月 日　なまえ

いろをぬろう　わからない　だいたいできた　できた！

1 タイル(たいる)の かずを かぞえましょう。

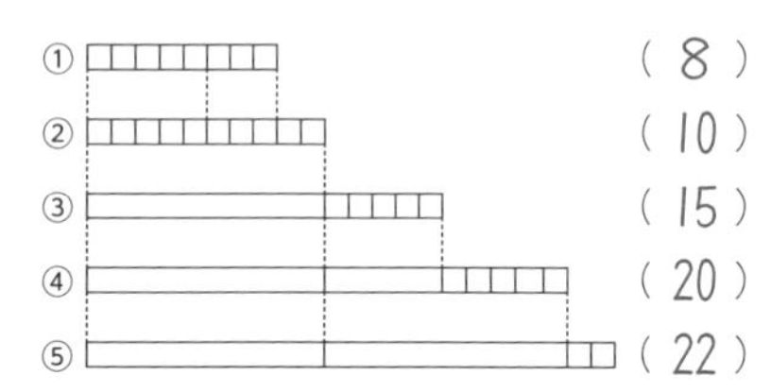

① （ 8 ）
② （ 10 ）
③ （ 15 ）
④ （ 20 ）
⑤ （ 22 ）

上の ①〜⑤を 1つの ちょくせんの うえに ならべました。

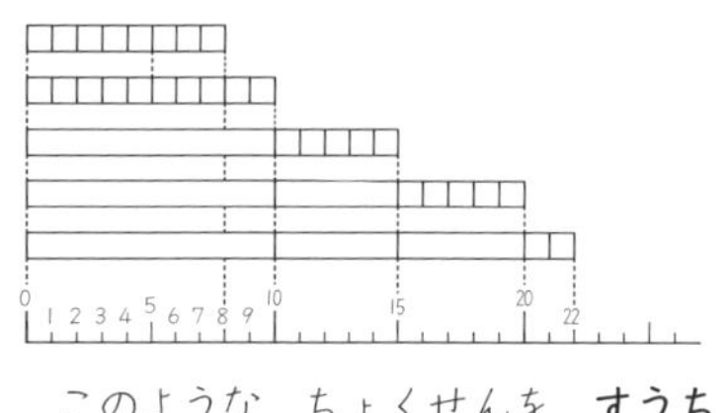

このような ちょくせんを **すうちょくせん**と いいます。

2 つぎの すうちょくせんの かずを かきましょう。1つの めもりは 1です。

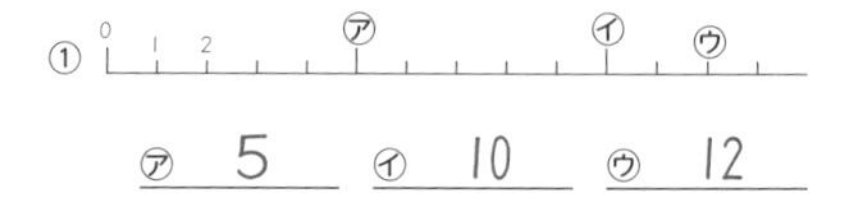

① ㋐ 5　㋑ 10　㋒ 12

② ㋐ 4　㋑ 7　㋒ 13

③ ㋐ 14　㋑ 18　㋒ 20

16 おおきいかず ⑦

学習日　月　日　なまえ

いろを ぬろう　わからない　だいたいできた　できた!

1 □に あてはまる かずを かきましょう。

① 50より 5 おおきい かずは 55 です。

② 90より 3 ちいさい かずは 87 です。

③ 90は、10を 9 こ あつめた かずです。

④ 74は 10を 7 こと、1を 4 こ あつめた かずです。

⑤ 86は 10を 8 こと、1を 6 こ あつめた かずです。

2 いくつとびに なっているか かんがえて、□に あてはまる かずを かきましょう。

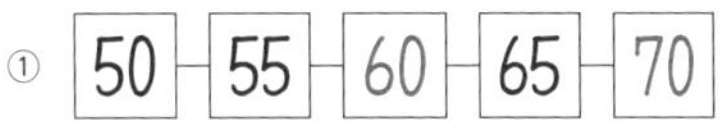

① 50－55－60－65－70

② 40－50－60－70－80

③ 68－66－64－62－60

④ 100－95－90－85－80

3 かずの ちいさい じゅんに （ ）に 1，2，3と かきましょう。

① 64　46　59
（3）（1）（2）

② 100　97　79
（3）（2）（1）

16 おおきいかず ⑧

学習日　月　日　なまえ

1が 10こ あつまって 10に なります。
10が 10こ あつまった ものを 100（ひゃく）と いいます。

100は 一のくらいが 0、十のくらいが 0、百（ひゃく）のくらいが 1の かずです。

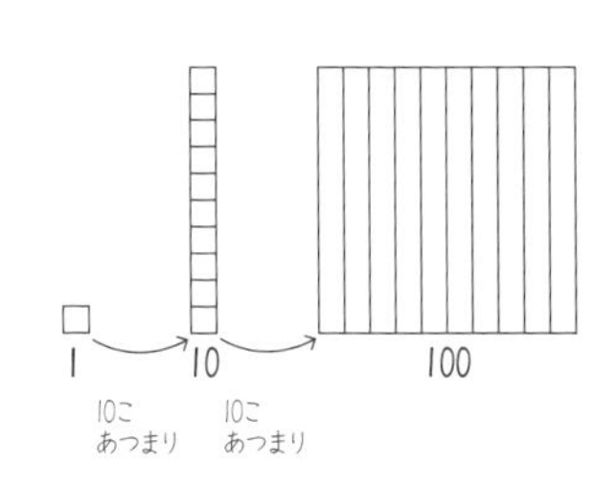

1 つぎの タイル（たいる）を すうじで かきましょう。

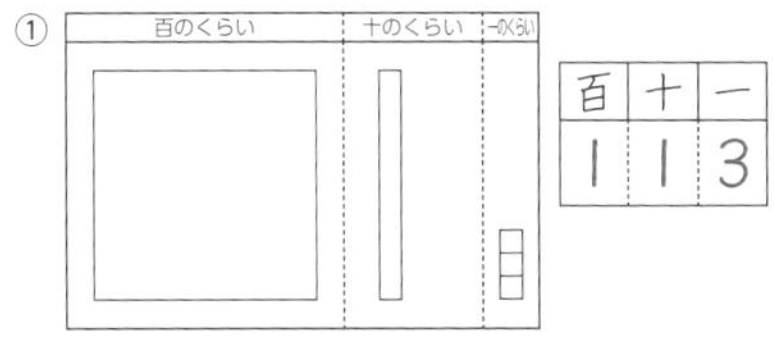

①

百	十	一
1	1	3

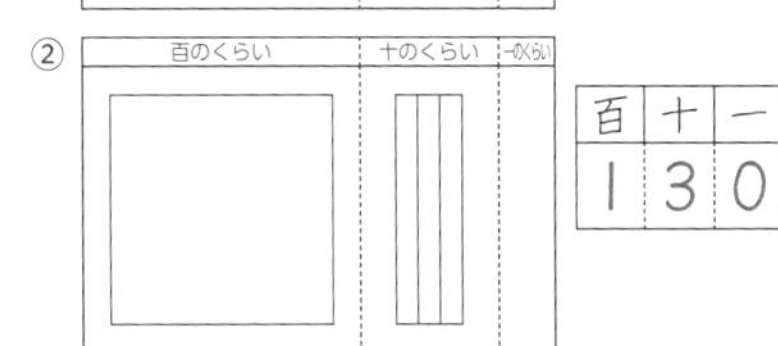

②

百	十	一
1	3	0

2 いちばん おおきい かずと にばんめに おおきい かずを かきましょう。

106、117、125、104、120

こたえ （いちばんめ 125）（にばんめ 120）

16 おおきいかず ⑨

学習日　月　日　なまえ

いろを ぬろう　わからない　だいたいできた　できた!

1 じゅんじょよく かぞえて かずを かきましょう。

① 90－91－92－93－94

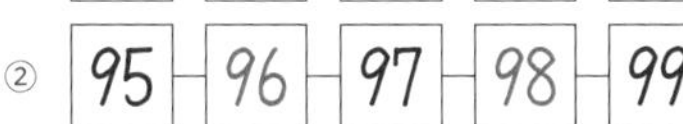

② 95－96－97－98－99

③ 100－101－102－103－104

④ 107－108－109－110－111

⑤ 110－111－112－113－114

⑥ 115－116－117－118－119

⑦ 112－111－110－109－108

⑧ 120－119－118－117－116

2 いくつとびに なっているか かんがえて かずを かきましょう。

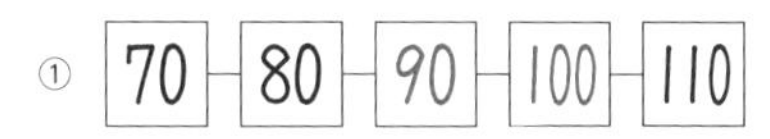

① 70－80－90－100－110

② 96－98－100－102－104

③ 70－80－90－100－110

④ 90－95－100－105－110

3 □に かずを かきましょう。

① 100より 1 おおきい かずは 101 です。

② 100より 1 ちいさい かずは 99 です。

16 おおきいかず ⑩

学習日　月　日　なまえ

1 □に あてはまる かずを かきましょう。

① （80, 90）　70　100　120

② （80, 85, 90, 100, 120）　95　105　115

③ （80, 100, 120）　93　102　111

④ （110, 130）　108　119　127

2 □に かずを かきましょう。

① 100より 10 おおきい かずは 110 です。

② 110より 5 おおきい かずは 115 です。

③ 110より 10 ちいさい かずは 100 です。

④ 120より 10 ちいさい かずは 110 です。

3 おおきい ほうに ○を しましょう。

① 120，102
（○）（ ）

② 119，129
（ ）（○）

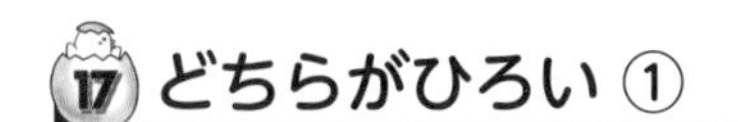

どちらがひろい ①

学習日　月　日　なまえ

1 どちらが　ひろいですか。ひろい　ほうに　○を　つけましょう。

①

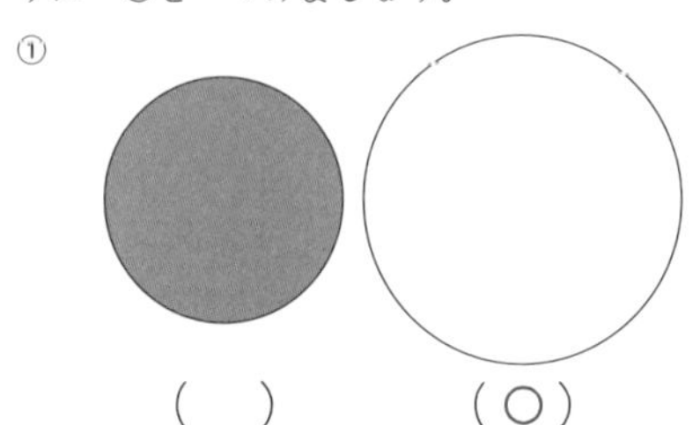

(　)　(○)

②

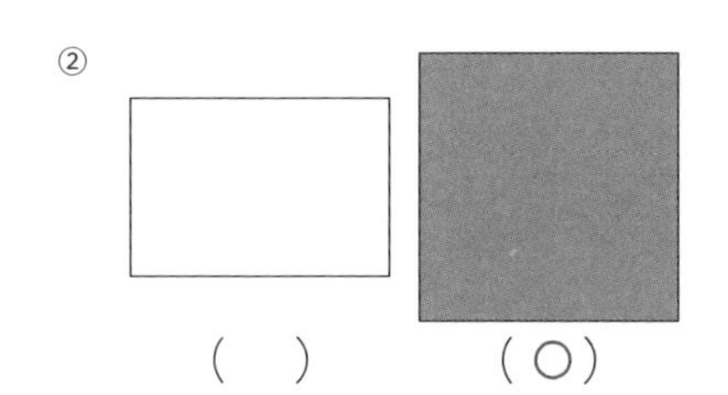

(　)　(○)

2 ㋐と　㋑の　どちらが　ひろいですか。

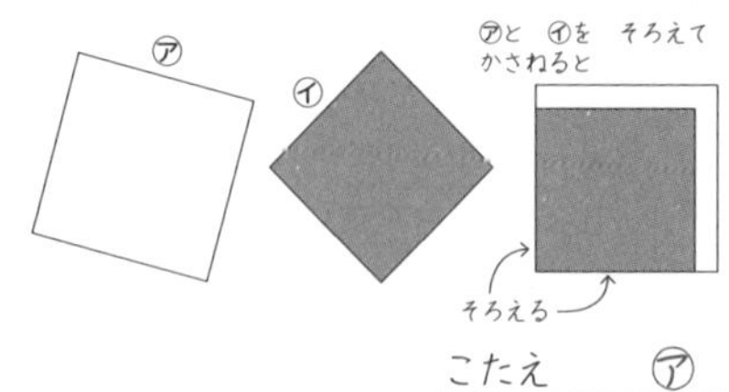

こたえ　㋐

3 3まいの　ハンカチを　かさねます。

① いちばん　ひろいのは　どれですか。

こたえ　㋒

② いちばん　せまいのは　どれですか。

こたえ　㋑

どちらがひろい ②

学習日　月　日　なまえ

1 あと　いの　どちらが　ひろいですか。

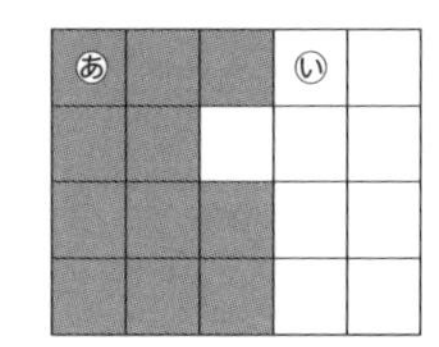

こたえ　あ

2

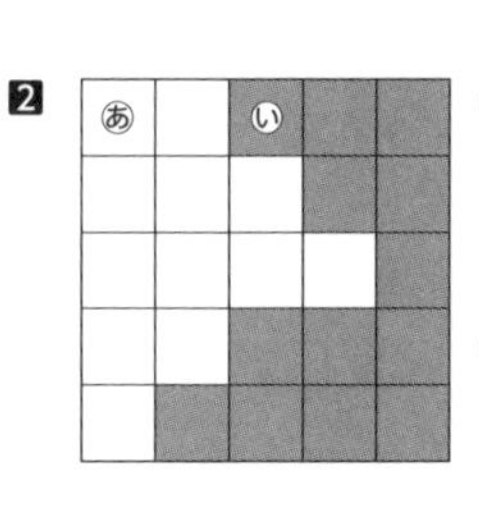

① あの　がわの　□は、なんますですか。

こたえ　12ます

② いの　がわの　■は、なんますですか。

こたえ　13ます

③ あと　いの　どちらが　ひろいですか。

こたえ　い

3 どちらが　ひろいですか。ひろい　ほうに　○を　つけましょう。

①

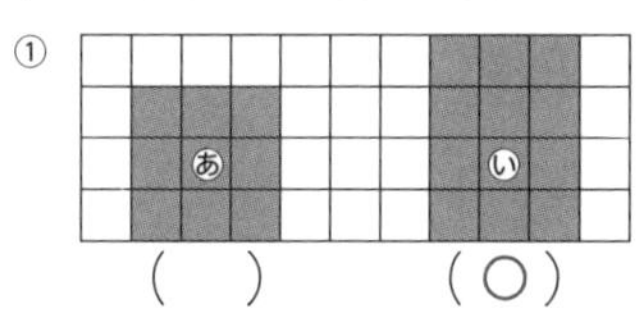

(　)　(○)

②

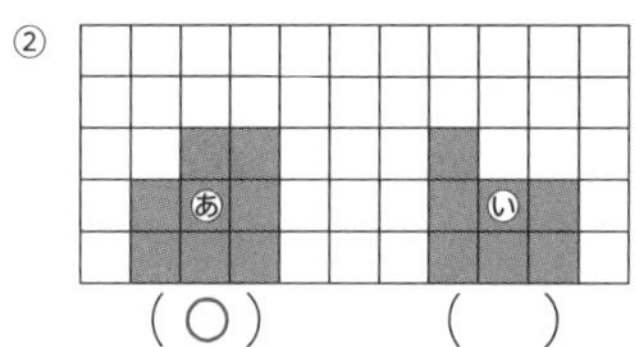

(○)　(　)

③

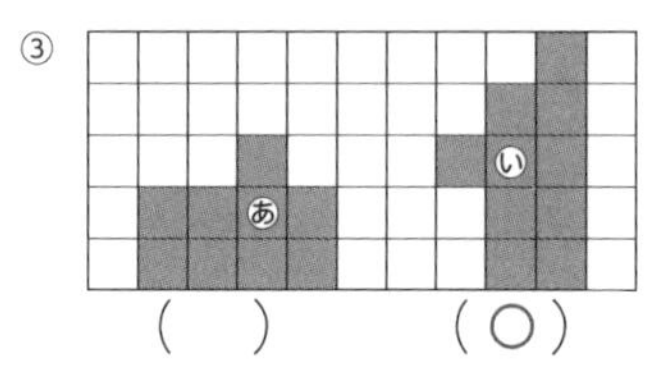

(　)　(○)

とけい ①

学習日　月　日　なまえ

1 とけいを　みて　こたえましょう。

① なんじ　ですか。

こたえ　9じ

② ながい　はりは、㋐と　㋑の　どちらに　うごきますか。

こたえ　㋑

③ 30ぷん　たちました。ながい　はりは、㋒と　㋓の　どちらに　ありますか。

こたえ　㋓

④ ③のとき、みじかい　はりは、つぎの　あ～うのどこに　ありますか。
あ　9の　ところ
い　10の　ところ
う　9と　10の　あいだ

こたえ　う

2 とけいを　よみましょう。

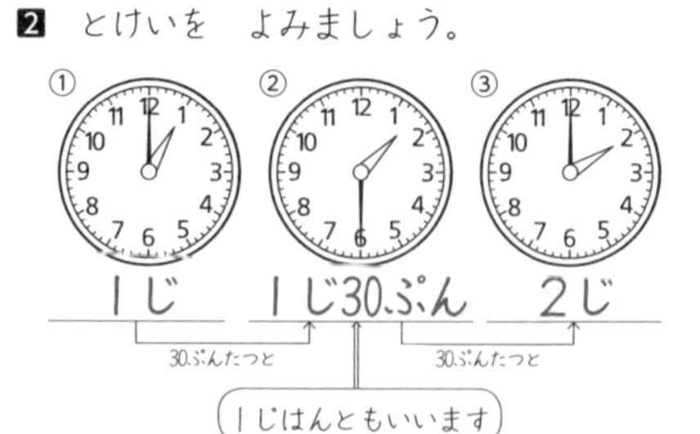

① 1じ　② 1じ30ぷん　③ 2じ

3 とけいを　よみましょう。

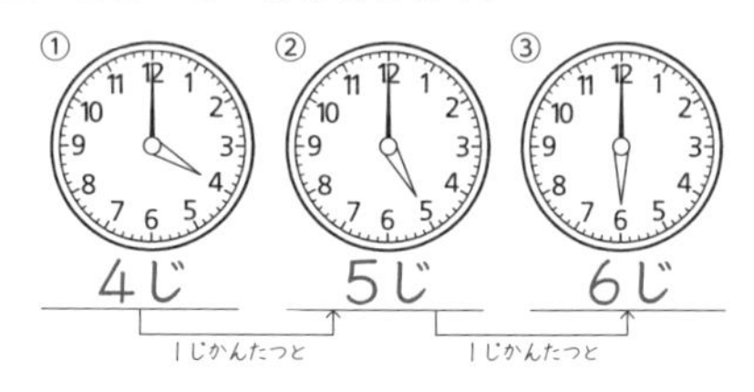

① 4じ　② 5じ　③ 6じ

※ とけいの　ながい　はりは、1じかんで　1まわりします。1まわりは　60ぷんです。

とけい ②

学習日　月　日　なまえ

1 とけいを　よみましょう。

(3じ)　(6じ)　(7じ)

2 とけいを　よみましょう。

(5じはん)　(8じはん)　(7じはん)

3 とけいを　よみましょう。

① (1じ20ぷん)　② (1じ40ぷん)

③ (1じ50ぷん)　④ (7じ17ふん)

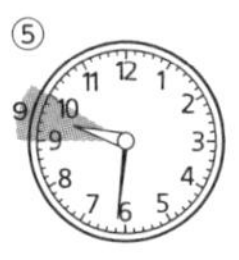

⑤ (9じ31ぷん)　⑥ (12じ44ぷん)

19 特別（とくべつ）ゼミ　かぞえかた ①

学習日　月　日　なまえ

いろを ぬろう　わからない　だいたい できた　できた！

1 ケーキの　かずを　かぞえます。はこに　ケーキが　2こずつ　はいっています。

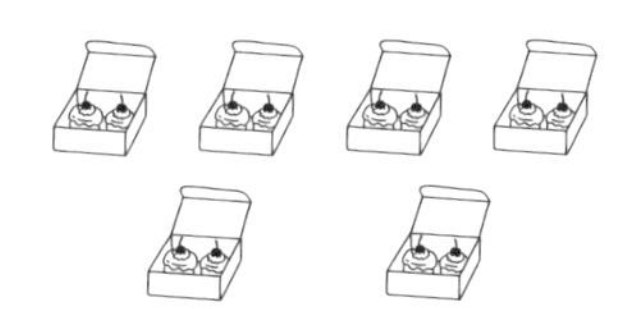

① 1，2，3，…とかぞえて、ケーキの　かずを　かきましょう。

こたえ　12こ

② 1つの　はこに、2こずつ　はいっているので、2，4，6，8，10，…と　かぞえて、ケーキの　かずを　かきましょう。

こたえ　12こ

※ 2こずつ、2，4，6，8，10，…と　かぞえるとき、「に，し，ろ，は（や），とお」などと　いいながら、かぞえることが　あります。

2 りんごが　さらに　2こずつ　のっています。2，4，6，8，10，…と　かぞえて、りんごの　かずを　かきましょう。

こたえ　14こ

2 つぎの　□に　あてはまる　かずを　かきましょう。

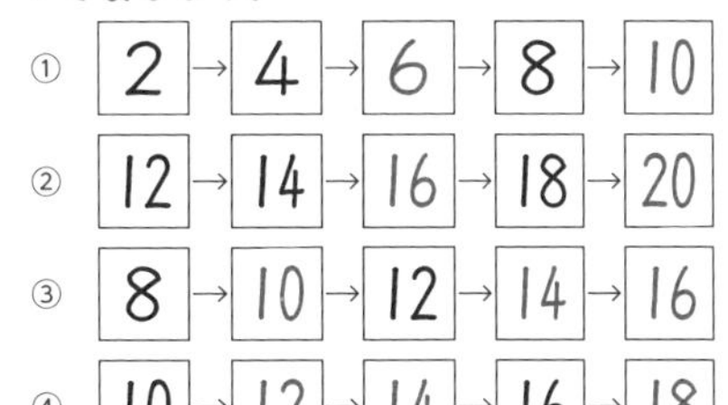

① 2 → 4 → 6 → 8 → 10

② 12 → 14 → 16 → 18 → 20

③ 8 → 10 → 12 → 14 → 16

④ 10 → 12 → 14 → 16 → 18

19 特別（とくべつ）ゼミ　かぞえかた ②

学習日　月　日　なまえ

1 バナナが　5ほんずつ　つながっています。バナナの　かずを　かぞえましょう。

こたえ　40ぽん

2 つぎの　□に　あてはまる　かずを　かきましょう。

① 5 → 10 → 15 → 20 → 25

② 25 → 30 → 35 → 40 → 45

③ 5 → 10 → 15 → 20 → 25

3 したの　とけいの　○に　ふんの　めもりを　かきましょう。

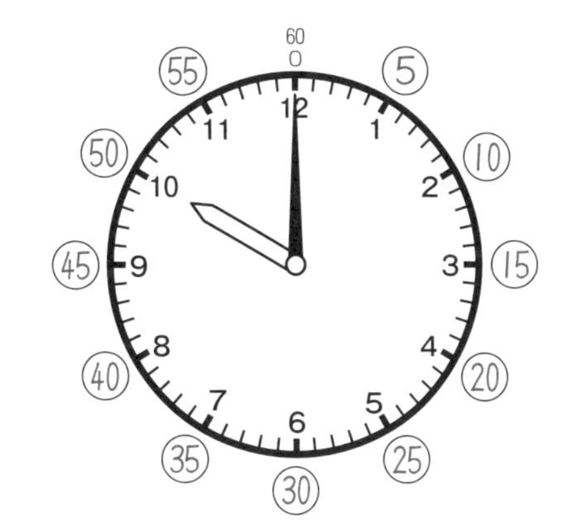

19 特別（とくべつ）ゼミ　かぞえかた ③

学習日　月　日　なまえ

いろを ぬろう　わからない　だいたい できた　できた！

1 1はこに　キャラメルが　10こ　はいっています。つぎの　キャラメルの　かずは　なんこですか。

①

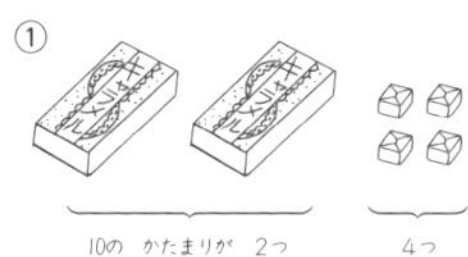

こたえ　24こ

②

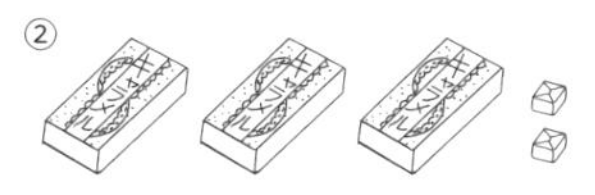

こたえ　32こ

③

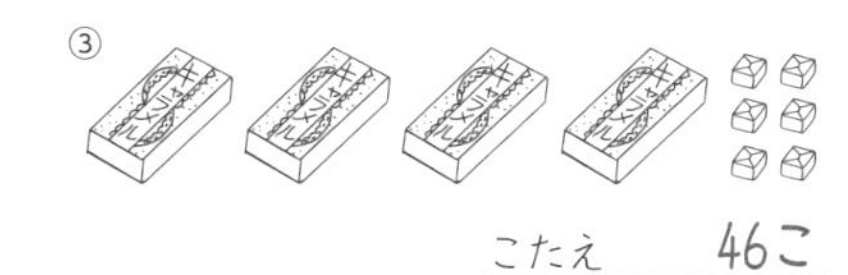

こたえ　46こ

2 つぎの　□に　かずを　かきましょう。

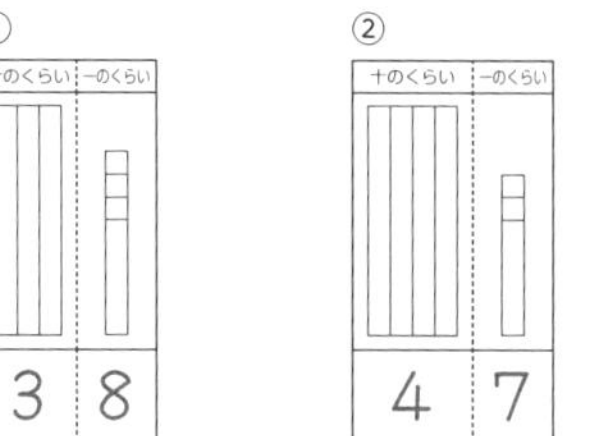

①は、10の　かたまりが　3こと、1が　8こです。

3 つぎの　□に　あてはまる　かずを　かきましょう。

① 10の　かたまりが　3こと、1が　8こ　あつまった　かずは　38　です。

② 10の　かたまりが　4こと、1が　7こ　あつまった　かずは　47　です。

19 特別（とくべつ）ゼミ　ずをつかって ①

学習日　月　日　なまえ

つぎの　もんだいを　かんがえて　みましょう。

1 ドングリが　7こ　ありました。おねえさんから　5こ　もらいました。あわせて　なんこ　ありますか。

① ドングリの　えを　○で　かきましょう。

○○○○○○○　←　○○○○○

② しきを　かいて、こたえを　だしましょう。

しき　7 + 5 = 12

こたえ　12こ

えの　かわりに、テープで、かんがえてみましょう。

2 ももが　6こ　ありました。おかあさんから　5こ　もらいました。あわせて　なんこ　ありますか。

① 2つの　テープを　つなげます。

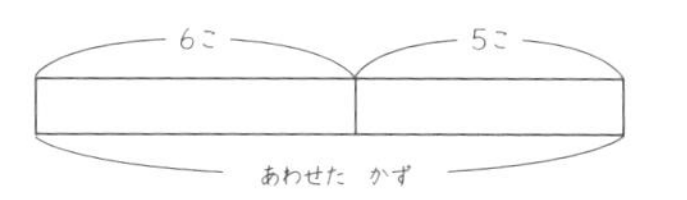

② しきを　かいて、こたえを　だしましょう。

しき　6 + 5 = 11

こたえ　11こ

19 特別ゼミ　ずをつかって ②

学習日　月　日　なまえ

1 すずめが　8わ　いました。そこへ　6わ　とんで　きました。いま、すずめは　なんわ　いますか。

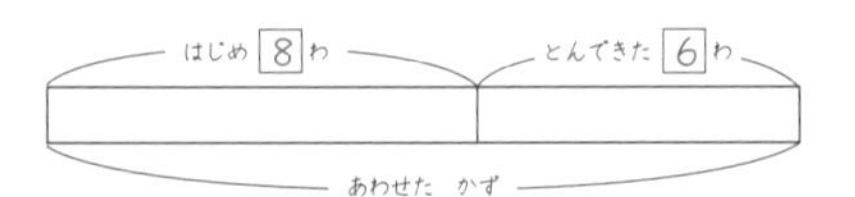

しき　8 + 6 = 14

こたえ　14わ

2 ももが　10こ　ありました。ともだちと　いっしょに　4こ　たべました。のこりは　なんこですか。

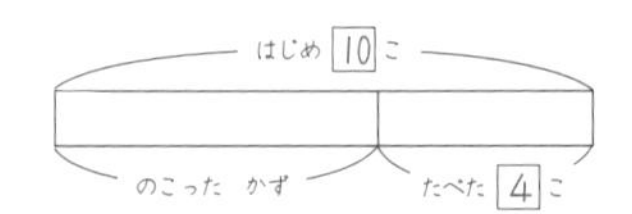

しき　10 − 4 = 6

こたえ　6こ

19 特別ゼミ　ずをつかって ③

学習日　月　日　なまえ

1 6にんが　ケーキを　1こずつ　とりました。でも　ケーキは　5こ　のこっています。ケーキは　はじめに　なんこありましたか。

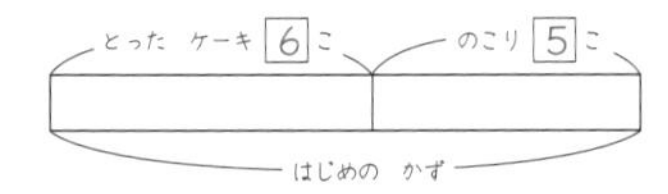

しき　6 + 5 = 11

こたえ　11こ

2 おとこのこと、おんなのこが　あわせて　13にん　います。おとこのこは　7にんです。おんなのこは　なんにん　いますか。

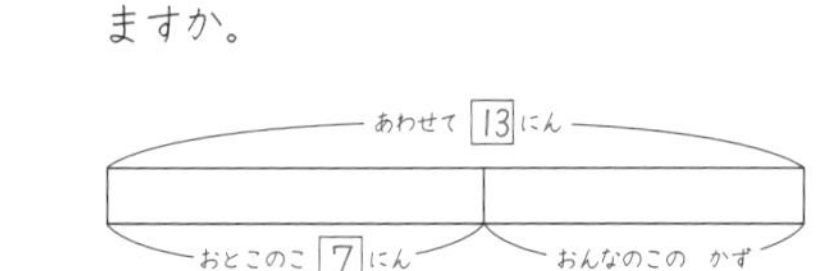

しき　13 − 7 = 6

こたえ　6にん

19 特別ゼミ　ずをつかって ④

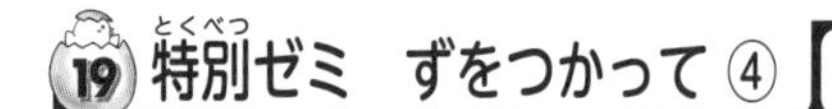

学習日　月　日　なまえ

1 トンボが　7ひき、バッタが　5ひきいます。トンボは、バッタより　なんびき　おおいですか。

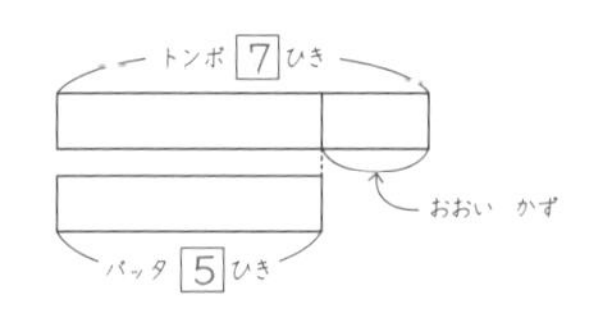

しき　7 − 5 = 2

こたえ　2ひき

2 にんじんが　7ほん、きゅうりが　12ほん　あります。にんじんは、きゅうりより　なんぼん　すくないですか。

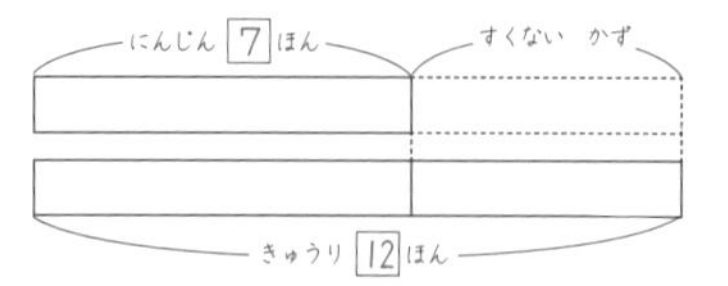

しき　12 − 7 = 5

こたえ　5ほん

19 特別ゼミ　ずをつかって ⑤

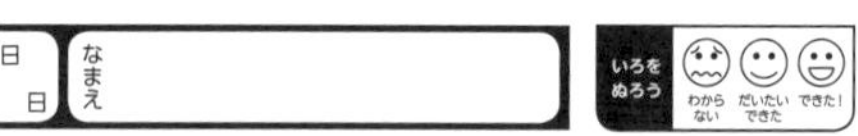

学習日　月　日　なまえ

1 あかい　はなが　7ほん　あります。しろい　はなは、あかい　はなより　4ほん　おおいです。しろい　はなは、なんぼん　ありますか。

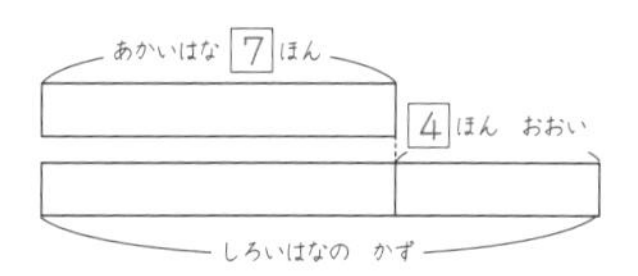

しき　7 + 4 = 11

こたえ　11ぽん

2 えほんが　13さつと、どうわの　ほんが　あります。どうわの　ほんは、えほんより　5さつ　すくないです。どうわの　ほんは、なんさつ　ありますか。

えほん 13 さつ / どうわの ほんの かず / 5 さつ すくない

しき　13 − 5 = 8

こたえ　8さつ

19 特別ゼミ　きそくをつかむ

学習日　月　日　なまえ

いろを ぬろう　わからない　だいたいできた　できた！

1 あかい　つみき（　）と、しろい　つみき（　）を　つんでいます。つぎに　つむのは、どちらの　いろですか。

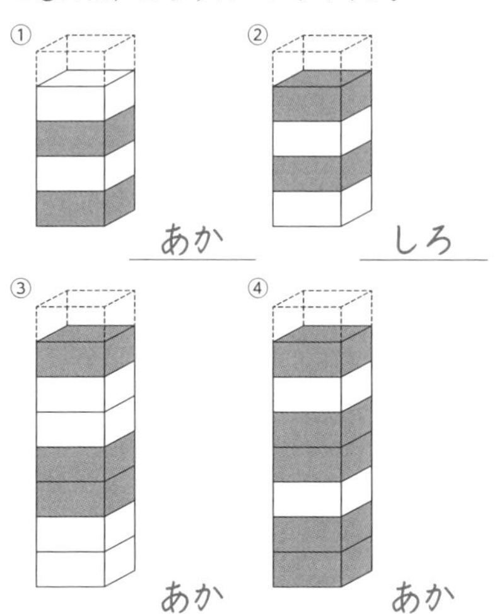

2 ある　ひみつの　ルールに　よって、あかの　タイルと、しろの　タイルで　つくった　あんごうが　とどきました。⬇の　ところが　こわれています。ここに　はいる　タイルは、なにいろですか。

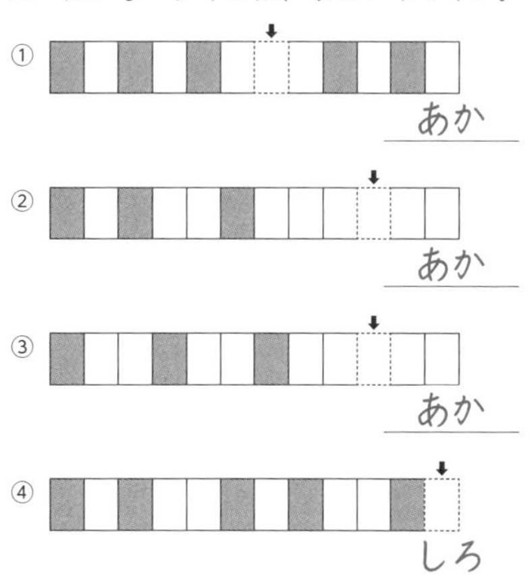

19 特別ゼミ　いろいろためす

学習日　月　日　なまえ

いろを ぬろう　わからない　だいたいできた　できた！

1 みぎのように　9この　へやの　ある　いえが　あります。1つの　へやには、コウモリ　が　すんでいます。

どのへやも　1かいだけ　とおり、コウモリの　へやは　とおらないで、でぐちに　いくには　どのように　いけば　よいですか。

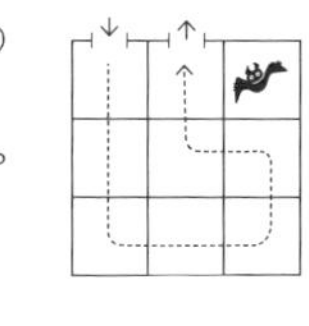

（れい）

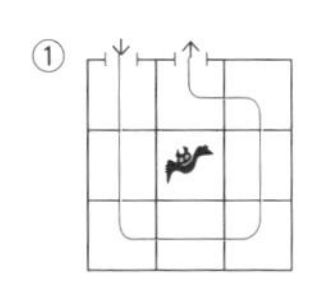

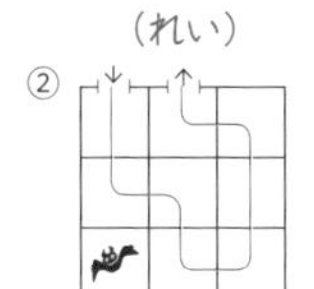

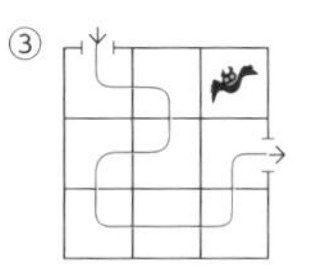

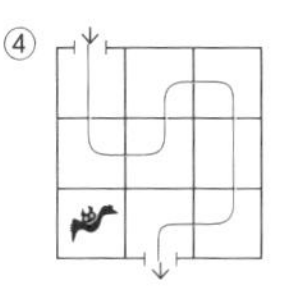

2 つぎのような　16この　へやの　ときは　どのように　いけば　よいですか。いきかたを　かんがえましょう。

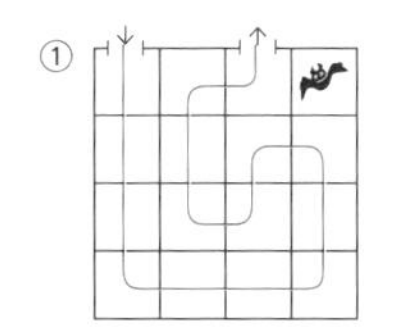

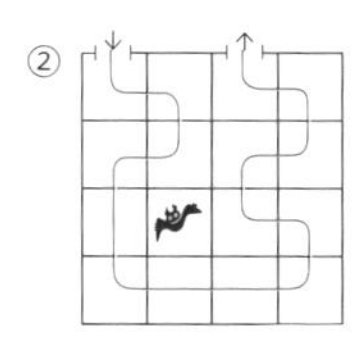

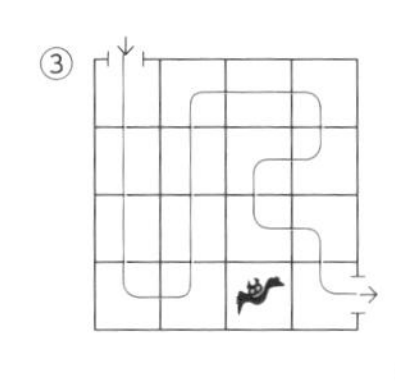

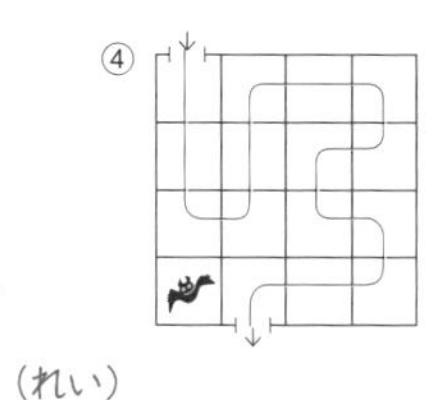

（れい）

基礎から活用まで　まるっと算数プリント　小学1年生

2020年１月20日　発行

●著　者　金井　敬之　他
●企　画　清風堂書店
●発行所　フォーラム・A
〒530－0056　大阪市北区兎我野町15－13
TEL：06(6365)5606／FAX：06(6365)5607
振替　00970－3－127184

●発行者　蒔田　司郎
●表紙デザイン　ウエナカデザイン事務所

書籍情報などは
フォーラム・Aホームページまで
http://foruma.co.jp